环境安全与应急系列教材
江苏省重点应急管理学院建设项目资助
江苏大学研究生教材建设专项资金资助

环境应急管理理论与方法

肖思思 主编
陈樱花 朱发斌 解清杰 卢艳艳 副主编

中国环境出版集团·北京

图书在版编目（CIP）数据

环境应急管理理论与方法 / 肖思思主编. -- 北京 ：中国环境出版集团，2024. 12.（2026.1 重印） --（环境安全与应急系列教材）. -- ISBN 978-7-5111-5961-8

Ⅰ. X507

中国国家版本馆 CIP 数据核字第 2024944RB7 号

责任编辑　宾银平
封面设计　彭　杉

出版发行　中国环境出版集团
（100062　北京市东城区广渠门内大街 16 号）
网　　址：http://www.cesp.com.cn
电子邮箱：bjgl@cesp.com.cn
联系电话：010-67112765（编辑管理部）
发行热线：010-67125803，010-67113405（传真）

印　　刷　北京中献拓方科技发展有限公司
经　　销　各地新华书店
版　　次　2024 年 12 月第 1 版
印　　次　2026 年 1 月第 2 次印刷
开　　本　787×1092　1/16
印　　张　14.75
字　　数　360 千字
定　　价　58.00 元

前　言

当前，我国正处于新型工业化、城镇化快速发展阶段，各种自然灾害和人为活动带来的环境风险不断加大，突发环境事件的诱因更加多样、复杂。环境恶化状况尚未得到根本遏制；企业环境违法问题仍然普遍存在，环境风险隐患突出；突发环境事件仍呈高发态势，跨界污染、重金属及有毒有害物质污染事件频发，社会危害和影响明显加大。2005 年 11 月，吉林石油化工厂双苯厂爆炸，80 t 硝基苯流入松花江，造成特大跨国环境污染事件；2009 年 4 月，山东亿鑫化工有限公司非法生产阿散酸，非法倾倒含砷量超标 2.725 4 万倍的大量有毒废水，致使涞河水体被严重污染；2014 年 8 月，天津瑞海公司危险品仓库发生火灾爆炸事故，致使大量有毒有害气体进入大气环境，造成 165 人死亡、8 人失踪、798 人受伤，直接经济损失 68.66 亿元；2019 年江苏盐城响水天嘉宜化工有限公司发生爆炸事故，致使大量危险废物进入环境，造成 78 人死亡、76 人重伤，直接经济损失 19.86 亿元。随着“黑天鹅”和“灰犀牛”等各类突发事件对社会不良影响的越发加剧，应急管理的重要性日益凸显，社会各界对环境应急管理专业人才的需求与日俱增。

党的十八大以来，面对严峻复杂的形势，以习近平同志为核心的党中央坚持底线思维、增强忧患意识，着力防范化解重大风险，保持了经济持续健康发展和社会大局稳定。《中华人民共和国国民经济和社会发展第十四个五年规划和 2035 年远景目标纲要》提出“突发公共事件应急处置能力显著增强”的目标，提出“完善国家应急管理体系”的要求。环境应急管理作为国家应急管理体系和治理能力的重要组成部分，亟须从以末端管理为主的被动式应急管理模式加速转向以源头风险防控为主的全流程应急管理模式。对突发环境事件开展归纳梳理与系统性总结，构建突发环境事件应急管理理论体系与框架，明确环境应急管理全流程响应技术与方式方法，实施环境应急能力优化配置与能力的实践性应用，对于加快推进环境应急能力现代化建设具有重要意义。

本书以习近平生态文明思想为指导，以环境治理体系现代化建设为导向，在吸取前人研究成果的基础上，从环境应急管理发展历程，到环境应急管理“一案三制”体系建设，再到环境应急管理的全流程响应与处理处置；从政府层面到园区层面，再到企业层面的突发环境事件应急管理；从大气到水体，再到土壤的突发环境事件应急管理；从环境应急管理理论到应急管理方法，再到各类方法的技能实训等，开展多角度、多维度、融合型、创新型环境应急管理的理论与方法实践归纳与详细阐述。本书既注重理论方法与内容上的准确性和权威性，又突出实际运用中的可操作性，便于相关人员掌握环境应急管理的相关理论体系与框架以及全流程应急响应的技术理论与方法，提高环境应急管理的科学决策能力和环境应急管理水平，旨在满足各类本科院校工管结合的创新型应急管理人才培养所需，同时可为环境应急管理相关人员提供参考与借鉴。

本书在编写过程中参考了国内外的有关资料，书后附有主要参考资料目录，在此深表谢意。本书在出版的过程中，得到了南京工业大学、盐城工学院、常州理工大学、江苏省镇江市生态环境应急与事故调查中心、江苏省镇江环境监测中心站、江苏省镇江市综合行政执法局各位领导、专家、学者们以及江苏大学王稼倩、吕玲玲、沈军舰等老师的大力支持与指导，在此一并表示衷心的感谢。

限于作者的学术水平与实践经验，本书不足之处在所难免，敬请广大读者批评指正。

作 者

2024 年 4 月

目 录

第一章 应急管理与环境应急管理

应急管理是指政府及其他公共机构在突发事件的事前预防、突发应对、事中处置以及事后恢复的过程中，通过采取一系列措施和方法，最大限度地减少突发事件对社会的危害和损失。而环境应急管理作为应急管理中非常重要的一个领域，是指政府及其他公共部门在突发环境事件中采取一系列措施和方法进行预防、处置、恢复重建等工作，目的同样是尽可能减少社会危害和损失。

为了更好地理解应急管理及环境应急管理，首先要了解突发事件的概念及类型等基础知识，并在此基础上深入理解突发环境事件的相关知识，最后上升到如何应对这些突发事件尤其是突发环境事件的管理。

第一节 突发事件

关于应急管理的对象，在不同场合有不同的说法，如“灾害”“灾难”“事故”“突发事件”，甚至还有“危机”“风险”等。那么，所谓“应急管理”，究竟是管理灾难还是管理事故？是管理事件还是管理风险？实际上，对于这些问题的答案，目前从学理上还含混不清。因此，从概念上清楚界定研究对象是进行应急管理研究的起点。

一、突发事件相关基本概念界定

突发事件相关的众多概念之间交叉性很强，完全分辨出概念之间的边界几乎是不可能的，但努力寻找这些概念之间的异同，可以帮助我们厘清应急管理的研究对象边界。

（一）安全

中文里的“安全”一词对应的英文一般有两个，即 safety 和 security，而这两个单词在英文语境中的使用是有区别的。有人认为 safety 是指人体健康和生产技术活动的安全问题，而 security 是指社会政治方面的安全问题。也有人说，safety 可以具体指大坝结构、附属建筑、水库等能正常运行这类情况，而 security 主要指防范发生意外事故，如水污染、人为破坏、投毒、恐怖袭击等而达到的状态。种种说法，不一而足。

（二）灾害与灾难

“灾害”往往指自然造成的对人类不利的事件，而“灾难”偏重于人为造成的事故。

有趣的是，与“安全”一词不同，灾害和灾难在英文中对应同一个单词——disaster。不同语言之间一一对应几乎是不可能的。而作为描述程度很深的灾害或灾难的词语——“巨灾”，在英文里有一个单独的表达——catastrophe。

（三）事故

事故的定义也有多个。一般来说，事故是指发生于预期之外的造成人身伤害或财产、经济损失的事件。从该定义中我们可以看出，事故是发生在人们生产、生活活动中的意外事件，英文中普遍用 accident 来表达，偶尔也用 incident。美国数学家、安全科学家伯克霍夫对于事故的定义更为详细，他认为事故是个人或集体在为实现某种意图而进行的活动过程中，突然发生、违反人的意志、迫使活动暂时或永久停止、迫使之前存续的状态发生暂时或永久性改变的事件。具体到不同领域则表现为交通事故、生产事故、核事故、煤气事故等。

（四）突发事件

突发事件比事故范围更加宽泛一些，在英文中直接用 emergency 来表达，我国 2024 年修订实施的《中华人民共和国突发事件应对法》第 2 条中对“突发事件”的定义为：突然发生，造成或者可能造成严重社会危害，需要采取应急处置措施予以应对的自然灾害、事故灾难、公共卫生事件和社会安全事件。

二、突发事件的特点

突发事件是对人、物或社会系统造成灾害性破坏的事件，是公共安全学科关注的重点之一。突发事件的演化不是无法预测的，而是具有一定的规律，合理的干预能够改变突发事件的演化过程。对于突发事件的研究，通常多关注其发展过程规律，从而找到应对突发事件的有效方法，降低其可能造成的损害。对于突发的理解，不能简单理解为发生得突然，而应理解为灾害要素突破临界值是在较短时间内完成的，具有突发的特点。

1. 突发事件本质上是一种过程

包括物质、能量、信息三种类型的灾害要素究其本质都是一种实体，承灾体也是一种实体，而只有突发事件不能看作实体。突发事件是一个随时间发展变化的过程，与时间、空间、灾害要素都有关。有的突发事件可以看作随机过程，但有的突发事件与个体或群体的心理状态有关，而人类的心理状态又具有很大的不稳定性和不确定性，难以用概率来衡量和描述，所以这类突发事件就很难用随机过程的分析方法来进行分析。

2. 突发事件发展过程中通常存在若干关键或特殊状态

不同类型的突发事件基于其本身的物理规律不同，具有不同的发展规律，在其发展过程中存在一些关键或特殊的状态，这些状态通常可以显示突发事件发展的重要转折或趋势，是突发事件应对过程中应该重点关注的点。

一般来说，突发事件的作用主要表现为四种形式：物质作用、能量作用、信息作用以及耦合作用。

三、我国对突发事件的分类

一般来说，我国对突发事件进行分类时，尽可能考虑类别之间的差异性大、类别内的差异性小，尽量包括所有突发事件，并避免类别之间的交叉，同时必须符合我国国情。我国对突发事件的分类可以从国家法律法规层面及应急管理实践层面两个维度来展开。

（一）国家法律法规层面上的分类

2003 年“非典”出现之后，我国开始重视突发事件的应急管理，非生产领域的安全进入公众视野，随后在 2006 年制定《国家突发公共事件总体应急预案》时就特别对突发事件进行了划分，主要分成四类，之后颁布的《中华人民共和国突发事件应对法》中对这四个分类进行了再度确认，即：

1. 自然灾害

主要包括水旱灾害、气象灾害、地震灾害、地质灾害、海洋灾害、生物灾害和森林草原火灾等。

2. 事故灾难

主要包括工矿商贸等企业的各类安全事故、交通运输事故、公共设施和设备事故、环境污染和生态破坏事件等。

3. 公共卫生事件

主要包括传染病疫情、群体性不明原因疾病、食品安全和职业危害、动物疫情，以及其他严重影响公众健康和生命安全的事件等。

4. 社会安全事件

主要包括恐怖袭击事件、经济安全事件和涉外突发事件等。

还有人认为可以把经济危机作为第五类突发事件。实际上，经济危机对于人身安全的影响是间接的，和上面的四类也不属于同一个分类标准，似乎没有必要强行加入。上面的四个分类是按照处置突发事件时应该基于当时的哪些政府部门而进行的，方便及时将发生的事件和已有的责任部门关联起来，高效完成处置。

（二）应急管理实践层面上的分类

在具体的应急实践中，可以根据当地的实际情况按照一个或一些准则进行分类。在应急管理实践中，可以从原因、过程、破坏程度、应对策略等不同角度对突发事件进行分类。

1. 按照原因分类

从造成突发事件的原因是否是人为的角度，可以将突发事件划分为两大类：一类是非人为因素造成的突发事件，包括自然灾害事件和基础设施故障，前者可以是地震、干旱、火山爆发等，后者可以是系统本身存在的一些问题造成的突发事件，如地下管线老化造成的突发事件，或系统设计不合理造成的突发事件；另一类是人为因素造成的突发事件，即人祸，如群体性事件、踩踏事故、战争等。

2. 按照过程分类

有的突发事件是连续发生的，有的则是间断的，因此按照突发事件发生的过程是否连续，可以将突发事件分为连续型突发事件、间断型突发事件、一次性突发事件三大类。其中，连续型突发事件是指突发事件的发生过程会持续一段时间，如台风、龙卷风、战争等；间断型突发事件是指一件突发事件在一定或以后的时间内还会发生，如地震，余震就是在主震发生前后间断性发生的；一次性突发事件是指突发事件在较短的时间内发生后不会间断发生。

3. 同时依据两个维度的分类

依据受灾对象受冲击的严重程度和事件本身的复杂程度这两个维度，可以将突发事件分为四个类型，即严重且复杂、复杂但不严重、不严重也不复杂、严重但不复杂，具体如图 1-1 所示。

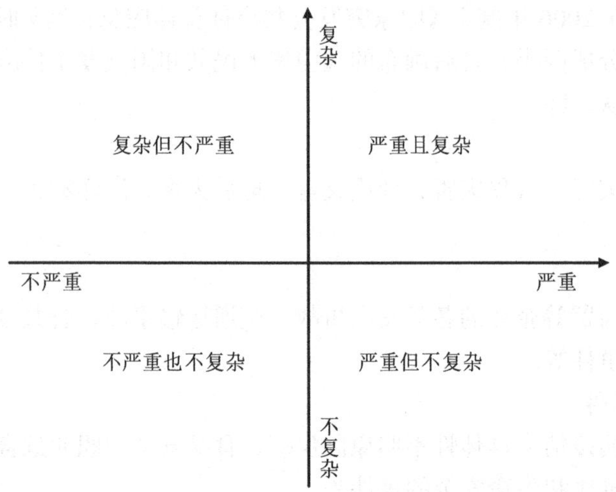

图 1-1 依据严重性和复杂性的分类矩阵

（三）突发事件的分级

按照性质、严重程度、社会危害程度、可控性和影响范围等因素，突发事件一般可分为：Ⅰ级（特别重大）、Ⅱ级（重大）、Ⅲ级（较大）和Ⅳ级（一般）四级。法律、行政法规或者国务院另有规定的，从其规定。突发事件的分级标准由国务院或者国务院确定的部门制定。目前，有的领域将突发事件分为两级（如水灾）或更多的级别（如地震）。

（四）依据应急职责的分类

突发事件也可以按照具体承担的应急职责来进行分类，具体可分为集权模式、授权模式、代理模式及协同模式四种类型。其中，集权模式是指将应急资源整合在一起，成立一个专门的联动中心，并由其全权行使应急联动指挥大权；授权模式是指政府将应急联动的指挥权授予某一特定部门，由该部门按照授权的权限调动其他部门联合行动；代理模式则是指政府统一紧急呼叫的入口，各部门从“代理”处出警，各自负责；协同模式是指涉及事件的不同机构按照事先约定或临时约定的工作流程协作行动。

四、其他国家对突发事件的不同分类法

突发事件的合理分类是构建应急管理体系的基础，不同国家由于历史、文化、经济发

展、行政结构、管理体系等各种条件的不同，对于突发事件的理解表现出一定的差异，对突发事件的分类也呈现出较大的区别。对各国突发事件的分类进行比较和分析，可以进一步增强对突发事件性质的理解，为应对突发事件提供新的思路。表 1-1 中列出了美国、英国等分布于不同地理区域的主要国家对突发事件的分类情况。

表 1-1　突发事件分类

国家	分类	国家	分类	国家	分类
中国	自然灾害	英国	严重危害某地人民福利的行为	澳大利亚	自然灾害
	事故灾难		严重危害环境的行为		人为因素事件
	公共卫生事件		战争、武装冲突和恐怖主义		生物因素事件
	社会安全事件	韩国	自然灾害		基础设施故障
美国	生物事件		人为灾害	俄罗斯	自然灾害
	巨大灾害		关键基础设施灾难		技术性突发事件和灾难（包括有害材料）
	网络事件	加拿大	自然灾害	日本	自然灾害
	仪器与农业事件		食品污染和食物中毒		重大事故
	核与放射性事件		火灾		重大事件
	石油、危险品事件		疾病		安全保障事件
	恐怖袭击与刑事案件		交通事故		经济事件
新西兰	自然突发事件		刑事案件		情报事件
	人为突发事件				环境事件

第二节　突发环境事件

一、定义

自 20 世纪末至 21 世纪初的 30 多年来，中国经济始终保持高速增长，在根本性地改善人民群众生活水平的同时，城镇化、工业化的进程不断加速，由此使得各种自然灾害和人为活动引发的环境风险不断加剧，环境污染突发事件不断产生，直接或间接地影响和威胁着公众的安全与健康。突发环境事件因其具有突发性、多样性、危害性、公共性和紧迫性等特点，已越来越受到政府和全社会的高度关注。

作为突发事件中的一个重要组成部分，突发环境事件的定义主要源于 2005 年国务院印发的《国家突发环境事件应急预案》。该预案对突发环境事件进行了清晰界定，即突发环境事件是指突然发生，造成或者可能造成重大人员伤亡、重大财产损失和对全国或者某一地区的经济社会稳定、政治安定构成重大威胁和造成损害，有重大社会影响的涉及公共安全的环境事件。

2014 年，《国家突发环境事件应急预案》进行了修订。修订后的预案对突发环境事件的定义进行了修改。新的定义为：由于污染物排放或自然灾害、生产安全事故等因素，导致污染物或放射性物质等有毒有害物质进入大气、水体、土壤等环境介质，突然造成或可能造成环境质量下降，危及公众身体健康和财产安全，或造成生态环境破坏，或造成重大社会影响，需要采取紧急措施予以应对的事件，主要包括大气污染、水体污染、土壤污染等突发性环境污染事件和辐射污染事件。与2005年的定义相比，这一定义发生了较大变化，其内涵和外延都得到了比较大的扩展，更多地采用了《中华人民共和国突发事件应对法》中对“突发事件”的定义方式，突出了突发环境事件发生的原因，描述了其后果的危害性和破坏性，并强调了污染的过程。

由以上分析可知，突发环境事件在类型划分上，隶属事故灾难类突发事件。

二、常见环境污染物类别

从总体上说，突发环境事件中环境污染物主要分为无机污染物和有机污染物。

（一）无机污染物

1. 非金属无机污染物

非金属无机污染物主要指含氟化合物、含硫化合物、无机氨、氮和硝酸盐等，如各种氢氰酸、氰化钾、硫酸、硝酸等，主要来自炼焦、塑料、化肥、硫酸和硝酸等工厂排放的废水。

2. 重（类）金属污染物

重（类）金属污染物主要有汞（Hg）、镉（Cd）、铅（Pb）、铬（Cr）、铜（Cu）、镍（Ni）、锰（Mn）、锌（Zn）、砷（As）、硒（Se）等生物毒性显著的元素。另外，通过原子吸收红外光谱法，确定了Cu、Zn、Cd、Mn、Pb、Ni为致癌性重金属。这些元素主要来自农药、医药、仪表及各类金属矿山的废水，如Hg、Cd、Cr、Pb、As等各种重（类）金属离子毒物在水体中比较稳定，是污染水体的剧毒物质。

（二）有机污染物

有机污染物种类繁多，常见的有以下几种。

1. 苯系物

苯系物是苯及其衍生物的总称，包括苯、甲苯、乙苯、二甲苯、苯乙烯、三甲苯等，是工业生产中的重要原料，对人体及生物体有较强的毒性。它能通过各种途径进入环境中，对水体、土壤以及空气等介质造成严重污染。近年来，其引发的环境污染事故频发，已成为环境污染中最重要的污染物质之一。

2. 酚类

酚类包括苯酚、甲酚、氨基酚、二硝基邻甲酚、萘酚和五氯酚等，主要来源于炼焦，炼油，制造煤气、酚、绝缘材料、药，造纸等生产过程中排放的废气和废水。

3. 挥发性氯代烃

挥发性氯代烃包括氯甲烷、二氯甲烷、四氯化碳、氯乙烷、四氯乙烷、氯乙烯、三氯丙烷等，对人体及生物体有较强的毒性。氯代烃是工业生产中重要的原料，近年来因其污染引发的环境事故频发。

4. 硝基苯类化合物

常见的硝基苯类化合物有硝基苯、二硝基苯、二硝基甲苯、三硝基甲苯、二硝基氯苯等。硝基苯是有机合成的原料，最重要的用途是生产苯胺染料，还是重要的有机溶剂。环境中的硝基苯主要来自化工厂、染料厂的废水、废气，尤其是苯胺染料厂排放的污水。此外，贮运过程中的意外事故也会造成硝基苯的严重污染。

5. 苯胺类化合物

苯胺类化合物常用于染料制造、印染、制药，以及生产橡胶、塑料和油漆等的原料。部分苯胺类化合物具有致癌性，对水体可造成污染。

6. 多环芳烃

多环芳烃（PAHs）是煤、石油、木材、烟草、有机高分子化合物等有机物不完全燃烧时产生的挥发性碳氢化合物，广泛分布于环境中，是环境和食品重要的污染物。例如，苯并芘是第一个被发现的环境化学致癌物，且致癌性较强。

7. 氯苯类化合物

氯苯类化合物即苯分子中一个或几个氢原子被氯原子取代之后的有机烃类化合物。该类化合物的物理、化学性质稳定，不易分解，通过各种途径进入环境中，广泛分布于空气、土壤、地下水、地表水以及海洋中。

8. 多氯联苯

多氯联苯（PCBs）是一类化工产品，在工业上广泛用于变压器、电容器、油漆、复印纸的生产和塑料工业，用作热载体、绝缘油和润滑油等。该类化合物极难溶于水而易溶于脂肪和有机溶剂，并且极难分解，因而能够在生物体脂肪中大量富集，已造成全球性环境污染问题。

9. 有机氯农药

有机氯农药通常包括滴滴涕、氯丹、二氯烯丹、硫丹、狄氏剂、异狄氏剂、氯气、环氧七氯、六氯苯、十氯酮等。由于其化学性质稳定、难以分解，很容易对环境造成严重污染。

10. 有机磷农药

有机磷农药用于防治植物病虫害，在农药中是极为重要的一类化合物，如硫磷、甲基对硫磷、甲基内吸磷、马拉硫磷、二溴磷、乐果、敌百虫、敌敌畏、阿特拉津等。

11. 二噁英

二噁英包括多氯二苯并对二噁英（PCDDs）和多氯二苯并呋喃（PCDFs）。PCDDs 主要来自纸张漂白、汽油燃烧、废旧金属回收熔融、有机氯合成及其他有机化学制造过程。PCDFs 主要来自垃圾焚烧和工业生产过程。二噁英在环境中存在比较广泛，毒性强。

12. 多溴联苯醚

多溴联苯醚（PBDEs）广泛应用于家用电器、计算机、室内装潢的泡沫塑料、地毯中，具有环境稳定性、高脂溶性、不易降解性等特点。PBDEs 也属于环境内分泌干扰物，能影响人体及动物内分泌功能。

三、污染物的迁移

污染物的迁移即污染物在环境中发生的空间位置相对移动过程，迁移的结果导致局部环境中污染物的种类、数量和综合毒性强度发生变化。污染物在环境中的迁移通常有三种类型，即机械性迁移、物理化学迁移和生物性迁移。

（一）机械性迁移

根据污染物在环境中发生机械性迁移的作用力，可以将其分为气的机械性迁移、水的机械性迁移和重力的机械性迁移三种作用。

气的机械性迁移作用包括污染物在大气中的自由扩散作用和气流搬运作用。其影响因素主要有气象条件、地形地貌、排放浓度、排放高度。一般规律是，污染物在大气中的浓度与污染源排放量成正比，与平均风速和垂直混合高度成反比。

水的机械性迁移作用包括污染物在水中的自由扩散作用和水流搬运作用。一般规律是，污染物在水体中的浓度与污染源的排放量成正比，与平均流速和与污染源的距离成反比。

重力的机械迁移作用主要包括悬浮物的沉降作用以及人为搬运作用。

（二）物理化学迁移

物理化学迁移是污染物在环境中最基本的迁移过程。污染物以简单的离子或可溶性分子形式发生溶解-沉淀、吸附-解吸，同时会发生降解等作用。

物理化学迁移具体包括以下作用类型：风化淋溶作用、溶解挥发作用、酸碱作用、络合作用、吸附作用、氧化还原作用。

（三）生物性迁移

污染物通过生物体的吸附、吸收、代谢、死亡等过程而发生的迁移叫作生物性迁移。生物性迁移主要包括生物浓缩（生物富集）、生物累积、生物放大。

四、突发环境事件的危害

由于突发环境事件发生突然、污染物扩散迅速，后果往往很严重，会在较短时间内造成大量人员伤亡和重大经济损失，造成局部地区严重的生态破坏，直接危害人民群众的生命安全，对社会的稳定和可持续发展造成极其严重的影响。

（一）危害生命与健康

突发环境事件最严重的危害之一就是影响人民的生命健康与安全，除直接造成死亡外，还可能引起人体器官功能性损伤或器质性损害，甚至会致畸、致癌、致突变，影响后代。

（二）造成社会经济损失

突发环境事件在威胁生命与健康的同时，会造成不可估量的社会经济损失。对于种养殖业和渔业而言，除造成经济损失外，还会导致农作物和鱼类死亡或体内带毒，通过食物链进入人体，间接影响人类健康；对于工业而言，可能会造成工业产品品质下降、竞争力下降、生产成本增加等诸多问题；对于市政工程而言，会造成供应成本增加，处理运行费用上升等；对于污染的治理和生态恢复而言，会造成大量资金的投入。因此，突发环境事件会造成直接和间接的社会经济损失。

（三）破坏生态环境

突发环境事件或多或少会对生态环境造成不同程度的破坏，严重的还会导致一定区域的生态失衡，使生态环境难以恢复，造成长期的危害。突发环境事件既会对生态系统造成直接的破坏，如森林破坏、沙漠化，也会对生态系统和人类社会造成间接的危害，有时间接的环境危害比直接危害更大，也更难消除。

五、突发环境事件产生的原因及特点

（一）产生原因

生产事故：在化工、石油、煤炭、医药、核工业等生产过程中使用、生产有毒化学品、易燃易爆物质或放射性物质，由于不遵守操作规程或设备、管、阀破裂造成有毒物、放射性物质泄漏或燃烧爆炸等事故。

贮运事故：有毒有害物品在贮存过程中发生贮罐腐蚀、破损，仓库火灾、爆炸等事故；危险品在运输或输送途中发生沉船、翻车，输送管道泄漏或爆炸、燃烧等事故。

自然灾害：地震、台风、龙卷风、暴雨、泥石流、山体滑坡等自然灾害，造成工厂、仓库倒塌，船只沉没，车辆倾翻，如果伴随危险品泄漏，将引起恶性突发环境污染事故。

人类战争：包括两类，一类是战争破坏工厂、仓库、设施、油田、输油管道等；另一类是战争中使用化学武器、核武器、生化武器等造成严重的环境污染事故。

统计表明，生产事故、贮运事故、自然灾害是造成突发环境事件的主要原因。

（二）主要特点

形式的多样性。突发环境事件有多种类型，所涉及的污染因素众多，表现形式也多种多样。就产生方式而言，在生产、贮存、运输、使用和处置的各个环节均有发生污染事故的可能。

发生的突然性。一般环境污染是常量排污，有其固定的排污方式和途径，并在一定时间内有规律地排放污染物质。而突发环境事件不同，它没有固定的排污方式和途径，往往突然发生，始料不及，有很大的偶然性和瞬时性。

危害的严重性。一般环境污染多产生于生产过程中，排污量少，其危害性相对较小，不会对人们的正常生活与生产秩序造成严重影响。而突发环境事件是在“瞬时”内一次性大量泄漏，在很短时间内往往难以控制，因此其破坏性较强，污染损害更严重。

处置的艰巨性。突发环境事件涉及的污染因素较多，一次排放量较大，发生较突然，危害强度大，所以很难在短期内控制，加之污染面大，给处理处置带来极大的困难。其处理处置比一般环境污染事故的处理更为艰巨与复杂，难度更大。

六、突发环境事件分类

突发环境事件尚无统一的分类方法，根据目前的法律法规，以及相关研究资料，本书中暂按事件起因、污染介质、污染物类型、污染源类型、污染物的性质及常发生的污染事件进行探讨分类。

按照事件起因，突发环境事件的形成有两种情况：一种是不可抗力造成的，通常为自然灾害；另一种是人为原因造成的，通常为事故灾害。

按照污染介质，突发环境事件可分为突发水污染事件、突发大气环境事件、固体废物引起的突发环境事件等。

按照污染物类型，突发环境事件可分为有机物污染事件、无机物污染事件、重金属污染事件，以及其他类污染事件。

按照污染源类型，突发环境事件可分为“本地源”突发环境事件、“外地源”突发环境事件。

按照污染物的性质及常发生的污染事件，突发环境事件可分为违规大量排放废水造成的污染事件，易燃易爆的泄漏爆炸污染事件，剧毒农药和有毒气体的泄漏、扩散污染事件，溢油事件，放射性核污染事件等。

第三节　应急管理

无论是对于商贸工矿企业中的安全生产层面来说，还是对于起着监管作用的应急管理相关从业者来说，工作的最终目标都是达到“安全”状态。而安全这一概念的反面，其实就涉及“应急管理究竟要管理什么”这一重要命题。

一、应急管理的概念

“应急管理”往往要和“突发事件”放在一起来理解。通常，英语中的“emergency management”对应中文中的“应急管理”。但如果深究就会发现，这个翻译似乎有点问题，将其译为“突发事件管理”更为准确。那么，为什么会出现这样一种中英文无法准确对应的情况呢？这就要从我国导入“应急管理”这一术语的过程，以及目前我国在应急管理领域中的几个相关概念的混用情况讲起。

1. 应急管理概念在我国的由来

《现代汉语词典》中对“应”字的解释中，第四种用法是“应付”，例词就是“应急”，具体解释为“动词，应付迫切的需要”。由此可见，“应急”这个词基本上和英文 emergency management 是对等关系的词。反过来说，emergency management 就是“应急”，用现代汉语来表达，就应该是“突发事件管理”。所以，在“应急”这个表示处置性、动态性的词后面加了“管理”二字，从文法上解释起来就有些勉强了。

据说，当初有学者建议将 emergency management 译作“危机管理”，但是国人似乎不喜欢“危机”这个看起来有些不吉利的词，这才出现了“应急管理”这个既不太符合汉语文法，又无法与英文固定表达相对应的用语。不过后来用得多了，大家也就习惯了，甚至渐渐地，“应急”演变成一个名词性的概念，大体上就相当于“危机”“危机事件”“突发事件”。

在这之后，这几个概念就开始了混用。我国现在已经约定俗成，普遍使用“应急管理”。

2. 应急管理与危机管理异同辨析

“危机”这一说法在我国目前的语境中使用得不如应急多，在西方的语境里，crisis 往往和 communication 在一起使用，可以理解为“危机沟通”，一般是指政府、组织、机构和公民、会员、成员之间的冲突或矛盾的纾解机制。

而在此基础上出现的“风险”一词主要是指因不确定性而带来的可能的损失。这些词在平时工作或生活中经常使用，可以从烈度、范围、状态等维度进一步深入区分。但是，因为概念之间确实又存在一定的交融，所以有时不一定非要将其刻意进行严格区分。美国联邦应急管理局曾编写了一本厚达上千页的应急概念手册，对于 emergency management 的名词解释就搜罗了十几种之多，可见人们对其认知的混乱性。

综上所述，本书用我国已经习惯使用的“应急管理”一词来指代英文中的 emergency management，并将之定义为：为了降低突发灾难性事件的危害，基于突发事件的原因、突发事件的发生、发展过程以及所产生的负面影响的科学分析，有效集成社会各方面的资源，对突发事件进行有效应对、控制和处理的一整套理论、方法和技术体系。应急管理涉及突发事件的预防和准备、监测和预警、应急响应和救援、恢复和重建等一系列活动。

二、应急管理的发展历程

人类社会的发展大体相似，大灾，无论是洪荒、干旱还是地动山摇，都需要集中起能够调集的力量进行应急，这就非常需要政府充当关键组织角色；而如果仅仅是小灾，自己家就能解决，顶多麻烦下亲戚邻居，或者扩展到志愿者层面，这就是“自扫门前雪”的小规模应急了。不管是哪一种，都需要有一个日趋标准化和制度化的应对策略与体系。随着应对突发事件的认知与应对能力的提升，我国应急管理也在不同时期呈现出不同的状态，大致可以分为以下四个发展阶段。

1. 以议事协调机制为主的单灾种管理时期（1949—2002 年）

中华人民共和国成立后，血吸虫病、洪水、大旱、矿难、地震、雪灾、森林大火等都发生过。针对多地区、多类型、多级别的突发事件和重大灾害，我国最开始的应急模式是多头管理，依靠非常设机构协调不同部门履行职责。此时，应急管理体制的重要特点是成立日常性跨部门协调机构和设立临时性应急指挥部。在中小规模的突发事件应对上，这一阶段的应急特点是以单灾种分类管理为主，具有专业化、单一化的特点，针对特定灾种的管理具有较高效率，奠定了我国应急管理体制的基础。

在中华人民共和国成立初期经济社会的发展态势下，频发的生产安全事故以及各类自然灾害对分类管理的应急管理体制提出了新的要求。为应对日益多发的风险，我国采取了在原有常设分类管理机构之外设立诸多非常设机构的方法，这些非常设机构被赋予重特大突发事件跨部门组织协调和临时性应急处置职责职能。这一时期我国共出现 16 个与应急管理相关的国务院议事协调机构，其中包括 7 个指挥部、5 个领导小组和 4 个委员会，与此同时建立了 9 项联席会议制度。从唐山大地震和 1998 年特大洪水对社会造成的巨大影响来看，此阶段处于机构膨胀但效率较低的时期，部门分割，权责独立，不同政府部门之间较少有联系合作，小规模灾害的应对仍以地方政府为主，中央政府的应急机构只提供协调服务。

2. 以“一案三制”为核心的应急管理体系初步建设时期（2003—2007 年）

“非典”的暴发使得我国重新思考如何应对大规模跨区域的突发事件。公共卫生事件引起了长时间、广泛的社会恐慌，暴露出我国应急管理存在的重大缺陷，即在应对重大突发事件的前期准备、灾害预警、应急预案、信息整合、应急响应和灾后恢复等方面都存在薄弱环节。痛定思痛，我国开始提出建立突发公共卫生事件反应机制，提高公共卫生服务水平，提高突发性公共卫生事件应急能力。

此时，国内存在的日益复杂的风险一方面要求应急管理的综合化、协同化，另一方面，国家治理中分权化、部门化、碎片化状况又要求应急管理主体转变治理方式。2006 年 4 月，国务院办公厅下发《关于设置国务院应急管理办公室（国务院总值班室）的通知》，该通知提出，国务院办公厅设置国务院应急管理办公室（国务院总值班室），承担国务院应急管理的日常工作和国务院总值班工作，履行值守应急、信息汇总和综合协调职能，发挥运转枢纽作用。这是一个里程碑式的事件，毕竟，单一机构承担单一应急职能，在面对跨区域、非常规、复杂事件就建立临时性应急指挥部的模式不再适应风险成为常态的新时期。这样，建立一个独立且有能力协调多部门的机构成为必需，国务院应急管理办公室可谓应运而生。

设立国务院应急管理办公室一方面旨在解决不同部门之间权责不清的问题，避免职能交叉、多头管理；另一方面，希望通过设置应急协调部门，打破部门之间、中央和地方之间的壁垒，建立并完善应急管理体制，以增强应对突发事件的能力。此阶段属于“精简—高效”的螺旋式上升阶段。

在这种背景下，以“一案三制”为基本框架的应急管理体系在我国逐步建立起来。应急管理中的核心要素在此框架中得以充分体现，为我国未来的应急管理工作提供了明确的行动指南，推动了我国应急管理体系建设的全面发展。“统一领导、综合协调、分类管理、分级负责、属地管理为主”的应急基本原则在省、市级政府机构中实现了全覆盖。基本建立了应急管理法制体系，以《中华人民共和国突发事件应对法》为核心，以各部门及各地制定的涉及应急管理领域和社会安全管理领域 60 多部法律法规为配套的应急管理法律法规体系，保障了应急管理全过程有章可循、有法可依。

总体来说，这一时期取得的突出成就是建立了成体系的“一案三制”，嵌入原有的部门机构，作为不同层级和职能部门的行动指南和标准。因此，我国在 2008 年政府工作报告中郑重宣布“全国应急管理体系基本建立”。“一案三制”对中国应急管理体系的发展和完善产生了深远影响。

3. 实践、完善与反思期（2008—2017 年）

2008 年是大灾大事共生共存的一个特殊年份，年初的南方雨雪冰冻灾害，随后的汶川大地震和山西襄汾尾矿库溃坝事故，以及 8 月的奥运会纷至沓来。接下来 2010 年的青海玉树地震、甘肃舟曲特大泥石流灾害及西南五省特大旱灾，2011 年的甬温线特别重大铁路交通事故，2013 年的雅安地震等重大突发事件都是对我国应急管理工作的严峻考验。

2013 年 3 月，《国务院机构改革和职能转变方案》通过，新一轮大部制改革启动。这次大部制改革，国务院组成部门减少至 25 个。应急体系在此时已经有了要全面改革的动向，只是一时还没有成熟。在应对突发事件的过程中，我国既取得了举世瞩目的成就，也暴露出不少问题，如事前预警缺乏等。我国应急管理亟须提升质量。

4. 中国特色现代应急管理体系建设时期（2018 年之后）

2018 年的国务院机构改革是党和国家机构改革的重要组成部分，以优化协同高效、提高政府治理能力为根本，使机构体制符合实际，科学合理，更有效率。应急管理部就在这次机构改革中应运而生，开始总揽中国应急管理与防灾减灾救灾工作。

此次机构改革方案将原来与应急管理相关的 13 个部门的部分职责融入新组建的应急管理部。应急管理部的职责包括：组织编制国家应急总体预案和规划，指导各地区、各部门应对突发事件工作，推动应急预案体系建设和预案演练；建立灾情报告系统并统一发布灾情；统筹应急力量建设和物资储备并在救灾时统一调度；组织灾害救助体系建设；指导安全生产类、自然灾害类应急救援；承担国家应对特别重大灾害指挥部工作；指导火灾、水旱灾害、地质灾害等防治；负责安全生产综合监督管理和工矿商贸行业安全生产监督管理；等等。

三、应急管理的内涵和原则

（一）内涵

结合突发事件特点与实际，突发事件应急管理应强调对潜在突发事件实施全过程的管理，即由预防、准备、响应和恢复四个阶段组成，使突发事件应急管理工作贯穿于各个过程，并充分体现“预防为主、常备不懈”的应急理念，如图 1-2 所示。

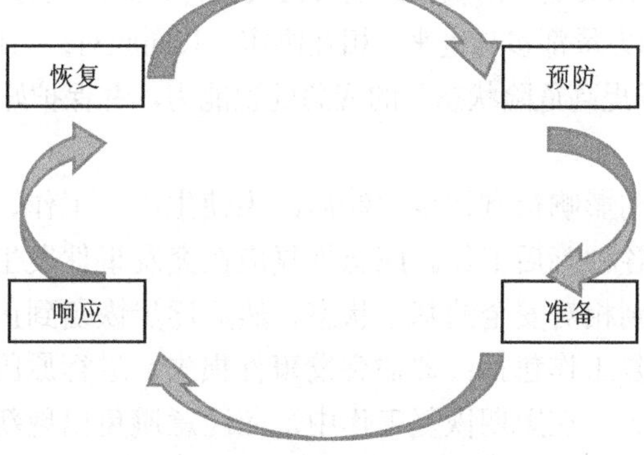

图 1-2　突发事件应急管理四个阶段

一般而言，突发事件应急管理的四个阶段并没有严格的界限，且往往是交叉的。每一阶段都有各自明确的目标，而且每一个阶段都是构筑在前一个阶段的基础之上，因而预防、准备、响应和恢复相互关联，构成了突发事件应急管理工作一个动态的循环改进过程。

1. 预防

预防，又称缓解、减少，是指在突发事件发生之前，为了降低突发事件发生的概率或者为了减轻突发事件可能造成的损害所做的各种预防性工作。

在突发事件应急管理中，预防有两层含义：一是突发事件的预防工作，通过管理和技术等手段，尽可能地避免突发事件的发生；二是在假设突发事件必然发生的前提下，通过预先采取一定的预防措施，降低或缓解其影响后果的严重程度。

2. 准备

准备是响应的先决条件，是应急管理过程中一个极其关键的过程，是指针对特定的或者潜在的突发公共事件，为迅速、有序地开展应急行动而预先进行的各种应对准备工作。“居安思危，思则有备，有备无患。”因而，充分准备是应急管理的一个主要内涵。

应急准备的主要措施包括：利用现代通信信息技术建立重大危险源、应急队伍、应急装备等信息系统；组织制定应急预案，并根据情况变化随时对预案加以修改完善；按照预先制定的应急预案组织模拟演习和人员培训；建立突发公共事件应急响应级别和预警等级；与各个政府部门、社会救援组织和企业等签订应急互助协议，以落实应急处置时的场地设施使用、技术支持、物资设备供应、救援人员等事项，其目标是保证突发公共事件应急救援所需的应急能力，为应对突发公共事件做好准备。准备得越充分，突发公共事件应急救援就会越有成效。

3. 响应

响应是指在突发事件发生、发展过程中所进行的各种紧急处置和救援工作。及时响应是应急管理的又一个内涵。

应急响应的主要措施包括：进行预警与通报，启动应急预案，开展消防和工程抢险，实施现场警戒和交通管制，提供现场急救与转送医疗，评估突发事件发展态势，向公众通报事态进展等，其目标是尽可能控制并消除突发事件。

应急响应是应对突发事件的关键阶段、实战阶段，考验着政府和企业的应急处置能力，尤其需要解决好以下几个问题：一是要提高快速反应能力，反应速度越快，意味着越能减少损失；二是应对突发事件，尤其是特别重大、重大突发事件，需要政府具有较强的组织动员能力和协调能力，使各方面的力量都参与进来，相互协作，共同应对；三是要为一线应急救援人员配备必要的防护装备，以提高危险状态下的应急处置能力，并保护好一线应急救援人员。

4. 恢复

恢复是指突发事件的影响得到初步控制后，为使生产、工作、生活和生态环境尽快恢复到正常状态所进行的各种善后工作。应急恢复应在突发事件发生后立即进行。首先应使突发事件影响区域恢复到相对安全的基本状态，然后逐步恢复到正常状态。

要求立即进行的恢复工作包括：评估突发事件损失、进行原因调查、清理事发现场废墟、提供事故保险理赔等。在短期恢复工作中，应注意避免出现新的紧急情况。

（二）原则

党中央、国务院高度重视突发事件的应急管理工作，确定了突发事件应急管理的基本原则。

1. 以人为本，减少危害

切实履行政府的社会管理和公共服务职能，把保障公众健康和生命财产安全作为首要任务，最大限度地减少突发事件及其造成的人员伤亡和危害。

2. 居安思危，预防为主

高度重视公共安全工作，常抓不懈，防患于未然。增强忧患意识，坚持预防与应急相结合、常态与非常态相结合，做好应对突发事件的各项准备工作。

3. 统一领导，分级负责

在党中央、国务院的统一领导下，建立健全以分类管理、分级负责、条块结合、属地管理为主的应急管理体制，在各级党委领导下，实行行政领导责任制，充分发挥专业应急管理机构的作用。

4. 依法规范，加强管理

依据有关法律和行政法规，加强应急管理，维护公众的合法权益，使应对突发公共事件的工作规范化、制度化、法制化。

5. 快速反应，协同应对

加强以属地管理为主的应急处置队伍建设，建立联动协调制度，充分动员和发挥乡镇、社区、企业事业单位、社会团体和志愿者队伍的作用，依靠公众力量，形成统一指挥、反应灵敏、功能齐全、协调有序、运转高效的应急管理机制。

6. 依靠科技，提高素质

加强公共安全科学研究和技术开发，采用先进的监测、预测、预警、预防和应急处置技术和设施，充分发挥专家队伍和专业人员的作用，提高应对突发事件的科技水平和指挥能力，避免发生次生、衍生事件；加强宣传和培训教育工作，提高公众自救、互救和应对各类突发事件的综合素质。

四、应急管理的目标与基本任务

（一）目标

基于突发事件全生命周期和应急管理链条式闭环过程，突发事件可以分为事前阶段、事中阶段及事后阶段。对应不同的阶段，应急管理的目标也不同。

1. 事前阶段的目标

这一阶段的主要目标是：树立“安全发展”理念，统筹发展和安全两件大事，从根本上避免突发事件发生。全面开展风险治理，把突发事件控制在基层，化解在萌芽，解决在当地。坚持动态监测，实时预警，做到“出现即发现，发现即发布，发布即发动”。

2. 事中阶段的目标

这一阶段要在事件发生后第一时间迅速开展分析研究，判明情况。建立多元开放信息系统，及时、客观、全面报送信息。同时，要根据事件特点和现场情况，快速进行目标取舍，确定应急处置措施。做好人员分工、资源配置和机构设置，实现统一领导，统一指挥，统一行动。把握好“时度效”，及时主动进行沟通，营造同舟共济、众志成城的社会氛围。

3. 事后阶段的目标

这一阶段的目标是通过科学规划和参与式重建，建设更加美好的家园，提高全社会的安全韧性，利用“窗口期”发现问题、解决问题。

（二）基本任务

结合前述突发事件应急管理四个阶段划分和基于流程优化的政府应急管理机制框架，应急管理的基本任务应包含以下四个方面。

1. 预防与应急准备

（1）预案准备

2003 年以来，在我国以“一案三制”为核心的应急管理体系建设过程中，中共中央及各地区、各部门纷纷制定了各级各类应急预案。

（2）队伍建设

主要关注以下问题：现有救援力量与救援需要之间的关系；专业救援队伍及统一的指挥协调和区域规划的问题；救援队伍的抢险救援技术与设备水平问题。

（3）宣教动员

《中华人民共和国突发事件应对法》明确指出，国家建立有效的社会动员机制，组织动员企业事业单位、社会组织、志愿者等各方力量依法有序参与突发事件应对工作，增强全民的公共安全和防范风险的意识，提高全社会的避险救助能力。当前，我国民众的安全意识和应急技能仍显薄弱，尤其是农村地区的社会宣传教育和动员开展力度明显不足，城乡居民应急知识教育和应急技能训练也有待增强，地方政府对防灾减灾和应急管理宣传教育力度有待进一步提升。

（4）应对保障

我国在防灾减灾和应急管理的应对保障方面工作力度还不足，除了应急通信保障存在缺陷外，在经费物资、场所和科技等方面也普遍存在不足。

2. 监测与预警

监测与预警是应急管理的重要阶段。这一阶段中的主要任务是根据应对突发事件的经验、教训，依托已有数据、情报、资料，运用逻辑推理和科学预测的方法与技术，对突发事件出现的约束条件、未来发展趋势和演变规律等做出科学估计和判断，对突发事件发生的可能性及其危害程度进行发布，及时提醒公众做好准备，改进工作，规避危险，减少损失。《中华人民共和国突发事件应对法》中明确要求建立健全突发事件监测制度和预警制度。在这一阶段，主要任务是建立监测机制、研判机制、信息报告机制以及预警机制。

（1）监测机制

监测机制的主要内容包括：构建突发事件监测网络，完善突发事件监控系统，健全突发事件信息监测制度，推进信息报告队伍建设。

（2）研判机制

研判机制的主要内容包括：完善信息收集制度，注重对信息的分析；加强专业研判机制建设，注重多部门、多学科的综合研判；加强预测能力机制建设，注重对次生、衍生灾害的分析；完善研判组织机制建设，注重动态与全过程研判。

（3）信息报告机制

信息报告机制的主要内容包括：社会舆情汇总与研判、纵向信息报告工作、横向信息通报工作、信息报告激励机制、干部考核制度。

（4）预警机制

预警机制的主要内容包括：预警信息的处理与发布、预警级别的划分、预警发布制度的完善、落实发布预警信息后的措施制度。

3. 应急处置与救援

突发事件发生后，首要任务是进行有效处置和救援，争取最大限度减少伤亡和损害，防止事态扩大和次生、衍生灾害发生。在这一阶段，主要任务包括先期处置、快速评估、决策指挥、协调联动、信息发布。

（1）先期处置

先期处置的主要任务是立即启动应急预案，成立现场处置指挥机构，抢救遇险人员，维护现场秩序，疏导交通、疏散群众、救治伤员、排除险情，控制事态发展，上报险情并协助有关部门共同应对等。

（2）快速评估

快速评估是指在突发事件发生后较短时间内，由履行领导职责或组织处置突发事件的政府及其他有关部门按照有关规定，指派工作组或有关机构针对特定问题进行快速调查，短期内提供相关信息的行动或过程。一般来说，包括突发事件损失和影响的快速评估、灾民和影响区域需求的快速评估两部分。

（3）决策指挥

决策指挥是指应急指挥者在对突发事件特定的原因、性质、时空特征、扩散态势、影响后果等进行快速评估的基础上，采用科学合理、及时有效的应急控制模式，对应急管理过程中的各种力量、各种活动进行时间和空间上的安排与调整的过程。具体包括：启动应急响应、专业化现场指挥、资源调配与征用、专家参与、临时救助安置。

（4）协调联动

协调联动是指在应急管理中能够有效组织多部门之间参与和配合的制度化、程序化和规范化的方法与措施，是一种协调处理突发事件的运作模式。换句话说，就是一种以齐心协力、互助合作的方式形成的多部门和多主体参与的应急管理模式。协调联动主要包括政府部门之间的纵向、横向协调联动，不同行政区域的协调联动，以及政府与企业、社会的协调联动。为了实现指挥有力、信息共享、资源共用、协调顺利、联动一致的目的，可以通过建立国家应急管理综合协调指挥机制和应急管理指挥部的方式来实现力量整合。

（5）信息发布

信息发布是指履行统一领导职责或组织处置突发事件的政府及其有关部门按照有关规定，向社会统一、准确、及时发布有关突发事件事态发展和应急处置工作信息的行为或过程。信息发布工作包括：应急管理过程中的新闻发布和舆论引导；决策者在灾害现场进行现场沟通；建立信息发布的专家参与机制等。

4. 恢复与重建

《中华人民共和国突发事件应对法》规定，当突发事件的威胁和危害得到控制或消除后，恢复重建工作即开始。恢复与重建是指在突发事件应急处置和救援基本结束后，围绕受影响区域社会秩序及人民生活、生产的恢复，以及受影响区域重建工作，建立一套从过渡性安置、调查评估、规划、实施到相关监督管理的工作流程。这一阶段的主要任务包括：恢复重建、救助补偿、心理抚慰、调查评估，以及责任追究。

（1）恢复重建

恢复重建任务主要包括：防止次生或衍生灾害事件的发生，恢复社会秩序，恢复公共设施，恢复生产和经济，恢复重建的组织架构建设，突发事件的灾情调查和损失评估，恢复重建规划的制定，恢复重建工作的实施，恢复重建相关优惠政策的制定及实施。

（2）救助补偿

救助补偿是指通过各种方式为在灾难中受到生存影响的社会成员提供衣食住行、医疗等基本生活资料，以维持其基本生活水平，并且利用财政资金、必要的行政手段，以及市场行为等工具，对灾难造成的损失进行补偿。具体包括：设置紧急避难所，紧急转移安置受灾人员；紧急调拨、运输灾害救助应急资金和物资，及时为受灾人员提供食物、饮用水、衣被、临时住所、医疗防疫等应急救助，保障受灾人员基本生活；发放慰问金和抚恤金；

组织受灾人员开展自救互救；组织灾害救助捐赠活动；减免赋税和提供低息贷款；组织重建或者修缮因灾损毁的居民住房，对恢复重建确有困难的家庭予以重点帮扶。

（3）心理抚慰

心理抚慰属于突发事件处理中的心理救援。受到突发事件影响的受灾群众、救援人员、执法人员甚至指挥人员会因事件的负面影响而发生心理危机，需要得到专业的心理救援。在进行心理抚慰时，可以采用心理支持和陪护技术、放松技术、心理宣泄技术、严重事件晤谈技术以及转介技术。

（4）调查评估

调查评估是指为了提高应急管理能力，了解突发事件发生原因和损失情况，借鉴突发事件应急处置和救援中的经验教训，按照一定的流程，依据一定的指标体系，遵循相关法律法规，进行数据收集、信息获取及情况调查等活动，进而根据相关要求针对应急能力高低、突发事件性质和责任认定、突发事件处置的经验教训以及其他需要评估的问题给出明确结论。

（5）责任追究

责任追究是指在突发事件发生过程中或者应急处置过程中，执行该职责的人由于工作失误或错误，未履行应有职责或未正确履行职责而造成不良影响或后果时，依据党纪、政纪、法律追究相应责任。对于领导干部的责任追究，一般按照以下程序进行：启动、调查、决定、申诉、复议、复查。

第四节　环境应急管理

作为应急管理中的重要组成部分之一，环境应急管理在概念界定与应对环节的划分等方面基本遵循一般应急管理的框架。本节将回顾环境应急管理定义的修订过程及我国环境应急管理发展的历程，并基于环境突发事件的生命周期理论着重介绍环境应急管理的内容和基本任务。

一、环境应急管理的概念

环境应急管理同样要从突发环境事件的应对讲起。我国的突发环境事件的定义经历了一个随经济、政治、行政环境的变化而不断变化的过程，因此，环境应急管理的发展也经历了一个范围从小到大、从模糊到清晰的发展过程。

针对突发环境事件的处理，环境应急管理可以从广义和狭义两个方面去理解。

从广义上看，环境应急管理的主体可以扩大到公众、企业和社会组织等。

从狭义上看，环境应急管理是指政府及其相关部门为防范和应对突发环境事件而进行的一系列有组织、有计划的管理活动，是政府环境管理的重要组成部分，具体包括针对突发环境事件的预防、预警、处置、恢复等动态过程。其主要任务是最大限度地减少突发环境事件的发生，降低突发环境事件造成的危害，根本目的是保障环境安全和人民群众生命财产安全。环境应急管理是生态环境保护工作的重要组成部分，也是政府全面履职的一个必然要求。其本质在于有效预防和妥善处置突发环境事件，最大限度地减少对生态环境的污染和对社会的影响。

二、环境应急管理的发展历程

自2003年至今，我国的环境应急管理大致经历了四个时期的发展历程。

（一）诞生时期（2003—2005年）

在2005年松花江水污染事件之前，我国的环境应急管理处于懵懂的诞生时期。2005年5月，国务院印发实施《国家突发环境事件应急预案》，正式提出突发环境事件的定义，明确了突发环境事件的分级、应对机制以及分级响应原则等基础概念。2005年12月，国务院印发《关于落实科学发展观加强环境保护的决定》，认为“加强环境保护是落实科学发展观的重要举措，是全面建设小康社会的内在要求，是坚持执政为民、提高执政能力的实际行动，是构建社会主义和谐社会的有力保障”。这份文件中还提出要健全环境监察、监测和应急体系，建立环境事故应急监控和重大环境突发事件预警体系。

（二）快速发展时期（2006—2010年）

随着我国应急管理的高速发展，我国的环境应急管理从2006年开始进入快速发展阶段。2006年和2007年分别印发了《国务院关于全面加强应急管理工作的意见》和《国务院办公厅关于加强基层应急管理工作的意见》，对环境应急管理的体制、机制、法制等建设提出明确要求，为环境应急管理工作的发展提出了明确的方向。也就是说，在2006年这一年，我国的环境应急管理体系初具规模。

在2008年国务院机构改革中，国家环境保护总局升级为环境保护部，成为国务院组成部分之一，环境保护的重要性得到进一步彰显，环境应急管理的重要性也得到了进一步认可。环境应急管理保持良好态势，继续快速发展。

2009年，环境保护部印发《关于加强环境应急管理工作的意见》，提出环境应急管理建设内容和建设目标。这一文件也成为我国环境应急管理的纲领性文件。

2010年，环境保护部印发《全国环保部门环境应急能力建设标准》。根据这一标准，环境保护部指导省、市两级以挂牌或者单独成立的方式建立环境应急管理与事故调查中心，部分县区也成立了相应的应急管理部门。全国的环境应急管理工作快速发展起来。

可以说，这一阶段主要是规范了信息报告和环境应急管理工作的程序和内容。

（三）成型时期（2011—2017年）

2011年，《突发环境事件信息报告办法》出台，规范了信息报告工作的程序和内容。在这一时期，《突发环境事件应急管理办法》《突发环境事件调查处理办法》《企业事业单位突发环境事件应急预案备案管理办法（试行）》等规章制度相继出台，形成了完整的环境应急管理法律法规体系，如表1-2所示。2013年开始对企业进行环境风险评估，同时，环境安全隐患排查和环境损害评估等技术指南逐步实施，我国环境应急管理的“一案三制”体系建立健全。

表 1-2 环境应急管理成型时期颁布的重要法律法规规章制度

序号	法律法规规章制度	颁布机关	发文号	颁布时间	实施时间
1	《突发环境事件信息报告办法》	环境保护部	环境保护部令 2011 年第 17 号	2011-04-18	2011-05-01
2	《企业突发环境事件风险评估指南（试行）》	环境保护部办公厅	环办〔2014〕34 号	2014-04-03	2014-04-03
3	《国家突发环境事件应急预案》	国务院办公厅	国办函〔2014〕119 号	2014-12-29	2014-12-29
4	《企业事业单位突发环境事件应急预案备案管理办法（试行）》	环境保护部	环发〔2015〕4 号	2015-01-08	2015-01-08
5	《突发环境事件调查处理办法》	环境保护部	环境保护部令 2014 年第 32 号	2014-12-19	2015-03-01
6	《突发环境事件应急管理办法》	环境保护部	环境保护部令 2015 年第 34 号	2015-04-16	2015-06-05
7	《尾矿库环境应急预案编制指南》	环境保护部办公厅	环办〔2015〕48 号	2015-05-19	2015-05-19
8	《关于做好汛期尾矿库环境应急管理工作的通知》	环境保护部办公厅	环办应急函〔2016〕1222 号	2016-07-03	2016-07-03
9	《企业突发环境事件隐患排查和治理工作指南（试行）》	环境保护部	环境保护部公告 2016 年第 74 号	2016-12-06	2016-12-06

2015 年后，以突发环境风险防控为核心，各级环境应急预案体系基本形成，预案管理不断规范，各地应急处理处置能力明显提升。

因此，这一阶段也可以看作我国环境应急管理“一案三制”的形成及完善时期。

（四）高质量发展时期（2018 年以后）

2018 年 3 月，在国务院机构调整中，环境保护部变更为生态环境部。将环境保护部的职责，国家发展改革委应对气候变化和减排的职责，国土资源部的监督防止地下水污染职责，水利部的编制水功能区划、排污口设置管理、流域水环境保护职责，农业部的监督指导农业面源污染治理职责，国家海洋局的海洋环境保护职责，国务院南水北调工程建设委员会办公室的南水北调工程项目区环境保护职责进行了整合，统一组建成生态环境部。

这一重组把分散的职能统一到生态环境部，治理全域国土上的各种生态环境污染，而且可以确保监督、管理和治理无死角，在后期进行监测、统计、考核、评价和奖惩时，也更容易操作。由一个部门统一部署，而非由多个部门来协调，有利于实现更优的治理效果。可以说，生态环境部的重组将在很大程度上改善此前部门职能重叠造成的资源浪费，减少监管死角和盲区，集中力量加大环境执法力度和污染整治力度。

三、环境应急管理的内容

环境应急管理的内容从性质上看可分为常态管理与非常态管理。常态管理是指环境应急管理的日常工作，而非常态管理是指突发环境事件发生后的应对工作。参考应急管理内容界定的思路，环境应急管理的内容也可以按照突发环境事件发生前、发生时、发生后进行分阶段考察。

（一）环境风险控制

环境风险控制的目的在于预防，即降低环境风险，避免突发环境事件的发生所带来的各种损失，主要包括建设项目环境风险评估、环境风险源的识别评估、环境风险隐患排查及监管、预测与预警，以及加强公众环境应急知识的普及和教育等内容。

（二）环境应急准备

环境应急准备是指为提高对突发环境事件快速、高效的反应能力，防止突发环境事件升级或扩大，最大限度地减少事件造成的损失和影响，针对可能发生的突发环境事件，预先进行的组织准备和应急保障工作。

（三）环境应急响应

环境应急响应是指突发环境事件发生后，为遏制或消除正在发生的突发环境事件，控制或减缓其造成的危害及影响，最大限度地保护人民群众的生命财产和环境安全，根据事先制定的环境应急预案，采取一系列有效措施和应急行动。

（四）环境事后恢复

环境事后恢复是指在突发环境事件的影响得到初步控制后，为使生产、工作、生活和生态环境尽快恢复正常状态的各种善后工作。根据突发环境事件本身的严重程度，事后恢复一般可以分为短期恢复和长期恢复两种。

四、环境应急管理的基本任务

环境应急管理的基本任务与其主要内容是紧密结合在一起的。一般可以按照生命周期顺序大体上区分为预防与应急准备、监测与预警、应急处置与救援、事后恢复与重建等应急环境管理的活动。在实际应对中，这些活动贯穿于环境应急管理全过程，每个环节中的任务各不相同，但又紧密相关，构成了一个动态的循环改进过程。

因此，在深入讨论环境应急管理的基本任务时，同样是基于环境应急管理各过程的主要内容深入展开。

（一）环境风险控制阶段

1．建设项目环境风险评估

建设项目环境风险评估是指对建设项目建设和运行期间发生的可预测突发性事件或事故引起有毒有害、易燃易爆等物质泄漏或突发事件产生的新的有毒有害物质所造成的对人身安全与环境的影响和损害进行评估，并提出防范、应急与减缓措施。

2．环境风险源的识别与评估

环境风险源的识别与评估是指在识别风险源的基础上，进一步对风险源的危险性进行分级，从而有针对性地对重大或特大风险源加强监控和预警。

3．环境风险隐患排查及监管

根据《突发环境事件应急管理办法》的规定，企业事业单位是本单位环境安全的主体责任人，应当对生产经营过程中存在的环境安全隐患进行排查并及时处理。其中，生态环境部门起到主要的监管作用，要督促生产经营单位进行风险及隐患排查工作。

4. 预测与预警

预测与预警是指通过对预警对象和范围、预警指标、预警信息进行分析研究，及时发现和识别潜在的或现实的突发环境事件因素，评估预测即将发生的突发环境事件的严重程度并决定是否发出警报，以便及时采取相应的预防措施，减少突发环境事件带来的破坏和危害。

（二）环境应急准备阶段

一般来说，在应急准备阶段，提供组织准备和应急保障是其主要任务。

1. 组织准备

组织准备主要是指根据可能发生突发环境事件的类型和区域，对应急机构职责、人员、技术、装备、设施（备）、物资、救援行动及其指挥与协调等方面预先有针对性地做好组织、部署。一般来说，组织准备主要通过编制应急预案并进行必要的演习来实现。应急预案是指针对可能发生的突发环境事件，为确保迅速、有序、高效地开展应急处置，减少人员伤亡和经济损失而预先制订的计划或方案。

2. 应急保障

应急保障主要是指确保环境应急管理工作正常开展，突发环境事件得到有效预防及妥善处置，人民群众生命财产和环境安全得到充分维护所需的各项保障措施，主要包括政策法律保障、组织管理保障、应急资源保障三大要素。政策法律保障指的是建立完善的环境应急法制体系；组织管理保障指的是建立专/兼职的环境应急管理机构并确保一定数量的人员编制；应急资源保障具体包括人力资源保障、装备资源保障、物资资源保障等内容。

此外，环境应急宣传教育培训、应急处置技术和设备的开发等工作也是应急准备的重要内容之一。

（三）环境应急响应阶段

环境应急响应具体包括事件报告、分级响应、警报与通报、信息发布、应急疏散、应急控制、应急终止等环节及要素。环境应急响应是应对突发环境事件最关键的阶段，也是环境应急实战阶段的开始。

1. 事件报告

事件报告是指突发环境事件发生后，法定的事件报告义务主体按照法定权限及程序及时向上级政府或部门报告事件信息的行为。

2. 分级响应

分级响应是指根据突发环境事件的类型，对照突发环境事件的应急响应分级，启动相应的分级响应程序。

3. 警报与通报

警报即为确保突发环境事件波及地区的公众及时做出自我防护响应，而采取的告知突发环境事件性质、对健康的影响、自我保护措施以及其他注意事项等信息的行为。

通报是指在突发环境事件发生后，承担法定通报义务的政府部门及时向毗邻和可能波及地区相关部门、所在区域其他政府部门通报突发环境事件情况的行为。

4. 信息发布

信息发布是指在突发环境事件发生后，行政机关或被授权组织依照法定程序，及时、准确、有效地向社会公众发布突发环境事件情况、应对活动状态等方面信息的行为或过程。

5. 应急疏散

应急疏散是指在突发环境事件发生后，为尽量减少人员伤亡，将安全受到威胁的公众紧急转移到安全地带的环境应急管理措施。

6. 应急控制

应急控制是指在突发环境事件发生后，为尽快消除险情，防止突发环境事件扩大和升级，尽量减小事件造成的损失而采取各种处理、处置措施的过程，包括警戒与治安、人员的安全防护与救护、应急监测与现场处置等内容。

7. 应急终止

应急终止是指应急指挥机构根据突发环境事件的处置及控制情况，宣布终止应急响应状态的行为。

（四）环境事后恢复阶段

事后立即进行的恢复工作具体包括：评估突发环境事件的损失，进行原因调查，清理事发现场，提供赔偿等。在短期恢复过程中，要避免出现事故的衍生及次生灾害。

突发环境事件环境影响评估包括现状评估和预测评估。现状评估是分析事件对环境已经造成的污染或生态破坏的危害程度；预测评估是分析事件可能会造成的中长期环境污染和生态破坏的后果，并提出必要的保护措施。

损害价值评估是指对事件造成的危害后果进行经济价值损失评估，便于统计和报告损失情况，并为后续生态补偿、人身财产赔偿做准备。

补偿赔偿是指由事件责任方或国家对受损失的人群加以经济补偿、赔偿，这是体现社会公平、维护社会稳定的重要环节。

应急回顾评估是指对事件应急响应的各个环节存在的问题和不足进行分析、总结经验教训，为改进今后的事件应急工作提供依据，同时为事件应急工作中各方的表现进行奖惩提供依据。

长期恢复包括：重建被毁设施，开展生态环境修复工程，重新规划和建设受影响区域等。在长期恢复工作中，应吸取突发环境事件和应急处置的经验教训，并进一步展开突发环境事件的预防工作。

第五节　环境应急管理现状与发展趋势

一、环境应急管理现状

（一）突发环境事件依然严峻

进入 21 世纪以来，我国经济建设取得了举世瞩目的长足发展。然而，作为世界人口大国之一，我国正处在新型工业化、城镇化快速发展的阶段，突发环境事件仍时有发生，环境风险已成为威胁公众健康、公共安全和社会稳定的重要因素。据《第二次全国污染源普查公报》，2017 年年末，各类污染源普查对象共有 358.32 万个（不含移动源），其中工业源 247.74 万个；现有各类涉危险化学品企业 21 万余家，涉及 2 800 多个种类；尾矿库近万座；危险化学品年运输量超过 17 亿 t，其中，公路 12 亿 t、水路 4 亿 t、铁路 1.3 亿 t；油气管道总里程超过 13 万 km。近 10 年全国共发生各类突发环境事件 3 000 余起，受生态环境部直接调度的突发环境事件共计 1 000 余起，重大及以上突发环境事件 40 余起，较大突发环境事件 100 余起，其余均为一般突发环境事件。近几年，每年突发环境事件数量 100～300 起，重大突发环境事件每年 2 起左右，较大突发环境事件每年 10 起左右。一批重大敏感事件，如 2015 年天津港爆炸事故、2019 年江苏盐城响水爆炸事故、2020 年黑龙江伊春鹿鸣矿业尾矿库泄漏事故等次生的突发环境事件，在事故处置过程中仍暴露出地方应对能力明显不足的短板。

由此可见，我国突发环境事件越发呈现出高度复杂性和不确定性，因生产安全事故等引发的次生突发环境事件多发、频发态势仍未发生根本改变。突发环境事件诱因日趋复合化，导致环境风险预警防范异常困难。信息传播渠道呈多元和多样化，对突发环境事件的社会影响作用凸显。总体上，我国环境风险防控面临三个方面的挑战：有毒有害化学物质导致的突发性和累积性风险底数不清、防控难度大、应急管理基础体系薄弱、生态环境事件应对被动等问题仍然突出；公众的生态环境意识和对环境、安全、健康问题的关注程度呈现爆发式增长，在经济社会转型时期异常敏感，环境风险防控压力日益增大；全球气候变化造成的次生生态环境事件风险凸显。

（二）国家高度重视和支持

我国高度重视突发环境事件应急管理工作，坚持以人为本的执政理念，大力实施生态环境安全发展战略，注重环境风险防范与突发环境事件应对，并以此作为促进社会和谐稳定、保障人们生命和财产安全的基础工程，在制度、体制、机制、政策上给予特别支持，在投入上给予特别倾斜，取得了重要建设成果。2018 年，以深化党和国家机构体制改革为契机，立足当前新形势、新要求，我国组建应急管理部，成立生态环境部，两部门通过建立突发生态环境事件应急联动工作机制，整合环境应急管理的人员、资金、技术等要素，积极构建统一的应急管理制度，加强联动、深化合作，联合应对处置，推动应急管理尤其是环境应急管理朝着专业化方向发展。与此同时，全国 32 个省级（香港、澳门除外）单位、302 个市级单位、1 000 多个环境与安全监管部门和相关行业也成立了相应机构，形成了统一领导、分级负责、条块分割、属地管理的全国应急指挥系统，立足有效应对事故灾难与突发环境事件。此外，生态环境部设立生态环境综合行政执法部门和生态环境应急部门，开启了中国特色环境应急管理事业的新时代。在新时代环境应急管理体系建设下，我国采取了一系列的改革和调整措施，如进一步健全环境应急管理体制机制、完善应急预案、完善应急管理运行机制、推进应急管理领域法律法规的立改废释等，在体制效能、管理方式、组织设置与法理流程等方面，呈现出具有中国特色的环境应急管理新特征与新发展。

（三）管理工作日趋完善

我国逐步完善以《中华人民共和国突发事件应对法》为基础的应急管理法律体系，推动《突发环境事件应急管理办法》《中华人民共和国安全生产法》《中华人民共和国消防法》《突发事件应急预案管理办法》《生产安全事故应急条例》等法律法规的制定或修订，通过建设涵盖综合性基本法律、综合性部门法律和专门法律的应急法律体系，将应急管理的预防准备、响应恢复等活动纳入法制轨道，充分确保应急管理“有章可循”，并保持运行发展的可持续性。

与此同时，我国初步建成“纵向到底、横向到边”的应急预案体系。国家总体应急预案、国家专项应急预案、国务院部门应急预案和地方应急预案纵向贯通行政和各类组织层级，横向覆盖行政和社会层面。环境应急预案涵盖了政府预案和企业预案，内容上包括综合预案、专项预案和现场处置方案。根据《中华人民共和国突发事件应对法》《国家突发环境事件应急预案》，相关企业事业单位全部完成了突发环境事件应急预案编制工作。中华人民共和国成立以来，全国生产经营单位突发环境事件应急预案总数累计达到600多万件，每年以突发环境事件应急处置为重点的演练活动达48万多次。2022—2023年，全国共排查整治风险隐患22.95万余项。2023年，全国省、市两级政府部门开展环境应急演练536次，20多个省份组织开展了“一河一策一图”专题应急演练，有力地推动了突发环境事件应对工作。着眼全面提升突发环境事件应急处置能力，全国监管系统与生态环境、工信、公安、民政、财政、住建、交通、水利、应急等部门和单位建立了预报预警、部门协作、区域联动等应急机制，统筹了资源配置，进一步强化了应急处置的能力。

（四）成绩较为突出

“十三五”时期是我国环境应急管理工作成绩斐然的5年。预防优先、有急必应、全过程管理渐成共识。2021年，全国共组织对近1.5万家土壤污染重点监管单位开展土壤污染隐患排查；开展68个国家级化工园区和9个重点铅锌矿区地下水环境状况调查评估；组织对全国6万余家企业开展危险废物环境风险隐患排查，发现并完成整治问题2.5万个；生态环境部共调度指导处置各类突发环境事件147起，督办并处置27起重特大及敏感突发环境事件。2022年，全国共发生各类突发环境事件113起，同比下降43.2%，突发环境事件数量总体呈下降趋势。2022年，生态环境部围绕为党的二十大胜利召开营造良好氛围，全面排查生态环境领域各类风险隐患，分类制定应对措施，与应急管理部建立突发生态环境事件应急联动工作机制。2023年，生态环境部直接调度处置各类突发环境事件43起，有效应对贵州省盘州市宏盛煤焦化有限公司洗油泄漏次生重大突发环境事件等；推进危险废物专项整治三年行动和废弃危险化学品等危险废物风险集中治理工作，完成全国1万余座尾矿库环境风险排查；深入实施重点河流突发水污染事件“一河一策一图”、试点推进化工园区突发水污染事件“一园一策一图”，持续推进环境应急能力建设，开展环境应急演练，严密防控生态环境风险。由此可见，环境应急管理工作已经成为加强和创新社会管理的重要内容。“十四五”初期，我国已初步建立完备的环境应急管理体系，环境应急能力大幅提升，重大环境风险基本可知可控，突发环境事件高发势头基本遏制，尽量减少人民群众生命财产损失和生态环境损害的愿望基本实现。

二、环境应急管理发展趋势

（一）社会和公众突发环境事件应急意识的主动性和应急需求提升的显著增强趋势

突发的事故灾难、严重的恶性事件及非传统性灾害的频发所引发的原生或次生生态环境问题，使大家认识到开展突发环境事件应急管理的重要性和必要性。公众及企业事业单位避险、自救的自觉性、主动性大大增强，对生态环境安全及环境污染防范设施、措施的要求日益提升。首先，随着“绿水青山就是金山银山”“人与自然和谐共生”理念不断深入人心，人们在关注自身生命安全和人身安全的同时，更加注重生态环境安全，更加关心生态环境风险防范与突发环境事件下的应对与处置等应急管理问题。同时，经济的发展、社会的进步以及技术的革新，为满足人们的风险防范与应急处置需求提供了经济技术支撑和社会基础，为突发环境事件风险防范与应急管理需求的满足和水平的提升提供了可能性。其次，意识的不断强化也带动了人们对突发环境事件应急管理要求的不断提升。2023 年，生态环境部印发《关于加强地方生态环境部门突发环境事件应急能力建设的指导意见》，指出：以习近平新时代中国特色社会主义思想为指导，深入贯彻落实党的二十大精神和全国生态环境保护大会精神，坚持底线思维、系统观念、问题导向，贯彻精准、科学、依法治污工作方针，以有效应对突发环境事件为主线，着力提升突发环境事件应急保障、应急准备和响应处置水平，为坚决守牢生态环境安全底线，促进经济社会高质量发展提供坚实保障。最后，对社会及企业事业单位突发环境事件的应对能力要求也日渐提升。社会及企业事业单位需具备相应的能力开展隐患排查与风险防范、应急预案与事故演练，需在一定时间内到达现场、实施专业高效的环境应急事件处理与处置。由此可见，突发环境事件应急意识的增强，对于每个人、每个机构、每个场所乃至整个社会应急管理体系与能力现代化均提出了新的更高的要求，从而有助于减少突发环境事件的发生、蔓延和人们生命财产的损失。

（二）环境应急管理需求层次和内容的多元化发展趋势

由于突发环境事件级别、种类的不同，对突发环境事件应急管理的需求发生了分化，这便要求突发环境事件应急管理的需求层次化、内容多元化。

总体上看，随着需求的变化，突发环境事件应急管理涵盖了从政府到企业事业单位再到整个社会的各个层次。就发达国家而言，提倡参与主体多元化，危机应对网络化，合作协调区域化。如日本提倡“自救、共救、公救”的理念，由包括居民、企业、社会组织（NGO）、非营利组织（NPO）在内的社区和政府共同组成，建立了市民自主应急组织和企业自身应急体系；美国建立了联邦和州的整体联动机制，并通过公民团的组织形式，提高公民的志愿者服务水平和危机防范意识。就我国而言，作为政府部门，国家层面由生态环境部负责重、特大突发环境事件应对的指导协调和环境应急的日常监督管理工作，必要时可报请成立国务院工作组、国家环境应急指挥部统一领导、组织和指挥应急处置工作。地方层面由县级以上地方人民政府负责本行政区域内的突发环境事件应对工作；跨行政区域的突发环境事件应对工作由各有关行政区域人民政府共同负责，或由有关行政区域共同的上一级地方人民政府负责。对需要国家层面协调处置的跨省级行政区域突发环境事件，由有关省级人民政府向国务院提出请求，或由有关省级生态环境主管部门向生态环境部提出请求。现场处置层面，负责突发环境事件应急处置的人民政府根据需要成立现场指挥部，负责现场组织指挥工作。参与现场处置的有关单位和人员应服从现场指挥部的统一指挥。作为企业事业单位和其他生产经营者，应当落实环境安全主体责任，定期排查环境安全隐患，开展环境风险评估，开展本企业环境风险防控和应急管理工作，并接受当地生态环境主管部门的监督管理。作为商业机构，根据市场原则，向政府及企业事业单位提供应急管理相关服务，如协助开展隐患排查、应急监测、环境应急预案编制等服务，并在服务中实现盈利目标。作为高校及科研院所，根据自身特长，针对各类型突发环境事件应急管理提供专家服务与专业指导。作为普通公民，在享有突发环境事件应急处置与应急救援基本保障的同时，对上述各类型应急管理工作享有知情权和监督权。总之，突发环境事件应急管理的多层次性与多元化、管理内容和目标的细化和差别化、管理的多方参与性，是世界各国突发环境事件应急管理工作不断进步的体现，是社会文明进步的主要内容。

（三）环境应急管理、机构、队伍和技能的专业化趋势

随着经济的发展、生态环境的改变、人口的激增以及人类生活方式的调整，突发环境事件的发生呈现出非传统性、多样化、危害烈度加大等特点，传统的“一揽子”粗放式管理体制、机制、模式和手段已难以适应新的日益细化的突发环境事件灾难特点和形势需要，这就促成了突发环境事件应急管理的新发展。突发环境事件应急管理从政府到社会，从法律法规政策到具体措施，从机构、装备到人员等的专门化、专业化倾向日渐显著。主要体现在以下几个方面。

（1）专业性法律法规逐渐增多

早在 1950 年，美国就制定了《灾害救助和紧急援助法》，随后又陆续制定了《国家安全法》、《全国紧急状态法》、《综合环境反应、补偿和责任法》、《安全饮用水法》、《1990 油污法》（OPA1990）、《环境应对、赔偿和责任综合法》（CERCLA，又称“超级基金法”）等百余部法律，以及《联邦应急计划》（FRP）、《国家反应计划》（NRP）、《国家应对框架》（NRF）等规章制度，构成了较为完善的应急管理法律法规体系。俄罗斯、日本也分别制定了《俄罗斯联邦紧急状态法》《灾害对策基本法》。我国先后出台了影响重大的突发环境事件应急管理的法律、行政规章和指导意见，如《中华人民共和国突发事件应对法》《国家突发环境事件应急预案》《突发环境事件应急管理办法》等。

（2）政府管理机构的专门化

美国的环境应急管理机构按照权责大小，自上而下包括总统、联邦紧急事务管理局（FEMA）、美国国家环境保护局（EPA）、海岸警卫队（USCG），以及州、县和地方政府中的管理机构，形成了多层级的应急管理体系，并最终构建起了“法律完善、事先预防、适度集中”的应急管理机制，以及“统一管理、属地为主、分级回应、标准运行”的应急管理运行机制。俄罗斯现行的应急管理体系以总统为核心，联邦安全会议担任最高决策系统，紧急情况部承担应对突发事件的统一协调工作，安全局、国防部、外交部等相关机构密切配合，权责清晰，并在俄联邦、区域中心、联邦主体、城市和基层村镇五级政府设置垂直领导的应急管理机构，化解和处理国家各种突发事件。在上述综合性突发事件应急体系下，俄罗斯参与环境应急的联邦机构主要包括联邦自然资源和生态部及其下设的联邦环境应急响应中

心、联邦紧急情况部等；地方机构包括地方政府、地方自然资源和生态部门、生态警察；公共服务机构主要包括红十字会和红新月会。在我国，党和政府越来越意识到环境应急管理工作的重要性，并从组织机构、财政投入、政策措施诸方面切实加强环境应急管理工作。国务院印发《关于落实科学发展观加强环境保护的决定》，提出要健全环境监察、监测和应急体系，建立环境事故应急监控和重大环境突发事件预警体系。一些地方政府制定出台了更为明确的政策措施。例如，江苏省人民政府印发的《关于推进环境保护工作的若干政策措施》规定："建立健全环境安全应急防控体系……2006 年底前，建立省环境安全应急和事故调查中心。各市、县也要抓紧建立环境应急网络，提高环境应急处置能力。"为加强环境应急管理工作，2002 年，国家环境保护总局环境应急与事故调查中心正式组建，人员编制为 45 名，内设 4 个处室。在经过一段时期的运行后，2006 年，国家环境保护总局又决定将执法监察和环境应急管理工作分离分别予以强化。其中，环境应急与事故调查中心为总局直属事业单位，对外加挂"国家环境保护总局环境应急办公室"和"国家环境保护总局环境投诉受理中心"的牌子，人员编制数不变，内设处室由 4 个增至 6 个。一些地方环境保护行政主管部门也设立了环境应急管理机构。如 2006 年，江苏省机构编制委员会批准同意成立江苏省环境应急与事故调查中心，核定事业编制为 25 人，所需经费列入省财政预算管理。党的十七大报告提出，要加快行政管理体制改革，建设服务型政府，加快推进事业单位分类改革。党的十七届二中全会审议通过的《关于深化行政管理体制改革的意见》对以加快政府职能转变、推进政府机构改革、加强依法行政和制度建设为主要内容的行政管理体制改革提出了明确要求。2008—2023 年，中国进行了 4 次国务院政府机构改革，并在 2020 年 9 月发布了《"三定"规定制定和实施办法》。按照党的十一届全国人大一次会议审议通过的《国务院机构改革方案》，组建环境保护部，不再保留国家环境保护总局；按照十三届全国人大一次会议表决通过的《国务院机构改革方案》，组建自然资源部、生态环境部和应急管理部，不再保留国土资源部、环境保护部和国家安全生产监督管理总局；与此同时，通过十四届全国人大一次会议通过的《党和国家机构改革方案》，增强"三定"规定严肃性和权威性。目前，各部门正在按照《"三定"规定制定和实施办法》组织完善"三定"工作。地方政府机构改革也已部署即将全面展开，即"推进事业单位分类改革。按照政事分开、事企分开和管办分离的原则，对现有事业单位分三类进行改革。主要承担行政职能的，逐步转为行政机构或将行政职能划归行政机构；主要从事生产经营活动的逐步转为企业；主要从事公益服务的，强化公益属性，整合资源，完善法人治理结构，加强政府监管"。国家和一些地方环境行政主管部门所属的环境应急与事故调查中心为事业单位，理应按照中央关于事业单位分类改革的精神和部署进行改革。自此，我国自上而下、涵盖"国家—省—地市"三级的突发环境事件应急管理体制逐步形成并不断向纵深完善。

（3）突发环境事件应急管理的专业化

随着突发环境事件所引发的原生或次生环境灾难的层出不穷，突发环境事件应急管理的专业化发展趋势必不可少。而其中最为重要的就是提升突发环境事件应急管理人员和救援人员的专业技术水平及技能。就我国而言，针对政府部门，首先，加强对应急管理中承担决策、指挥和领导等管理职责的人员，特别是领导干部的应急培训和考核，提升领导干部解决和处理急难险重的突发公共事件的知识技能；其次，通过应急管理专业资格认证、应急演练和实战训练等方式强化应急救援人员的专业救援和处置能力；最后，健全应急管理组织机构，根据应急管理任务加强基层应急管理机构建设，合理设置应急管理机构的内部科室，建设标准化应急指挥机构，以稳定的组织机构和编制、不断积累的应急管理经验来提升应急管理专业能力。针对企业事业单位，建立人员环境应急预案培训与演练制度，强化企业事业单位突发环境事件应急处置和救援能力。通过案例展示、舆论宣传等方式，培育应急管理专业文化，提升全社会专业化的应急管理文化氛围。此外，随着应急管理部的成立，根据习近平总书记在中共中央政治局第十九次集体学习会议上提出的“积极推进我国应急管理体系和能力现代化，要加强队伍指挥机制建设、大力培养应急管理人才、加强应急管理学科建设”要求，我国各高校竞相对应急管理领域学科建设提出了新的要求，极大地丰富了突发环境事件应急管理的后备力量。与此同时，一些企业事业单位也将应急管理过程中的部分相关内容，如突发环境事件应急预案编制、隐患排查、风险评估、应急监测、应急培训与演练等，承包或转移给有能力、有资质处理处置的第三方环境服务机构，必要时聘请专家团队进行专业指导或评审，极大地提升了我国突发环境事件应急管理的专业化水平。

（四）环境应急管理体系设计的系统化和网络化，建设中的集成化、整合性以及运行管理的科学性、规范化、标准化发展趋势

突发环境事件具有无国界、跨行政区的特点，且随着经济全球化的发展，生产、贸易、科技等的全球化发展迅猛，人们的生产、经营和生活的国际化日渐明显，这就使得突发环境事件在固有特点的基础上，又有了人们生产、生活活动的跨区域特点。因此，作为突发环境事件应急管理体系，也必然形成遍布全球、逻辑缜密、合理衔接的网络体系。由于突发环境事件的突发性和不确定性，政府、企业和社会的突发环境事件应急管理需要紧密对接，形成一个覆盖面广泛的网络体系，以便随时应对有关区域、有关单位、有关事件及有关人员的突发环境事件。这一体系涵盖了事前应急防范、事发预警启动、事中处置协调、事后终止补偿等方面，形成了一个严密的系统。就国内而言，需要实现地区到地区之间、部门到部门之间、政府到企业事业单位之间的系统化和网络化的科学设计，进而实现区域间、部门间、政企间乃至全社会的连接与并网。例如，我国已形成重大敏感突发环境事件省级统筹、市级落实、县级协同的应急工作网；已形成由省级生态环境部门依托系统所属的监测、执法、科研机构以及高校、科研院所及相关第三方服务机构等建设的突发环境事件应急监测技术支撑网；已形成由省级生态环境部门统筹建设的本地区突发环境事件应急物资储备网；等等。

突发环境事件具有跨领域、跨行业及受影响环境要素复杂等特点，因此，在建设突发环境事件应急管理体系时需要充分考虑地域特点、行业特点以及环境要素属性，采取吸收、归纳、总结、整合、创新、推广的方式，围绕体系创新科学化、规范化、标准化、模式化的方法与手段，形成突发环境事件的应急管理能力。例如，我国已形成“一废一库一品一重”等重点领域环境隐患排查和风险防控的科学化、规范化工作体系；已形成以“以空间换时间”河南南阳经验工作思路为雏形的突发水污染事件“一河一策一图”标准化、规范化管理方法；已形成化工园区突发水污染事件“一园一策一图”的模式化、标准化管理方式与手段；已形成高风险化工园区构建三级防控体系等的标准化管理模式。

此外，信息化是构建新时代大国应急管理网络化体系的基础工程，建立在信息化基础之上的应急管理设施设备和应急管理技术标准化建设，也是加强应急保障能力的一项关键性工作抓手。2018 年 12 月，应急管理部印发《关于加快编制地方应急管理信息化发展规划的通知》并制定《应急管理信息化发展战略规划框架（2018—2022 年）》，强调运用新一代信息技术，坚持“以防为主、防抗救相结合”的原则，构建应急管理信息化网络体系发展“四横四纵”总体框架，全面强化应急管理信息标准化建设与应用，建立起横向互联与纵向贯通的应急管理信息化网络体系，如图 1-3 所示。与此同时，遵照生态环境部“十四五”期间开展环境应急能力体系建设的要求，各省开始实施“‘十四五’环境应急能力体系建设规划”，着力提升环境应急管理信息化水平，着力打造环境应急管理信息化网络平台，努力实现环境风险源“一网监管”、风险隐患“一键跟踪”及突发环境事件应急指挥“一图调度”，从而在网络平台实体层面提升了我国突发环境事件应急管理的系统化、集成化、科学性、规范化、标准化管理水平。

图 1-3　应急管理信息化网络体系发展“四横四纵”总体框架

（五）环境应急管理装备、产品、技能的高科技化趋势

突发环境事件应急管理需求的高效性、全面性、纵深化发展，对应急的速度、效率、质量的要求也越来越高。高科技智能化的应急管理装备、产品和技能是达成这一目的的关键支撑，特别是一些非传统性突发环境事故灾难，如果没有相应的先进应急装备和技术作为保障，可能就难以完成应急救援任务。此外，作为应急管理机构，需要在提高应急处置效益的同时降低成本、减少赔付和赔偿，而及时、高效的应急处置是挽救生命、减少经济财产损失和赔偿、降低应急综合性成本的有效途径。

近年来，发达国家和地区主要致力于应急技术的研发，尤其是跨部门、跨领域的多方联动应急技术体系，如美国的“国家应急反应系统”和欧盟的“欧洲安全研究计划”等均开发了与应急联动体系相应的以先进技术为支撑的软硬件结合的应急技术系统工程。为此，各国普遍重视环境应急管理中的监测监控、预测预警、信息上报、应急响应、处理处置和调查评估等环节的技术研究。就我国而言，要建立和健全一个反应灵敏、先进可靠、功能齐全的全国统一应急指挥技术平台，消除安全生产、城市消防、抗旱防洪、防震减灾、食品安全、公共卫生、生态环境等各应急管理领域的信息孤岛，打通国家、省、市、县各级应急管理部门的信息传递链路，进一步延伸到企业事业单位，甚至居民家庭，形成全覆盖的应急指挥系统。这就需要将云计算大数据服务器系统作为应急指挥技术平台的信息处理中心，通过云存储、云计算、大数据挖掘分析、人工智能模型、计算机辅助决策等技术，有效地利用海量信息，对采集到的各种类型数据信息进行跨行业、跨领域、跨系统分析，实时通过专用网络连接到相关各部门，实现统一指挥和协调行动。具体而言，应急指挥信息平台构建过程中涉及的技术手段，一方面包括数据库系统、数据仓库和数据挖掘软件、报表软件、GIS、GPS、遥感、传感、通信、网络等数据采集、处理、管理、传送的技术；另一方面也涉及各类模型，尤其是污染物扩散和消除模型、人员疏散模型、决策模型等的构建。由此可见，高科技信息化技术的发展无疑已成为突发环境事件应急管理高科技化趋势的最优助力。

（六）环境应急管理的产业化、市场化、商业化趋势

在环境污染突发事件预警应急管理的参与主体方面，发达国家提倡参与主体多元化，危机应急机制市场化，由此催生了应急产业的发展。例如，美国通过公共部门与私营企业的市场化合作，完善应急物资供应链；通过应急产业与具有竞争实力的关联产业协同化发展，进行应急产品研发、生产制造、电子商务、咨询服务、教育培训等；通过吸引科技力量实现应急技术创新化发展；同时使得环境责任保险产品得以产生等。日本应急产品和服务主要集中于 IT 技术、机器人技术等，提供专业化、高科技的应急处置与搜救产品。

在我国，在突发环境事件应急管理过程中，政府的职能主要包括经济调节、市场监管、社会管理、公共服务诸方面，在履行职能方式上，更多的是执行行政主管部门的指令，工作中采取组织、协调、指导、督促等方式进行。由此可见，政府作为突发环境事件应急管理的决策制定者及监督管理者，固然可以满足部分突发环境事件应急处置的常规化需求，但确实难以完全满足不同人群、不同应急情形下的不同需要。因此，有必要按照工作分工或环境特征、事故灾难特点设计特殊的应急产品，满足应急处置过程中的各方需要。突发环境事件的应急管理是一个由政府、企业事业单位、社会机构及公众多方参与的过程，因此应急本身就是一个可以向各方延伸的领域。总体而言，我国的应急产业商业化产品主要可以分为四类：一是救援处置装备与技术；二是监测预警诊断设备与技术；三是预防防护产品与技术；四是应急教育培训咨询服务类产品等。据国家相关部委预测，应急产业市场年容量约 5 000 亿元，如果包括所带动的相关产业链，市场年容量约 10 000 亿元。应急产业具有多行业交叉和服务公共安全的属性，是新兴产业。发展应急产业，有利于国家的防灾减灾和公共安全，有利于基层的产业结构优化和社会和谐稳定，有利于企业的市场拓展和利润增长，有利于公众的安全和健康。

三、环境应急管理发展的重难点

“十四五”时期，我国发展仍然处于重要战略机遇期。以习近平同志为核心的党中央着眼党和国家事业发展全局，坚持以人民为中心的发展思想，统筹发展和安全两件大事，

把安全摆到了前所未有的高度，对全面提高公共安全保障能力、提高安全生产水平、完善国家应急管理体系等做出全面部署，为解决长期以来应急管理工作存在的突出问题、推进应急管理体系和能力现代化提供了重大机遇，同时为我国环境应急管理工作的进一步发展指明了方向与道路。

（一）深化体制机制改革，构建优化协同高效的治理模式

健全领导指挥体制。按照常态应急与非常态应急相结合的原则，建立由各级生态环境部门、综合协调机构、有关类别环境事件专业指挥机构、应急支持保障部门、专家咨询机构、地方各级人民政府组成的上下联动的现代化环境应急组织指挥体系。

完善监管监察体制。推进环境应急管理的综合行政执法改革，整合监管执法职责，组建综合行政执法队伍，健全监管执法体系。

优化应急协同机制。充分发挥环境应急相关部门的综合优势和各相关部门的专业优势，明确各部门在事故预防、应急处置、信息发布、抢险救援、环境监测、物资保障、恢复重建等方面的工作职责，强化部门协同，健全环境安全风险防范化解协同机制和环境事故应对处置现场指挥协调机制。加强重大风险联防联控，联合开展跨区域、跨流域风险隐患排查，编制联合应急预案，建立健全联合指挥、资源共享、跨域救援等机制。组织综合应急演练，强化区域协同、互助调配衔接。

严格责任追究。通过强化地方属地责任、明确部门监管责任、落实生产经营单位主体责任、严格责任追究等压实应急管理责任。

（二）夯实环境应急法治，培育良法善治新生态

推进完善法律法规架构。加快完善环境与安全生产法配套法规规章，推进制（修）订应急管理、应急救援组织、国家消防救援人员、危险化学品安全等方面的法律法规，推动构建具有中国特色的环境应急管理法律法规体系。支持各地因地制宜开展应急管理地方性法规规章制（修）订工作。持续推进精细化立法，健全应急管理立法立项、起草、论证、协调、审议机制和立法后实施情况评估机制。完善应急管理规章、规范性文件制定制度和监督管理制度，定期开展规范性文件集中清理和专项审查。完善公众参与政府立法机制，畅通公众参与渠道。开展丰富多样的普法活动，加大典型案例普法宣传。

严格环境与安全生产执法。持续推进“互联网+执法”。综合运用“四不两直”、异地交叉执法、“双随机、一公开”等方式，加大重点抽查、突击检查力度，建立健全安全生产典型执法案例报告制度，严厉打击非法生产经营行为。全面推行行政执法公示、执法全过程记录、重大执法决定法制审核三项制度，严格事故前严重违法行为责任追究，严格执行移送标准和程序，规范实施行政执法与刑事司法衔接机制。加强执法监督，完善内外部监督机制。

推动依法行政决策。将应急管理行政决策全过程纳入法制化轨道，对一般和重大行政决策实行分类管理。完善公众参与、专家论证、风险评估、合法性审查、集体讨论决定等法定程序和配套制度，健全并实施应急管理重大行政决策责任倒查和追究机制。

推进应急标准建设。实施应急管理标准提升行动计划，建立结构完整、层次清晰、分类科学的应急管理标准体系。针对灾害事故暴露出的标准短板，加快制（修）订一批支撑

法律有效实施的国家标准和行业标准，研究制定应急管理领域大数据、物联网、人工智能等新技术应用标准，鼓励社会团体制定应急产品及服务类团体标准。

（三）防范重大风险，织密环境事故防控网络

注重风险源头防范管控。健全风险评估管理制度，推动重点行业领域企业建立风险管理体系，全面开展城市风险评估，定期开展重点区域、重大工程和大型油气储存设施等的风险评估，制定落实风险管控措施。开展全国工业园区应急资源和能力全面调查，指导推动各地建设工业园区应急资源数据库。

强化风险监测预警预报。充分利用物联网、工业互联网、遥感、视频识别、第五代移动通信（5G）等技术提高突发环境事件监测感知能力，完善应急卫星观测星座，构建空、天、地、海一体化全域覆盖的事故监测预警网络。广泛部署智能化、网络化、集成化、微型化感知终端，高危行业安全监测监控实行全国联网或省（区、市）范围内区域联网。完善综合风险预警制度，增强风险早期识别能力，建立突发事件预警信息发布标准体系，优化发布方式，拓宽发布渠道和发布语种，提升发布覆盖率、精准度和时效性，强化针对特定区域、特定人群、特定时间的精准发布能力。推进跨部门、跨地域的突发事故预警信息共享。

加强隐患治理治本攻坚。严格安全准入，消除次生突发环境事件隐患。完善隐患分级分类排查治理标准，制定隐患排查治理清单，实现隐患自查自改自报闭环管理。建立危险化学品废弃报告制度。实行重大事故隐患治理逐级挂牌督办、及时整改销号和整改效果评价。推动将企业生产信息纳入政府监管部门信息平台，构建政府与企业多级多方联动的风险隐患动态数据库，综合分析研判各类风险、跟踪隐患整改清零。

深化专项整治。结合深化供给侧结构性改革，推动环保安全基础薄弱、保障能力低下且整改后仍不达标的企业退出市场。持续推进企业环境与安全生产标准化建设，推动淘汰落后技术、工艺、材料和设备，加大重点设施设备、仪器仪表检验检测力度。强化危险废物全过程监管，动态修订《国家危险废物名录》，制定完善危险废物重点监管单位清单。建立废弃危险化学品等危险废物监管协作和联合执法工作机制，加强危险废物监管能力与应急处置技术支持能力建设。

（四）加强应急力量建设，提高急难险重任务处置能力

建强应急救援主力军国家队。坚持党对国家综合性消防救援队伍的绝对领导，践行“对党忠诚、纪律严明、赴汤蹈火、竭诚为民”重要训词精神，对标应急救援主力军和国家队定位，严格教育、严格训练、严格管理、严格要求，全面提升队伍的正规化、专业化、职业化水平。

提升行业救援力量专业水平。强化有关部门、地方政府和企业所属各行业领域专业救援力量建设，组建一定规模的专业应急救援队伍、大型工程抢险队伍和跨区域机动救援队伍。完善救援力量规模、布局、装备配备和基础设施等建设标准，健全指挥管理、战备训练、遂行任务等制度，加强指挥人员、技术人员、救援人员实操实训，提高队伍正规化管理和科技战术水平。加强各类救援力量的资源共享、信息互通和共训共练。健全政府购买应急服务机制，建立政府、行业企业和社会各方多元化资金投入机制，加快建立应急救援队伍多渠道保障模式。

引导社会应急力量有序发展。制定出台加强社会应急力量建设的意见，对队伍建设、登记管理、参与方式、保障手段、激励机制、征用补偿等做出制度性安排，对社会应急力量参与应急救援行动进行规范引导。开展社会应急力量应急理论和救援技能培训，加强与国家综合性消防救援队伍等联合演练，鼓励社会应急力量深入基层社区排查风险隐患、普及应急知识、就近就便参与应急处置等。推动将参与防灾减灾救灾、应急处置等的社会应急力量纳入政府购买服务和保险的范围，在道路通行、后勤保障等方面提供必要支持。

（五）强化预案管理，凝聚同舟共济保障合力

完善预案管理机制。加强应急预案的统一规划、衔接协调和分级分类管理，完善应急预案定期评估和动态修订机制。强化预案的刚性约束，根据突发事件类别和级别明确各方职责任务，强化上下级、同级别、军队与地方、政府与企业、相邻地区等相关预案之间的有效衔接。建设应急预案数字化管理平台，加强预案配套支撑性文件的编制和管理。

加快预案制（修）订。制定突发事件应急预案编制指南，加强预案制（修）订过程中的风险评估、情景构建和应急资源调查。修订国家突发事件总体应急预案，组织指导专项、部门、地方应急预案修订，做好重要目标、重大危险源、重大活动、重大基础设施安全保障应急预案编制工作。有针对性地编制巨灾应对预案，开展应急能力评估。

加强预案演练评估。制定突发事件应急预案评估管理办法和应急演练管理办法，完善应急预案及演练的评估程序和标准。对照预案加强队伍力量、装备物资、保障措施等检查评估，确保应急响应启动后预案规定任务措施能够迅速执行到位。加强应急预案宣传培训，制订落实应急演练计划，组织开展实战化的应急演练，鼓励形式多样、节约高效的常态化应急演练，重点加强针对重大灾害事故的应急演练，根据演练情况及时修订完善应急预案。

强化应急物资准备。健全完善应急物资保障体系，建立中央和地方、政府和社会、实物和产能相结合的应急物资储备模式。建立跨部门应急物资保障联动机制，健全跨区域应急物资协同保障机制。完善应急物资分类、生产、储备、装卸、运输、回收、报废、补充等相关管理规范。完善应急捐赠物资管理分配机制，规范进口捐赠物资审批流程。

加强物资实物储备。完善中央、省、市、县、乡五级物资储备布局，建立健全包括重要民生商品在内的应急物资储备目录清单，合理确定储备品类、规模和结构并动态调整。建立完善应急物资更新轮换机制。

提升物资产能保障。制定应急物资产能储备目录清单，建设区域性应急物资生产保障基地。完善鼓励、引导重点应急物资产能储备企业扩能政策，持续完善应急物资产业链与应急物资储备和集中生产调度机制。

（六）推动共建共治共享，筑牢事故共救人民防线

提升基层治理能力。以网格化管理为切入点，完善基层应急管理组织体系，加强人员力量配备，厘清基层应急管理权责事项，落实基层政府及相关部门责任。

加强环保安全文化建设。将环保安全素质教育纳入国民教育体系，把普及应急常识和自救逃生演练作为重要内容。推动建立公众环保安全科普宣教媒体绿色通道，加强基于互联网的科普宣教培训，增强科普宣教的知识性、趣味性、交互性。推动安全宣传进企业、

进农村、进社区、进学校、进家庭，开展形式多样的科普宣教活动。做好应急状态下的新闻宣传和舆论引导，主动回应社会关切。

健全社会服务体系。实行企业环境风险分类管理制度，建立企业环境安全生产信用修复机制，依法依规公布环境安全领域严重失信主体名单并实施失信联合惩戒。支持行业协会制定行约行规、自律规范和职业道德准则，建立健全职业规范和奖惩机制。鼓励行业协会、专业技术服务机构和保险机构参与风险评估、隐患排查、管理咨询、检验检测、预案编制、应急演练、教育培训等活动。推进检验检测认证机构市场化改革，支持第三方检测认证服务发展，培育新型服务市场。强化保险等市场机制在风险防范、损失补偿、恢复重建等方面的积极作用，探索建立多渠道、多层次的风险分担机制，大力发展巨灾保险。鼓励企业投保环保安全生产责任保险，丰富应急救援人员人身安全保险品种。

（七）实施重大工程项目，夯实高质量发展的安全基础

管理创新能力提升工程。首先，加强突发环境事件应急救援指挥中心建设。建立国家及地方各级突发环境事件应急救援指挥中心及平台，完善调度指挥、会商研判、模拟推演、业务保障等设施设备及系统，实现各级政府与行业部门、重点救援队伍互联互通、协调联动。其次，加强突发环境事件监管监察能力建设。制定生态环境综合执法装备配备标准，配齐配强各级各行业领域安全监管监察执法队伍装备，持续改善执法工作保障条件。提升环境风险监管监察执法大数据应用水平。建成危险化学品、矿山、金属冶炼、油气等重大突发环境事件防控技术支撑基地。升级优化危险化学品登记管理系统。充分利用现有设施，完善突发环境事件监管监察执法装备测试、验证、维护、校验平台监管监察辅助决策支撑平台。

风险防控能力提升工程。首先，加强风险监测预警网络建设。升级覆盖危险化学品、矿山、烟花爆竹、尾矿库、工贸及油气管道等重点企业的环境风险监测预警网络。加快完善企业事业单位环境风险监测预警公共信息平台，汇聚物联网感知数据、业务数据以及视频监控数据，实现重点企业事业单位环境风险监测预警“一网统管”。建设基于云架构的新一代国家突发环境事件预警信息发布系统。其次，稳步推进卫星遥感网建设，开发突发环境事件应急减灾卫星综合应用系统和自主运行管理平台，推动空基卫星遥感网在突发环境事件风险防范、防灾减灾救灾、应急救援管理中的应用。

突发环境事件应对能力提升工程。依托国家综合性消防救援队伍，建设一批国家级特种灾害救援队、区域性机动救援队、搜救犬专业救援队，在重点化工园区、危险化学品储存量大的港区所在地建设石油化工、煤化工等专业应急救援队。建设国家级综合消防救援训练基地，以及水域救援、化工救援、航空灭火救援等国家级专业训练基地和一批区域性驻训备勤保障基地。依托中央企业、地方国有骨干企业，加强矿山排水、重点地区危险化学品、重大油气储备基地及储备库、海上油气开采应急救援队伍建设。加强突发环境事件应急救援现场技术支撑保障力量建设。结合区域性应急救援力量建设，依托现有防灾减灾、应急救援队伍和政府专职消防队伍，重点调整优化省级和地市级综合性应急救援力量，完善应急救援装备储运设施和体能、专业技战术、装备实操等适应性训练设施，补充配备通用应急救援、应急通信、应急监测、个体防护等装备。

应急物资装备保障建设。充分利用仓储资源，依托现有中央和地方物资储备库，建设

综合应急物资储备库。在关键物流枢纽建设应急物资调运平台和区域配送中心，依托大型快递物流企业建设一批综合应急物资物流基地。完善国家应急资源管理平台和应急物资保障数据库，汇聚应急物资信息。

综合支撑能力提升工程。重点包括科技创新驱动工程建设、应急通信和应急管理信息化建设、应急管理教育实训工程建设、应急装备推广应用示范、社会应急能力提升工程等。

复习思考题

一、比较我国应急管理的发展历程及环境应急管理的发展历程，从中可以发现哪些异同点？

二、从美国应急管理的发展历程中可以得到哪些对我国应急管理具有借鉴意义的经验或教训？

三、应急管理包括哪些内容？

四、环境应急管理的部门联动机制现状如何？还存在哪些问题？该如何优化？

技能实训——突发环境事件应急管理基本现状及发展趋势分析讨论

一、实训目标

1. 了解突发环境事件应急管理的基本现状和发展趋势。
2. 掌握突发环境事件应急管理的基本原理和方法。
3. 培养学生的应急处理能力和团队合作精神。

二、任务描述

通过分析讨论突发环境事件应急管理的基本现状和发展趋势，学生需要思考以下问题：

1. 当前我国突发环境事件应急管理存在哪些问题和挑战？
2. 如何加强突发环境事件应急管理的能力建设？
3. 如何提高公众对突发环境事件应急管理的认知和参与度？
4. 如何加强国际合作，共同应对全球突发环境事件的挑战？

三、任务准备

1. 收集相关文献和资料，了解突发环境事件应急管理的基本概念和原理。
2. 组织小组讨论，明确分工和任务。
3. 制订实训计划和时间安排。

四、知识要点

1. 突发环境事件应急管理的定义和基本概念。
2. 突发环境事件应急管理的基本原理和方法。
3. 突发环境事件应急管理的现状和发展趋势。
4. 突发环境事件应急管理的问题和挑战。
5. 突发环境事件应急管理的能力建设和国际合作。

五、实训过程

1. 小组讨论，分析突发环境事件应急管理的基本现状和发展趋势。
2. 学生分工合作，收集相关文献和资料，进行深入研究。
3. 学生撰写实训报告，包括现状分析和发展趋势预测。

4. 学生进行报告展示，分享研究成果和心得体会。

5. 教师进行点评和总结，提供指导和建议。

六、注意事项

1. 学生在实训过程中要注重团队合作，相互支持和协作。

2. 学生要按时完成实训任务，保证实训进度和质量。

3. 学生要注重实践操作，积极参与实际工作和实践活动。

4. 学生要关注思政元素，思考如何将理论知识与实际情况相结合。

七、总结与思考

通过本次实训，学生对突发环境事件应急管理的基本现状和发展趋势有了更深入的了解。同时，学生掌握了突发环境事件应急管理的基本原理和方法，培养了应急处理能力和团队合作精神。在总结与思考环节，学生可以进一步思考如何将所学知识应用到实际工作中，以提高突发环境事件应急管理的能力和水平。

第二章 环境应急管理体系

突发环境事件应急管理体系，是指一个国家各系统、各部门整合各种资源，根据应急法制，针对各类突发环境事件的性质、特点和可能造成的社会环境危害，建立起旨在防止或减少环境危机发生的工作体系。在我国环境应急管理体系中，政府负责管理、组织、指挥对突发环境事件的预防和预警、应急处置、应急保障、事后恢复重建等工作。环境应急管理体系组织结构是包含了决策系统、辅助决策系统、执行系统、保障系统在内的一体化的综合系统。国家突发环境事件应急管理体系的构建是一个系统化的工程，我国政府始终将其作为一项重点工作来抓。

根据典型突发事件或制度变革节点，我国应急管理体系建设可划分为四个发展阶段，分别是分部门单灾种应对式灾害管理阶段（1949—1977 年）、依托议事协调机构的分散响应式应急管理阶段（1978—2002 年）、以“一案三制”为核心的应急管理体系构建阶段（2003—2017 年）、新时代应急管理体系建设与发展阶段（2018 年至今）。我国的环境应急管理作为应急管理的类型之一，其体系建设符合应急管理“一案三制”的特点，并以“一案三制”应急管理体系的构建为开端，不断建设、发展与完善。

第一节 “一案三制”应急管理体系

一、概述

改革开放以来，我国在应急管理工作方面采取了一系列措施，并取得了一定的成绩。但是，作为一项完整巨大的社会系统工程，我国应急管理体系建设的时间并不长。我国全面建设应急管理体系，起始于 2003 年总结抗击“非典”的经验和教训，以这一阶段的应急管理工作作为“起跑点”；发展于加强党的执政能力和政府的行政能力建设，从而把创新应急管理制度作为“着力点”；提高于贯彻落实科学观的实践，把应急管理摆放到全面建设小康社会的大格局中，并为其确立“定位点”；形成了应急管理“点”与常态行政管理“面”的结合，推动了应急管理的科学发展。

在此期间，“一案三制”作为应急管理体系建设的总体要求被提出并逐步得以实施。2004 年 3 月，在部分省（自治区、直辖市）及大城市制定完善突发公共事件应急预案座谈会上，时任国务委员、国务院党组成员和国务院秘书长华建敏指出：“要做好‘一案三制’工作，即制定完善突发公共事件应急预案，加强应急体制、机制、法制建设。”这是国家领导同志第一次在正式会议上提出“一案三制”的概念。针对突发环境事件，“一案”是指突发环境事件应急预案；“三制”是指环境应急管理工作的应急体制、机制和法制。此后，国务院全面部署了“一案三制”的建设工作。2006 年 7 月，国务院召开全国应急管理工作会议，强调各级政府要以“一案三制”为重点，全面加强应急管理工作。2006 年 10 月，党的十六届六中全会通过《中共中央关于构建社会主义和谐社会若干重大问题的决定》，正式提出我国按照 “一案三制”的总体要求建设应急管理体系，即“完善应急管理体制机制，有效应对各种风险。建立健全分类管理、分级负责、条块结合、属地为主的应急管理体制，形成统一指挥、反应灵敏、协调有序、运转高效的应急管理机制，有效应对自然灾害、事故灾难、公共卫生事件、社会安全事件，提高危机管理和抗风险能力。按照预防与应急并重、常态与非常态结合的原则，建立统一高效的应急信息平台，建设精干实用的专业应急救援队伍，健全应急预案体系，完善应急管理法律法规，加强应急管理宣传教育，提高公众参与和自救能力，实现社会预警、社会动员、快速反应、应急处置的整体联动。坚持安全第一、预防为主、综合治理，完善安全生产体制机制、法律法规和政策措施，加大投入，落实责任，严格管理，强化监督，坚决遏制重特大安全事故”。

在“一案三制”中，预案是预先制定的应对突发环境事件的方案，体制侧重于行政职权的划分和环境应急部门的配合，机制的主要作用在于如何将既定的预案和体制通过有效的方式方法有机串联起来，法制着眼于环境应急相关法律法规的完善和支持，四者形成了不可分割的环境应急管理体系，相互作用、互为补充。总体来说，预案是前提，体制是基础，机制是关键，法制是保障，具体如表 2-1 所示。

表 2-1 “一案三制”的属性特征、功能定位及其相互关系

序号	“一案三制”名称	核心	主要内容	所要解决的问题	特征	定位	形态
1	预案	操作	实践操作	应急管理实际操作	使用性	前提	显态
2	体制	权利	组织结构	权限划分和隶属关系	结构性	基础	显态
3	机制	运作	工作流程	运作的动力和活力	功能性	关键	隐态
4	法制	程序	法律和制度	行为的依据和规范性	规范性	保障	显态

我国“一案三制”应急管理体系初期建设时间如表 2-2 所示。

表 2-2 我国“一案三制”应急管理体系建设启动时间表

时间	主要工作	建设内容	通过的政策法规
2003 年	应急管理工作启动	国务院办公厅成立应急预案工作小组，重点推动应急预案编制和应急管理的体制、机制和法制建设工作	国务院常务会议审议通过《突发公共卫生事件应急条例》
2004 年	应急预案编制工作启动	3 月，国务院办公厅在郑州召开应急预案工作座谈会，确定把围绕“一案三制”的应急管理体系建设作为当年政府工作的重要内容；9 月召开的党的十六届四中全会明确提出：要建立健全社会预警体系，形成统一指挥、功能齐全、反应灵敏、运转高效的应急机制，提高保障公共安全和处置突发事件的能力	4 月，国务院办公厅印发《国务院有关部门和单位制定和修订突发公共事件应急预案框架指南》；5 月，国务院办公厅印发《省（区、市）人民政府突发公共事件总体应急预案框架指南》

时间	主要工作	建设内容	通过的政策法规
2005 年	应急管理体制建设启动	7 月，国务院召开全国应急管理工作会议，要求各级政府成立应急管理机构；12 月，国务院应急管理机构，即国务院应急管理办公室正式成立	5—6 月，国务院印发四大类 25 件专项应急预案；80 个部门预案和省级总体应急预案相继发布
2006 年	应急管理机制建设启动	3 月，第十届全国人大四次会议审议通过“十一五”规划，首次将应急管理列入国家国民经济和社会发展规划；10 月，党的十六届六中全会通过《中共中央关于构建社会主义和谐社会若干重大问题的决定》，明确指出：完善应急管理体制机制，有效应对各种风险	1 月 8 日，国务院发布《国家突发公共事件总体应急预案》；6 月 15 日，新华社受权发布《国务院关于全面加强应急管理工作的意见》
2007 年	应急管理法治建设启动	党的十七大报告指出：坚持安全发展，强化安全生产管理和监督，有效遏制重特大安全事故，完善突发事件应急管理机制	8 月 30 日，第十届全国人民代表大会常务委员会第二十九次会议通过了《中华人民共和国突发事件应对法》，并于 11 月 1 日起实施
2018—2024 年	应急管理体制机制改革、应急管理体系及能力现代化建设	党的十九届四中全会明确：“构建统一指挥、专常兼备、反应灵敏、上下联动的应急管理体制。”2021 年，根据《中华人民共和国国民经济和社会发展第十四个五年规划和 2035 年远景目标纲要》，制定《“十四五”国家应急体系规划》：以习近平新时代中国特色社会主义思想为指导，全面贯彻落实党的十九大和十九届历次全会精神，增强“四个意识”、坚定“四个自信”、做到“两个维护”，坚持系统观念，统筹推进“五位一体”总体布局，协调推进“四个全面”战略布局，坚定不移贯彻新发展理念，坚持稳中求进工作总基调，坚持人民至上、生命至上，坚持总体国家安全观，更好统筹发展和安全，以推动高质量发展为主题，以防范化解重大安全风险为主线，深入推进应急管理体系和能力现代化，坚决遏制重特大事故，最大限度降低灾害事故损失，全力保护人民群众生命财产安全和维护社会稳定，为建设更高水平的平安中国和全面建设社会主义现代化强国提供坚实安全保障	2019 年 10 月，党的十九届四中全会审议通过了《中共中央关于坚持和完善中国特色社会主义制度　推进国家治理体系和治理能力现代化若干重大问题的决定》 国务院于 2021 年 12 月 30 日发布《“十四五”国家应急体系规划》 2024 年 6 月 28 日，第十四届全国人民代表大会常务委员会第十次会议通过修订后的《中华人民共和国突发事件应对法》，并于 2024 年 11 月 1 日起施行

二、应急管理体系的原则与实施过程

（一）原则

应急管理体系关系到公众的生命和财产安全，涉及政府的应急职能部门，必要时需要多部门联动并协调合作。因此，要把握以下基本原则。

一是以人为本，安全第一。把保障公众的生命安全和身体健康、最大限度地预防和减少突发事件造成的人员伤亡作为首要任务，切实加强应急救援人员的安全防护。

二是统一领导，分级负责。在党中央、国务院的统一领导下，各级党委、政府负责做好本区域的应急管理工作。在政府应急管理组织的协调下，各相关单位按照各自的职责和权限，负责应急管理和应急处置工作。企业要认真履行安全生产责任主体的职责，建立与政府应急预案和应急管理机制相匹配的应急管理体系。

三是预防为主，防救结合。贯彻落实预防为主，预防与应急相结合的原则。做好预防、预测、预警和预报工作，做好常态下的风险评估、物资储备、队伍建设、完善装备、预案演练等工作。

四是快速反应，协同应对。加强应急队伍建设，加强区域合作和部门合作，建立协调联动机制，形成统一指挥、反应灵敏、功能齐全、协调有序、运转高效的应急管理快速应对机制。充分发挥专业救援力量的骨干作用和社会公众的基础作用。

五是社会动员，全民参与。发挥政府的主导作用，发挥企业事业单位、社区和志愿者队伍的作用，动员企业及全社会的人力、物力和财力，依靠公众力量，形成应对突发事件的合力。同时，增强公众的公共安全和风险防范意识，提高全社会的避险救助能力。

六是依靠科学，依法规范。采用先进的救援装备和技术，充分发挥专家作用，实行科学民主决策，增强应急救援能力；依法规范应急管理工作，确保应急预案的科学性、权威性和可操作性。

七是信息公开，引导舆论。在应急管理中，要满足社会公众的知情权，做到信息透明、公开，但是涉及国家机密、商业机密和个人隐私的信息除外。不仅如此，还要积极地对社会公众的舆情进行监控，了解社会公众的所思、所想、所愿，对舆情进行正确、有效引导。

（二）实施过程

应急管理体系的实施过程概括起来主要有以下几个方面：

一是预防准备。应急管理的首要任务是预防突发事件的发生。要通过应急管理预防行动和准备行动，建立突发事件源头防控机制，建立健全应急管理体制、制度，有效控制突发事件的发生，做好突发事件应对工作准备。

二是预测预警。及时预测突发事件的发生并向社会预警，是减少突发事件损失的最有效措施，也是应急管理的主要工作。采取传统与科技手段相结合的办法进行预测，将突发事件消除在萌芽状态。一旦发现不可消除的突发事件，及时向社会预警。

三是响应控制。突发事件发生后，能够及时启动应急预案，实施有效的应急救援行动，防止事件的进一步扩大和发展，是应急管理的重中之重。特别是发生在人口稠密区域的突发事件，应快速组织相关应急职能部门联合行动，控制事件继续扩展。

四是资源协调。应急资源是实施应急救援和事后恢复的基础，应急管理机构应该在合理布局应急资源的前提下，建立科学的资源共享与调配机制，以有效利用可用资源，防止在应急中出现资源短缺的情况。

五是抢险救援。在应急救援行动中，及时、有序、科学地实施现场抢救和安全转送人员，以降低伤亡率、减少突发事件损失是应急管理的重要任务。特别是突发事件发生的突然性、发生后的迅速扩散以及波及范围广、危害性大的特点，要求应急救援人员及时指挥和组织群众采取各种措施进行自身防护，并迅速撤离危险区域或可能发生危险的区域，同时在撤离过程中积极开展公众自救与互救工作。

六是信息管理。突发事件信息的管理既是应急响应和应急处置的源头工作，也是避免引起公众恐慌的重要手段。应急管理机构应当以现代信息技术为支撑，如综合信息应急平台，保持信息畅通，以协调各部门、各单位的工作。

七是善后恢复。应急处置后，应急管理的重点应该放在安抚受害人员及其家属、稳定局面、清理受灾现场、尽快使系统功能恢复或者部分恢复上，并及时调查突发事件的发生原因和性质，评估危害范围和危险程度。

第二节 环境应急管理体制

一、环境应急管理体制建设

（一）内涵

应急管理体制是一个由横向机构和纵向机构、政府机构与社会组织相结合的复杂系统，包括应急管理的领导指挥机构、专项应急指挥机构以及日常办事机构等不同层次。

一般来说，突发环境事件的环境应急管理体制含义有广义和狭义之分：广义的环境应急管理体制是指包括政府部门、非政府部门、企业事业单位以及社会公民个体在内的各类主体在突发环境事件应急管理中所形成的特定的关系模式，其中政府部门在危机管理中处于核心地位；狭义的环境应急管理体制是指国家和政府机关在进行突发环境事件应急管理时所采用或形成的关于机构设置、权责划分以及运行机制等各种制度的总和。

（二）依据与原则

2024 年 11 月 1 日起施行的《中华人民共和国突发事件应对法》第 2 章第 16 条明确规定“国家建立统一指挥、专常兼备、反应灵敏、上下联动的应急管理体制和综合协调、分类管理、分级负责、属地管理为主的工作体系”。其具体含义如下：

统一指挥：我国的突发环境事件应急管理体制是在党中央、国务院的统一指挥下，各级地方政府分级负责，依法开展应急管理工作。地方各级人民政府是本地区突发环境事件应急管理工作的负责主体，负责本行政区域内各类突发环境事件的应急管理工作。

专常兼备：强调应急管理队伍的专业性和常规性，既要有专业的应急救援人员，也要有常规的应急管理措施。

反应灵敏：要求应急管理系统对突发环境事件能够迅速做出反应，减少响应时间，提高应对效果。

上下联动：强调各级政府和部门之间的协同合作，形成合力，共同应对突发事件。

综合协调：成立专门的应急管理机构，协调不同部门以共同应对危机。由于突发环境事件具有综合性和联动性等特点，常常超越了一个部门甚至一个地方政府的应对能力，需要多个部门在技术、信息、物质以及救援队伍方面的相互合作。通过综合协调机制，整合各方资源，确保应急资源的合理分配和使用，提高应对能力。

分类管理：根据突发环境事件的不同性质和专业性要求对事故进行专业处置，以达到科学应对和提高公共管理效率的目的。根据突发环境事件类型的不同，具体包括制定应急管理规则、明确分级标准、积极开展预防与应急预警、应急准备、应急处置和救援、灾后恢复重建等应对工作。

分级负责：对不同层次的突发环境事件，各级政府根据相关法律规定和自身能力，分级开展应急管理工作。中央层面主要负责跨省级行政区域的，或是超出当地省级人民政府处置能力的，影响范围甚至波及全国的重大和特别重大的突发环境事件；县以及设区的市一级人民政府主要负责发生在本行政区域内的应急管理工作。

属地管理：根据所在地域确定具体管理部门，从守土有责的角度确保有效治理，强调在突发环境事件发生之初，地方政府应在应急管理中发挥主导作用。

（三）特征

突发环境事件的环境应急管理体制通常具有下列特征：

应急性：应急性是突发环境事件应急管理体制的本质属性。所谓应急性，是指行政机关在遇到紧急情况时，出于对国家安全、公共政策和公共利益的考虑，防止国家安全或重大公共利益受到正在发生的或即将到来的损害或威胁，援用应急性条款做出某些行政行为或采取紧急行政措施。

强制性：突发环境事件发生后，认真遵守突发环境事件应急管理体制是公民的义务，并有其法律强制性。有关政府及其部门对突发事件隐瞒、缓报、谎报和对上级部门的调查不予配合或者阻碍、干涉的，以及拒不履行职责、玩忽职守、失职、渎职等行为，都应负法律责任。

联动性：应急管理体制需要各个部门共同组成，应急管理响应需要全社会共同配套联动。由于突发环境事件的消极影响波及全社会的方方面面，应对环境事件不是某一个单位、某一个社会团体能够独立完成的，无论是在技术设备上，还是在经济资助方面，都需要全社会共同参与，只有这样应急反应体系才能有效运转。

公开性：信息公开是现代国家机关行使职权与履行职责的一项基本原则，属于民主与法治的范畴。在知情权与信息公开制度问题上，充分表现出公民权利和国家权力的相互关系是：公民的权利产生国家的权力，而不是相反；公民权利是目的，国家权力是手段；国家权力容易腐败，需要公民权利予以监督和制约。建立双向透明的传播体系会给政府带来巨大的公信力；必须建立一套新型的、适合当前社会结构发展的管理模式，才能保证提供高质量的公共服务，迅速处理紧急公共问题。

二、环境应急管理体制构成

体制，就是组织架构+工作人员，承担起一定的职能。环境应急管理体制，即环境应急管理组织架构+环境应急管理工作人员，承担起一定的环境应急职能。一般来说，环境应急管理体制的体系构成可以从功能体制和结构体制两个角度来看待。

（一）功能体制

突发环境事件应急管理对象为突发环境事件；主体为政府及各相关部门，还有其他社会组织和个人共同协作。建立一个功能完善的应急管理体制就是要保障体系指挥有力、反应敏捷同时信息传递通畅，责任明确，该体制能够实现对突发环境事件的有效预防、及时控制和消除危害，有力地保障人民生命财产安全，维护正常的社会秩序。突发环境事件应急管理体制建设是指通过组织整合、资源整合、信息整合和行动整合，形成统一应对突发环境事件的应急组织体系和应急行动程序。

功能体制说明的是一个应急体制应该具备的基本功能及扩展功能，如图 2-1 所示。组织可以分为更细的组分，同时功能可以分为不同层次。

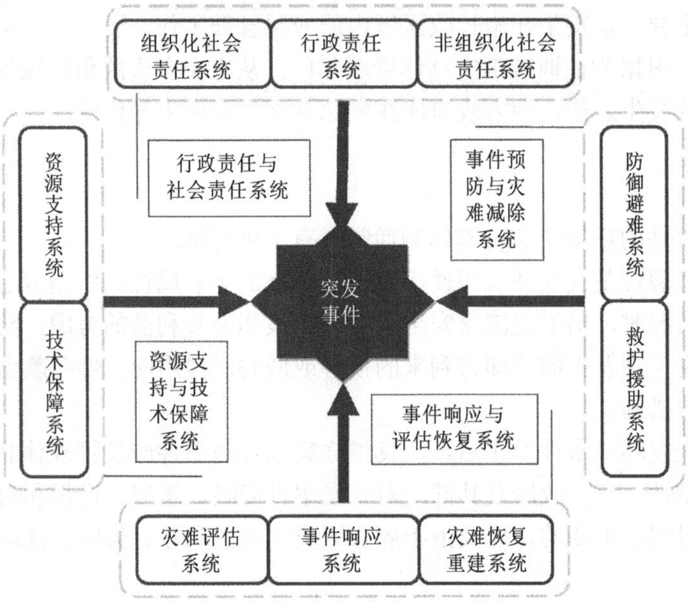

图 2-1 环境应急管理功能体制构成

从职能上看，一套完整的环境应急管理功能体制应包括四大职能系统，分别是行政责任与社会责任系统、事件预防与灾难减除系统（包括风险管理子系统、应急预案子系统、防灾减灾规划子系统、宣教培训子系统）、事件响应与评估恢复系统（包括应急管理的信息收集与加工子系统、预警与现场调度子系统、灾难评估子系统、灾难恢复重建子系统）、资源支持与技术保障系统（包括资源支持子系统和技术保障子系统两大部分）。为保证四大职能系统的正常运转以及与其他机构协作共同完成各类突发事件的应急处理，还需要建设相应的应急联动与协作处置系统，构建多层次的协作模式。

（二）结构体制

环境应急管理体制是承载应急管理活动的管理机构设置、职能配置与职能相应的事务管理制度及权力运行机制的总称，其组织结构体制构成应与环境应急管理体制的功能体制构成及各子系统所具有的功能作用相吻合。

从组织架构上看，借鉴其他国家应急机构的设置经验，并结合我国原有部门的组成情况，构建应急管理部职能运行和职责实现的组织架构。首先，要理顺“党政军”“政企社”“央地外”的结构定位，从而构建中国特色现代应急管理体制。其次，确立相关协作部门及职责关系，从而设计具体可行的部门间协作模式：新组模式、派驻模式及共享模式。最后，构建涵盖应急产业、科研教育、培训演练、宣传普及四个方面内容的应急支撑系统，以实现应急管理部对应急资源的整合，并鼓励全社会参与突发事件应急管理。

体制设计应构建包括专项职能部门、总办公厅和专业救援队伍在内的应急管理部组织结构。根据现代应急管理体系的逻辑及应急管理部的职能特点，应当突出应急联动与协作处置职能，构建应急管理部与其他部门之间的长效合作模式。在确定了应急管理部的职能及组织设定的基础上构建现代应急支撑系统，为应急管理部建立长效运行机制提供助力。

目前，我国已初步形成了以中央政府领导、有关部门和地方各级政府各负其责、社会组织和人民群众广泛参与的应急管理体制，各部门、各地方均设立专门的应急管理机构。如国家组建了应急管理部，外交部、交通运输部、中国民用航空局、气象局等部门设立了专门的应急管理办事机构，各省（自治区、直辖市）均成立了相应的突发公共事件应急委员会。而在环境应急领域，生态环境部门是日常的环境应急管理机构，不仅需要承担水、大气、土壤、固体废物等各类环境要素的风险防范与化解工作，还涉及环境规划、项目审批、污染治理、监察监测、法规标准、生态修复等各个相关环节的管理。生态环境部下设其直属事业单位“环境应急与事故调查中心”，对外加挂“生态环境部环境应急办公室”和“生态环境部环境投诉受理中心”的牌子，负责环境应急与事故调查。

此外，根据《国家突发公共事件总体应急预案》《国家突发环境事件应急预案》，我国突发环境事件应急组织体系由应急领导机构、办事机构、工作机构、地方机构、现场指挥机构及专家组构成。

领导机构：国务院是突发公共事件应急管理工作的最高行政领导机构。在国务院总理领导下，由国务院常务会议和国家相关突发公共事件应急指挥机构负责突发公共事件的应急管理工作。

办事机构：生态环境部根据地方政府及现场应急工作需要，成立环境应急现场指挥部，具体负责特大和重大突发环境事件的应对工作，受国家环境应急指挥部和事件工作组的领导。县级以上地方各级人民政府是突发事件应对工作的行政领导机关，其办事机构及具体职责由国务院规定。县级以上地方各级人民政府会同各地生态环境部门设置相应的环境应急指挥事件工作领导小组，成立地方各级环境应急办公室，负责各地环境应急与事故调查工作。地方各级生态环境部门环境应急与事故调查中心作为各地生态环境部门的下设事业单位，承担属地环境应急办公室各项环境应急与事故调查的具体工作。

工作机构：国务院相关部门依据有关法律、行政法规和各自的职责，负责相关类别突发公共事件的应急管理工作；具体负责相关类别的突发公共事件专项和部门应急预案的起草与实施，贯彻落实国务院有关决定事项。地方各级人民政府负责重特大突发环境事件应对的指导协调和环境应急的日常监督管理工作。

地方机构：县级以上地方各级人民政府是本行政区域突发事件应急管理工作的行政领导机构，负责本行政区域各类突发事件预测预警、应急处置（重点是先期处置）、应急响应和恢复重建的组织领导工作。跨行政区域的突发环境事件应对工作，由各有关行政区域人民政府共同负责，或由有关行政区域共同的上一级地方人民政府负责。对需要国家层面协调处置的跨省级行政区域突发环境事件，由有关省级人民政府向国务院提出请求，或由有关省级生态环境主管部门向生态环境部提出请求。地方有关部门按照职责分工，密切配合，共同做好突发环境事件应对工作。

现场指挥机构：负责突发环境事件应急处置的人民政府及其生态环境部门及下设环境

应急与事故调查中心根据需要成立现场指挥部，负责现场组织指挥工作。参与现场处置的有关单位和人员要服从现场指挥部的统一指挥。

专家组：突发环境事件专家组由所聘请的科研单位和军队有关专家组成。专家组的主要职责为：参与突发环境事件应急工作；为应对突发环境事件提供决策咨询和工作建议；指导突发环境事件应急处置工作；为国务院或部际联席会议的决策提供科学依据；必要时参加突发环境事件应急处置的技术援助工作。

根据《国家突发环境事件应急预案》的规定，国家环境应急指挥部主要由生态环境部、工业和信息化部、公安部、民政部、财政部、住房和城乡建设部、交通运输部、水利部和应急管理部等 28 个部门和单位组成；根据应对工作需要，增加有关地方人民政府和其他有关部门。国家环境应急指挥部下设污染处置组、应急监测组、医学救援组、应急保障组、新闻宣传组、社会稳定组、涉外事务组 7 个工作组，如图 2-2 所示。

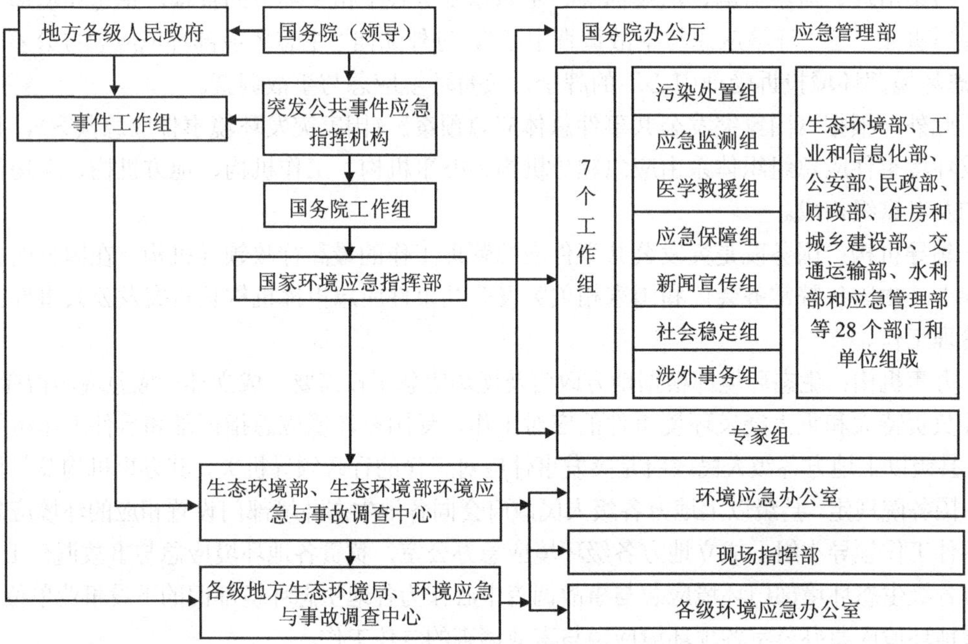

图 2-2 我国突发环境事件应急管理组织结构体制

第三节 环境应急管理机制

一、环境应急管理机制建设

（一）内涵

在日常工作和生活中，“机制”有时也称“运行机制”“工作机制”“运作机制”。从词义来看，机制有多重含义。按照《辞海》的解释，“机制”原指机器的构造和运作原理，借指事物的内在工作方式，包括有关组成部分的相互关系以及各种变化的相互联系。《现代汉语词典》中，“机制”可指机体的构造、功能和相互关系，泛指一个工作系统的组织或部分之间相互作用的过程和方式，如市场机制、竞争机制。一般而言，机制运行规则都是人为设定的，具有强烈的社会性，是一定的机体内各种构成要素之间的相互联系以及决定组织运转的调解方式、机理，重在事物内部各部分的机理即相互关系。简言之，机制是各种程序、关系构成的动作模式，是各种制度化、程序化的方法与措施。这些方法和措施经过实践证明是有效的，通过总结归纳上升到一定的理论高度，并有相应的规章制度予以保障。而管理机制（managerial mechanism）是为实现一个确定的管理目标，基于相关事物或事件的内在运行机理，考虑到现实条件的制约，而人为设计出来的一套涵盖了原则、模式、规范及流程，具备一定能动性的解决方案。

环境应急管理机制是指在开展环境应急管理工作时所体现出的规范和准则，本质上是管理系统的内在联系、功能及运行原理，是判断环境应急管理功效的核心问题。突发环境事件应急管理机制属于突发事件应急管理机制范畴，是运行环境应急管理时必需的一个元素，即政府及其他公共机构在应对突发环境事件过程中，对突发环境事件及其可能产生的影响采取的各种制度化、程序化的措施和方法。可以从动态和静态两种视角对突发环境事件应急机制做出界定。从动态视角分析，突发环境事件应急管理机制是指国家建立专门的常设行政机构，通过有效利用、充分整合各种社会资源进行防范和控制突发环境事件而形成的一整套相关机制的总和，是社会经济系统本能必须具备的紧急应对突发事件的机制。应急机制具有两种状态，即潜态和实态，平时的状态为潜态，一旦发生突发事件后，迅速进入实态，待事件平息之后，又恢复为潜态。具体而言，潜态的内容包括应急预案制度、物资保障制度、应急宣传教育制度、预警监测制度、日常应急管理制度等；实态的内容则包括启动应急预案、进入紧急状态、实施应急等。

（二）依据与原则

根据《国家突发公共事件总体应急预案》《国家突发环境事件应急预案》，突发环境事件应急管理机制属于突发公共事件应急机制范畴，具体而言，通常由建立在应急机制潜态与实态之上的预防机制、预警机制、反应机制、控制机制、恢复机制五种机制组成。其处理过程中往往应坚持以下几项基本原则：

预防为主：预防为主的理念是突发环境事件应急管理机制中预警机制内涵的重要体现。环境应急人员要有忧患意识，把危机的监测、预警、预控、预防作为政府危机管理的中心环节。若常态管理得当，则突发环境事件发生的可能性会大幅降低，因此，预防为主的常态管理是突发环境事件应急的第一要务。

真实诚信：真实诚信是处理突发环境事件的重要原则。突发环境事件应急人员面对突发环境事件时要以事实为依据，以客观、公正的态度，全面真实地报告有关信息，说明真实原委，主动承担应负的责任。

以人为本：在危机管理的整个过程中，必须将保障人民群众的生命安全作为应急处理的关键。因此，在突发环境事件应急管理中应突出以人为本的原则，并将“以人为本”贯彻到突发环境事件的应急工作始终。

科学应急：突发环境事件要求政府及相关环境应急工作者坚持以科学的方法实行管理，强调集中具有专业知识的专家的智慧，采取科学方法，在最短的时间内做出科学合理的决策。

责任行政：保障公民免受突发环境事件的侵扰是现代突发环境事件应急工作者的职责之一，因此当灾害发生后，相关应急工作者必须迅速采取对策，控制灾害进一步扩大。

强力控制：强力控制是指面对突然发生的各类事故，一方面要进行预警提示、启动应急预案、提供紧急救援、实施控制隔离、紧急疏散居民等遏制事态进一步发展；另一方面要评估灾害程度，对其危害性进行控制，减少损失。因此，当突发环境事件发生时，采取必要的强制措施实现对突发环境事件的有效控制必不可少。

（三）特征

突发环境事件应急机制通常具有下列三个特征：

第一，突发环境事件应急机制是非常态下的机制，只能运用于非常时期，平时表现为静态；一旦发生突发环境事件，各种应急虚拟资源被迅速激活，并根据突发环境事件的现状和潜在危害程度快速地凝聚和运转，形成实际应对的动态运行，当突发环境事件得到处置后，又迅速转变为静态。

第二，突发环境事件应急机制是应急机构、应急体系、应急计划、应急措施、应急制度等的集合体。

第三，突发环境事件应急机制必须得到法律授权，在法律限度范围内进行运作。

二、环境应急管理机制构成

突发环境事件应急管理机制可存在于突发环境事件发生的事前、事发、事中、事后及全过程中，即在突发环境事件的事前、事发、事中、事后及全过程中，采取各种制度化及程序化的应急管理方法与措施。具体而言，突发环境事件应急管理机制应由九大部分构成，分别是事前应急防范机制、事发预警启动机制、事中处置协调机制、事后终止补偿机制以及贯彻全过程的信息公开机制、监督完善机制、运行评价机制、追责奖惩机制与应急保障机制，如图 2-3 所示。

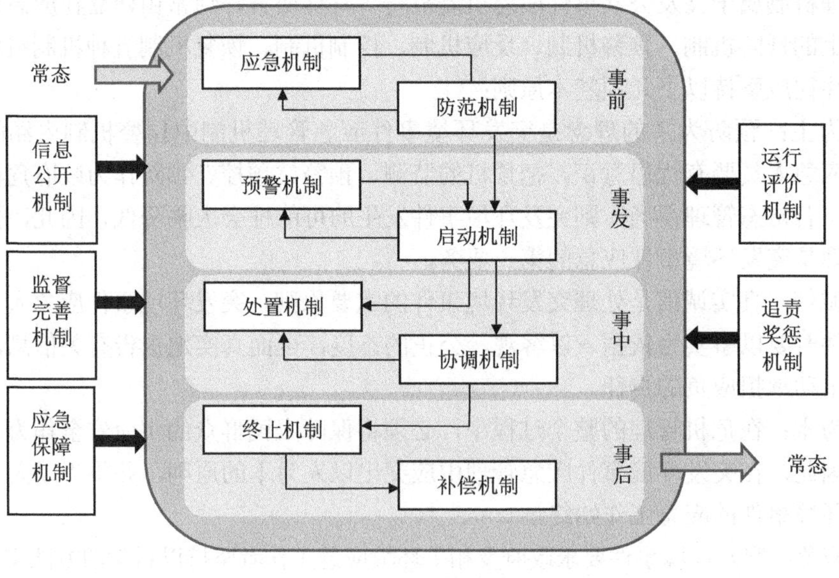

图 2-3　环境应急管理机制示意图

应急防范机制：在现代突发环境事件管理工作中，管理重心已然前移，注重预防为主、防御结合，提升日常化管理能力，加强日常环境监测，及时掌握重点流域、敏感地区的环境变化，根据地区、季节及污染特点有针对性地开展环境事件防范工作。希冀通过这种预防为主的工作机制，减少或避免突发环境事件的发生，控制、削减突发环境事件带来的损失。

预警启动机制：各地区、各部门需针对各种可能发生的突发环境事件，完善预测预警机制，建立预测预警系统，开展风险分析，做到早发现、早报告、早处置。突发环境事件发生后，事发地的省级人民政府或者国务院有关部门在报告特别重大、重大突发公共事件信息的同时，要根据职责和规定的权限启动相关应急预案，实施预警启动。

处置协调机制：根据“统一领导、综合协调、分类管理、条块结合、属地管理为主”的原则，建立分级响应与协调机制。对于先期处置未能有效控制事态的特别重大突发公共事件，要及时启动相关预案，由国务院相关应急指挥机构或国务院工作组统一指挥或指导有关地区、部门开展处置工作。现场应急指挥机构负责现场的应急处置工作。需要多个国务院相关部门共同参与处置的突发环境事件，由该类突发环境事件的业务主管部门牵头，其他部门予以协助。事发地人民政府接到事件报告后，要立即启动本级突发环境事件应急预案，组织有关部门进行先期处置。出现本级政府无法应对的突发环境事件，应当马上请求上级政府直接管理。“属地管理为主”不排除上级政府及其有关部门对其工作的指导，也不能免除发生地其他部门的协同义务。各级政府创建综合性的、常设的专司环境应急事务的协调指挥机构，采用统一接警，分级、分类出警的运行模式。生态环境、公安、安监、消防、水体、土地等部门加强横向联系，建立消息通报、应急联动等工作机制。建立各级人民政府与企业、企业与企业、企业与关联单位之间的应急联动机制，形成统一指挥、相互支持、密切配合、协同应对各类突发环境事件的合力，协调有序地开展突发环境事件的应急管理工作。

终止补偿机制：当突发环境污染事件条件已经排除、污染物质已降至规定限值以内、所造成的危害基本消除时，由启动响应的人民政府终止应急响应。突发环境事件应急响应终止后，要及时组织开展污染损害评估，并将评估结果向社会公布。评估结论作为事件调查处理、损害赔偿、环境修复和生态恢复重建的依据。突发环境事件发生后，根据有关规定，由生态环境主管部门牵头，可会同监察机关及相关部门，组织开展事件调查，查明事件原因和性质，提出整改防范措施和处理建议。事发地人民政府要及时组织制定补助、补偿、抚慰、抚恤、安置和环境恢复等善后工作方案并组织实施。保险机构要及时开展相关理赔工作。突发环境事件损害评估办法由生态环境部制定。

信息公开机制：突发环境事件发生后，涉事企业事业单位或其他生产经营者必须采取应对措施，并立即向当地生态环境主管部门和相关部门报告，同时通报可能受到污染危害的单位和居民。因生产安全事故导致突发环境事件的，安全监管等有关部门应当及时通报同级生态环境主管部门。生态环境主管部门通过互联网信息监测、环境污染举报热线等多种渠道，加强对突发环境事件的信息收集，及时掌握突发环境事件发生情况。事发地生态环境主管部门接到突发环境事件信息报告或监测到相关信息后，应当立即进行核实，对突发环境事件的性质和类别做出初步认定，按照国家规定的时限、程序和要求向上级生态环境主管部门和同级人民政府报告，并通报同级其他相关部门。突发环境事件已经或者可能涉及相邻行政区域的，事发地人民政府或生态环境主管部门应当及时通报相邻行政区域同级人民政府或生态环境主管部门。地方各级人民政府及其生态环境主管部门应当按照有关规定逐级上报，必要时可越级上报。及时准确发布事态最新情况，公布咨询电话，组织专家解读。加强相关舆情监测，做好舆论引导工作。

监督完善机制：包括过程监督与效果监督两个方面内容，主要表现为对事前、事发、事中与事后突发环境事件应急管理各项工作的监督与完善，强化各项应急管理工作的规范性、有效性、完善性、及时性与可实施性。旨在通过监督与完善机制的实施，实现突发环境事件应急管理工作的良好应对，做到积极预防、及时控制、消除隐患、提高环境事件防范和处理能力，尽可能地避免或减轻突发环境事件造成的各项损失。通常，过程监督以监理式监督为主，而效果监督以验收式监督为主的方式进行。在监督的内容方面，既包括资源管理监督，又包括决策质量监督。

运行评价机制：在对待应急处理的运行评价方面，需建立客观合理的评价体系，评价的内容主要集中于对突发环境事件中各级应急管理部门的环境应急管理能力及应急管理过程和结果的评价，具体包括预防能力与预防效果、预警准备能力与预警响应效果、应急处置及协调能力与应急协调处置效果、损害评估及恢复补偿能力与其效果、信息公开能力与信息联动效果、监督完善能力与完善效果、应急保障能力与保障效果等的评价。

追责奖惩机制：突发环境事件应急处置工作实行责任追究制。对突发环境事件应急管理工作中做出突出贡献的先进集体和个人要给予表彰和奖励。对迟报、谎报、瞒报和漏报突发公共事件重要情况或者应急管理工作中有其他失职、渎职行为的，依法对有关责任人给予行政处分；构成犯罪的，依法追究刑事责任。

应急保障机制：各有关部门要按照职责分工和相关预案做好突发环境事件的应对工作，同时根据总体预案切实做好应对突发公共事件的人力、物力、财力、交通运输、医疗卫生及通信保障等工作，保证环境应急管理工作的需要和受损群众的基本生活，以及恢复补偿工作的顺利进行。

第四节　环境应急管理法制

一、法律制度的界定

突发环境事件应急管理法制是突发环境事件应急管理中的重要组成部分，是为了保护生态环境、维护环境公共安全及维持生态平衡，力图防患于未然，最大限度地防止并消除突发环境事件造成的各种危害而形成的一系列法律制度的总称。

从动态视角进行概括，突发环境事件应急管理法制即国家行政机构在面对突发环境事件整个过程中形成的以确保在事件发生前、发生中以及发生后各个阶段有条不紊的应对机制。该机制主要采用从中央到地方的层级运行形式，由中央统一调配、地方各司其职并协调配合，上下联动应对突发环境事件，是常态与非常态相结合的机制。从静态视角进行概括，突发环境事件应急管理法制即国家为应对突发环境事件而制定的一种具体的法律制度，指的是有关政府行政管理部门为了在面对突发环境事件发生时能够最大限度地高效合理调配、整合各类社会资源，有效地预防、控制、应对各种突发环境事件并规范有关部门在整个事件发生阶段的行为而建立起来的一套便捷高效的突发环境事件应对法律制度。

以调整对象和调整方法区分，我们可以把整体的法律制度分为两种类型。一类是用于调整常规时期社会关系的“常态法制”，另一类是用于非常时期、专门调整突发事件下的社会关系的“应急法制”。因此，从这个意义上讲，突发环境事件应急管理法制是以维护国家安全、公共安全、环境安全和社会秩序，保护人民群众生命财产安全为根本目的，以规范突发环境事件应对活动为主要内容，调整突发环境事件涉及的国家权力之间、国家权力与公民权利之间、公民权利之间的各种法律规范、原则和执法、司法等制度的总和；是对突发环境事件的法律应对，是从法律的角度探讨突发环境事件的应对策略和方法。

二、法律制度的内容

结合突发环境事件事前预备、事中应对、事后恢复相结合的阶段性特征，突发环境事件应急管理法制主要包括四个方面内容：

一是立法体系。立法的目的就是建立健全突发环境事件应急机制，提高政府应对涉及突发环境事件的能力，维护社会稳定，保障公众生命健康和财产安全，促进社会全面、协调、可持续发展。

二是执法主体。如前文所述，突发环境事件具有许多与一般环境事件不同的特点，可能给人民群众的生命财产和国家利益带来非常严重的危害，因此，建立一个高度负责、综合协调、高速运作的管理组织体系极其必要。

三是处理机制。主要是指行政机构面对突发环境事件的具体法律应对制度。即突发环境事件发生后，政府主管部门调查核实情况，按照预案采取现场控制、紧急救治等措施，组织专家进行评估、提出应对建议，组织应急队伍开展应急处置等。

四是责任机制。突发环境事件应急管理中的法律责任主要是行政法律责任，因此，按照过错责任的原则，科学认定从预防到处置全过程的各个环节的责任主体的法律责任就非常必要。如果责任认定不明晰，就很难在全社会产生警示作用。

三、法律制度的功能

与普通行政体制相比，应急管理法律制度的特征主要表现在组织结构、权力配置、管理手段等方面的不同。

在组织结构方面，普通行政体制强调相对分散的分权形式，鼓励地方自治，带有多元化色彩；而应急管理法律制度截然相反，其在组织结构上提倡实行统一领导，统一指挥，统一整合、配置，严格地分级管理、分类负责，其结构更倾向于一元化、层次分明。

在权力配置方面，应急管理法律制度抛开了普通行政体制单纯拘泥于行政范畴的限制，延展到立法领域。

在管理手段方面，虽然普通行政体制和应急管理法律制度都强调刚柔并济，但是二者的侧重点迥然不同。普通行政体制更倾向于柔性的管理手段，而应急管理法律制度主要依赖于刚性手段。

在应对突发环境事件中，应急管理法律制度往往会采取许可、强制和制裁等手段力图减少甚至消除危机。

在探讨突发环境事件应急管理法律制度时，不应顾此失彼，从动态和静态两个方面来界定才能不失偏颇。综上所述，突发环境事件应急管理法律制度的功能应从以下三个方面进行归纳：

①突发环境事件应急管理法律制度的内容集应急机构、计划、体系、措施以及制度于一体，它不是单一的某一个制度，而是一个内容丰富的制度集合。

②突发环境事件应急管理法律制度处于静态与动态的交替状态。在突发环境事件发生之前，其作为一种法律制度表现为静态；当突发环境事件发生之时，突发环境事件应急管理法律制度根据现实的具体需要，快速整合社会资源，转化为现实的实态，用以消除突发环境事件的危害；当突发环境事件消除后，应急管理法律制度会迅速归于静态。

③突发环境事件应急管理法律制度的制定与运行都必须在法律的框架内进行，凌驾于法律之上是不可能存在的。

四、法律制度的体系

突发环境事件应急立法是一个国家在防范和处理突发环境事件中实行法治的基础，也是一个国家法律体系和法律学科体系的重要组成部分。我国现行突发环境事件应急立法体系主要由宪法、环境保护法及单行法、行政法规、部门规章、自治条例、单行条例、地方性法规和政府规章中的相关规定以及《国家突发环境事件应急预案》等专门的预案管理办法构成，如图 2-4 所示。

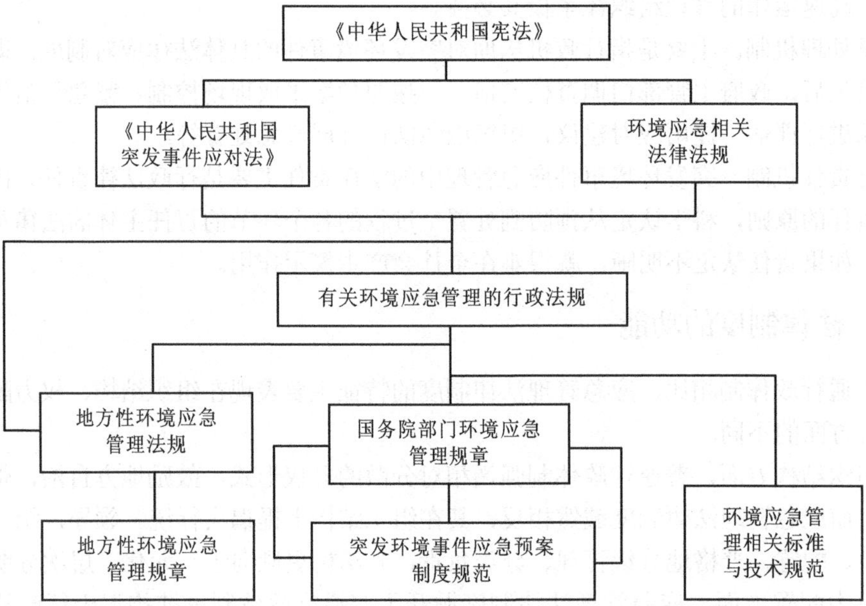

图 2-4 环境应急管理法律体系构成

（一）法律法规

1. 法律

针对突发环境事件，现有法律主要体现在《中华人民共和国宪法》《中华人民共和国突发事件应对法》《中华人民共和国环境保护法》等法条中。

《中华人民共和国宪法》是我国环境法律的最高级别，其第 9 条第 2 款规定：国家保障自然资源的合理利用。第 26 条规定：国家保护和改善生活环境和生态环境，防治污染和其他公害。第 67 条第 21 项规定：全国人民代表大会常务委员会可决定全国或者个别省、自治区、直辖市进入紧急状态。第 89 条第 16 项规定：国务院可依照法律规定决定省、自治区、直辖市的范围内部分地区进入紧急状态。《中华人民共和国宪法》明确了国家作为突发环境事件管理的主体，为突发环境事件紧急状态的决定、宣布提供了法律依据。

《中华人民共和国突发事件应对法》于 2007 年 8 月 30 日通过，2007 年 11 月 1 日起施行；后经 2024 年 6 月 28 日修订，并于 2024 年 11 月 1 日起施行。该法在赋予政府多项应急权力、约束政府履行职责、最大限度保护公民权利、信息及时报送与公开、处罚虚假宣传等方面做出了规定，主要包括突发事件的管理制度、突发事件的预防和应急准备、突发事件的监测预警、突发事件的应急处置与救援及其事后恢复与重建等多方面内容。该法的公布施行，是我国法制建设的一件大事，标志着突发事件应对工作全面纳入法制化轨道，对于提高全社会应对突发事件的能力，及时有效地控制、减轻和消除突发事件引起的严重社会危害，保护人民生命财产安全，维护国家安全、公众安全和环境安全，构建社会主义和谐社会，都具有重要意义。突发环境事件作为突发事件的一种，适用该法。

基于《中华人民共和国突发事件应对法》，环境应急相关法律法规（如《中华人民共和国环境保护法》《中华人民共和国水污染防治法》《中华人民共和国大气污染防治法》《中华人民共和国固体废物污染环境防治法》《中华人民共和国放射性污染防治法》《中华人民共和国海洋环境保护法》等）分别从不同方面明确了环境污染应急管理的具体规定和要求。

《中华人民共和国环境保护法》第 47 条："各级人民政府及其有关部门和企业事业单位，应当依照《中华人民共和国突发事件应对法》的规定，做好突发环境事件的风险控制、应急准备、应急处置和事后恢复等工作。县级以上人民政府应当建立环境污染公共监测预警机制，组织制定预警方案；环境受到污染，可能影响公众健康和环境安全时，依法及时公布预警信息，启动应急措施。企业事业单位应当按照国家有关规定制定突发环境事件应急预案，报环境保护主管部门和有关部门备案。在发生或者可能发生突发环境事件时，企业事业单位应当立即采取措施处理，及时通报可能受到危害的单位和居民，并向环境保护主管部门和有关部门报告。突发环境事件应急处置工作结束后，有关人民政府应当立即组织评估事件造成的环境影响和损失，并及时将评估结果向社会公布。"

《中华人民共和国水污染防治法》第 6 章为"水污染事故处置"，第 76 条规定："各级人民政府及其有关部门，可能发生水污染事故的企业事业单位，应当依照《中华人民共和国突发事件应对法》的规定，做好突发水污染事故的应急准备、应急处置和事后恢复等工作。"第 77 条规定："可能发生水污染事故的企业事业单位，应当制定有关水污染事故的应急方案，做好应急准备，并定期进行演练。"第 78 条规定："企业事业单位发生事故或者其他突发性事件，造成或者可能造成水污染事故的，应当立即启动本单位的应急方案，采取隔离等应急措施，防止水污染物进入水体，并向事故发生地的县级以上地方人民政府或者环境保护主管部门报告。环境保护主管部门接到报告后，应当及时向本级人民政府报告，并抄送有关部门。造成渔业污染事故或者渔业船舶造成水污染事故的，应当向事故发生地的渔业主管部门报告，接受调查处理。其他船舶造成水污染事故的，应当向事故发生地的海事管理机构报告，接受调查处理；给渔业造成损害的，海事管理机构应当通知渔业主管部门参与调查处理。”

《中华人民共和国大气污染防治法》第 94 条规定：“县级以上地方人民政府应当将重污染天气应对纳入突发事件应急管理体系。省、自治区、直辖市、设区的市人民政府以及可能发生重污染天气的县级人民政府，应当制定重污染天气应急预案，向上一级人民政府生态环境主管部门备案，并向社会公布。”第 97 条规定：“发生造成大气污染的突发环境事件，人民政府及其有关部门和相关企业事业单位，应当依照《中华人民共和国突发事件应对法》、《中华人民共和国环境保护法》的规定，做好应急处置工作。生态环境主管部门应当及时对突发环境事件产生的大气污染物进行监测，并向社会公布监测信息。”

《中华人民共和国固体废物污染环境防治法》第 86 条规定：“因发生事故或者其他突发性事件，造成危险废物严重污染环境的单位，应当立即采取有效措施消除或者减轻对环境的污染危害，及时通报可能受到污染危害的单位和居民，并向所在地生态环境主管部门和有关部门报告，接受调查处理。”第 87 条：“在发生或者有证据证明可能发生危险废物严重污染环境、威胁居民生命财产安全时，生态环境主管部门或者其他负有固体废物污染环境防治监督管理职责的部门应当立即向本级人民政府和上一级人民政府有关部门报告，由人民政府采取防止或者减轻危害的有效措施。有关人民政府可以根据需要责令停止导致或者可能导致环境污染事故的作业。”

《中华人民共和国放射性污染防治法》第 3 章第 25 条规定：“核设施营运单位应当按照核设施的规模和性质制定核事故场内应急计划，做好应急准备。出现核事故应急状态时，核设施营运单位必须立即采取有效的应急措施控制事故，并向核设施主管部门和环境保护行政主管部门、卫生行政部门、公安部门以及其他有关部门报告。”第 3 章第 26 条规定：“国家建立健全核事故应急制度。核设施主管部门、环境保护行政主管部门、卫生行政部门、公安部门以及其他有关部门，在本级人民政府的组织领导下，按照各自的职责依法做好核事故应急工作。中国人民解放军和中国人民武装警察部队按照国务院、中央军事委员会的有关规定在核事故应急中实施有效的支援。”

《中华人民共和国海洋环境保护法》第 2 章第 27 条规定：“因发生事故或者其他突发性事件，造成或者可能造成海洋环境污染、生态破坏事件的单位和个人，应当立即采取有效措施解除或者减轻危害，及时向可能受到危害者通报，并向依照本法规定行使海洋环境监督管理权的部门和机构报告，接受调查处理。”第 2 章第 28 条规定：“国家根据防止海洋环境污染的需要，制定国家重大海上污染事件应急预案，建立健全海上溢油污染等应急机制，保障应对工作的必要经费。国家建立重大海上溢油应急处置部际联席会议制度。国务院交通运输主管部门牵头组织编制国家重大海上溢油应急处置预案并组织实施。国务院生态环境主管部门负责制定全国海洋石油勘探开发海上溢油污染事件应急预案并组织实施。国家海事管理机构负责制定全国船舶重大海上溢油污染事件应急预案，报国务院生态环境主管部门、国务院应急管理部门备案。沿海县级以上地方人民政府及其有关部门应当制定有关应急预案，在发生海洋突发环境事件时，及时启动应急预案，采取有效措施，解除或者减轻危害。”

2．行政法规

行政法规通常由条例、办法、实施细则、规定等组成。行政法规的发布需要国务院总理签署国务院令，其效力仅次于宪法和法律，高于部门规章和地方性法规。例如，《危险化学品安全管理条例》规范了危险化学品生产、储存、使用、经营和运输的安全管理，预防和减少危险化学品事故，保障人民群众生命财产安全，保护环境。该条例对危险化学品的环境危害性鉴定、风险程度评估、环境管理登记、重点危险化学品环境释放，以及危险化学品环境污染事故的报告、通报、调查、监测等作了具体规定。《防治船舶污染海洋环境管理条例》根据《中华人民共和国海洋环境保护法》制定，防治船舶及其有关作业活动污染海洋环境，对船舶有关作业活动的污染防治、污染事故应急处置、事故调查处理、损害赔偿等作了具体规定。

3．地方性法规

地方政府根据本地潜在突发环境事件的风险特征，结合本地应急资源情况，制定相应的地方性法规。例如，江苏省根据《中华人民共和国土壤污染防治法》等法律、行政法规，结合本省实际，制定《江苏省土壤污染防治条例》，该条例第 1 章第 9 条规定："建立与长江三角洲及其他相邻区域土壤污染防治联动工作机制，开展土壤污染预防、风险管控和修复、执法、应急处置等领域的合作。" 江苏省根据《中华人民共和国水污染防治法》等法律、行政法规，结合本省实际，制定《江苏省水污染防治条例》，该条例第 7 章为"水环境风险监测预警与水污染事故应急处置"专章，其中第 74 条规定："县级以上地方人民政府应当组织有关主管部门编制水污染事故、饮用水安全突发事件、城乡供水突发事件等相关应急预案，并定期进行演练，加强应急物资储备，做好突发水污染事故、饮用水安全突发事件、城乡供水突发事件等的应急准备、应急处置和事后恢复等工作。"第 75 条规定："县级以上地方人民政府应当组织制定预警方案，建立水环境风险监测预警体系，建设重要水体、重点排污口下游、重点控制断面、地下水环境、污水集中处理设施进出水自动监测监控系统，实现水质自动监测监控预警；在水体受到污染，可能影响公众健康和环境安全时，应当依法及时公布预警信息，启动应急措施，必要时可以依法对排污单位采取限制生产、停产等应急措施。"第 76 条规定："可能发生水污染事故的企业事业单位和其他生产经营者应当按照国家和省有关规定制定本单位的水污染事故应急方案，报生态环境主管部门和有关主管部门备案，做好应急准备，并定期进行演练。化工、医药等生产企业和储存危险化学品的企业事业单位和其他生产经营者，应当按照要求配备事故应急池等水污染应急设施和设备。"第 77 条规定："水污染事故、饮用水安全突发事件、城乡供水突发事件应急处置期间，生态环境、城乡供水主管部门应当组织开展相关资料数据收集工作；应急处置工作结束后，有关地方人民政府应当按照规定及时组织开展突发环境事件环境影响和损失评估工作，并及时向社会公布评估结果。"

《广东省环境保护条例》第 22 条规定：排放污染物的企业事业单位和其他生产经营者是环境安全的责任主体，负有建立健全环境应急和环境风险防范机制，及时消除环境安全隐患的责任。第 27 条规定："污染物集中处理单位应当保障污染物集中处理设施正常运行，并建立事故应急制度。"第 41 条规定："企业事业单位应当定期排查环境安全隐患，开展环境风险评估，依法编制突发环境事件应急预案，报所在地县级以上生态环境主管部门和有关部门备案，并定期进行演练。在发生或者可能发生突发环境事件或者其他危害环境的紧急状况时，企业事业单位应当立即向生态环境主管部门和有关部门报告，及时通报可能受到危害的单位和居民，并启动应急预案，采取应急措施，控制、减轻污染损害，消除污染。”第42条规定：“各级人民政府及其有关部门应当依法加强环境风险控制，做好突发环境事件的应急准备、应急处置和事后恢复等工作，在应急处置过程中采取必要措施，避免或者减少对环境造成损害。”第43条规定：“县级以上人民政府应当根据本地实际建立大气重污染应急预案。”

《上海市环境保护条例》第42条规定：“市和区人民政府应当根据实际情况，组织编制本辖区的突发环境事件的应急预案。根据国家有关规定应当制定突发环境事件应急预案的企业事业单位，应当根据市和区应急预案，在开展突发环境事件风险评估和应急资源调查的基础上，制定本单位突发环境事件应急预案。应急预案应当向市或者区生态环境部门备案。”

（二）行政规章

政策相对于法律具有灵活性以及前瞻性等特点。适用范围广、内容科学、完整且经过反复适用和实践检验的政策往往通过法律规范最后成为法律文件。

目前，我国适用于突发环境事件的政策与行政规章主要包括《“十三五”生态环境保护规划》《突发环境事件应急管理办法》《突发环境事件信息报告办法》《突发环境事件调查处理办法》，相关地方性行政规章如《江苏省“十四五”生态环境保护规划》等。

我国《“十三五”生态环境保护规划》第6章第1节“完善风险防控和应急响应体系”提出：“加强风险评估与源头防控。完善企业突发环境事件风险评估制度，推进突发环境事件风险分类分级管理，严格重大突发环境事件风险企业监管。”

《突发环境事件信息报告办法》对突发环境事件进行了分级，规范了突发环境事件信息报告工作，提高了生态环境主管部门的能力，适用于生态环境主管部门对突发环境事件的信息报告。

《突发环境事件调查处理办法》于2014年12月19日由环境保护部发布，自2015年3月1起施行。该办法规范了各级环境保护主管部门调查处理突发环境事件的程序，对突发环境事件调查程序的适用范围、事件调查组的明示、调查取证、污染损害评估、调查报告以及后续处理等做出了明确规定，适用于对突发环境事件起因、性质、责任的调查处理。

《突发环境事件应急管理办法》于2015年4月16日由环境保护部发布，自2015年6月5日起施行。该办法进一步明确了环境保护部门和企业事业单位在突发环境事件应急管理工作中的职责定位，从风险控制、应急准备、应急处置和事后恢复四个环节构建全过程突发环境事件应急管理体系，规范工作内容，理顺工作机制，并根据突发环境事件应急管理的特点和需求设置了“信息公开”专章，充分发挥舆论宣传和媒体监督的作用，整体推动环境应急管理工作的进一步发展。

此外，一些行政部门为防止突发环境事件的发生，根据需要，对某些特定行业制定规范，发送通知要求。如原国家安全生产监督管理总局发布的《危险化学品安全使用许可证实施办法》《危险化学品经营许可证管理办法》等；原环境保护部发布的《关于进一步加强环境影响评价管理防范环境风险的通知》等；生态环境部、国家发展改革委、公安部、交通运输部、国家卫生健康委员会联合发布的《国家危险废物名录》等。

（三）标准与技术规范

生态环境标准分为国家生态环境标准和地方生态环境标准。国家生态环境标准包括国家生态环境质量标准、国家生态环境风险管控标准、国家污染物排放标准、国家生态环境监测标准、国家生态环境基础标准和国家生态环境管理技术规范。国家生态环境标准在全国范围或者标准指定区域范围执行。地方生态环境标准包括地方生态环境质量标准、地方生态环境风险管控标准、地方污染物排放标准和地方其他生态环境标准。地方生态环境标准在发布该标准的省、自治区、直辖市行政区域范围或者标准指定区域范围执行。有地方生态环境质量标准、地方生态环境风险管控标准和地方污染物排放标准的地区，应当依法优先执行地方标准。

企业事业单位在进行设计、生产运行活动以及有关部门在进行监管、应急处置过程中，必须严格执行相关标准规范。如设计过程中需要遵守《石油化工企业设计防火标准》（GB 50160—2008）（2018 年修订）、《化工建设项目环境保护工程设计标准》（GB 50483—2019）、《工业企业设计卫生标准》（GBZ 1—2010），并根据相关行业污染物排放标准如《大气污染物综合排放标准》（GB 16297—1996）、《污水综合排放标准》（GB 8978—1996）进行“三废”处理系统设计。生产运营企业应按照相关标准如《危险化学品仓库储存通则》（GB 15603—2022）做好管理工作，依据各类污染物排放标准做好污染物排放管理，并按照相关指南如《石油化工企业环境应急预案编制指南》《尾矿库环境应急管理工作指南（试行）》做好应急预案编制工作。生态环境保护主管部门应根据环境监测标准如《固定污染源排气中颗粒物测定与气态污染物采样方法》（GB/T 16157—1996）（2017 年修改）做好日常环境监测；根据《突发环境事件应急监测技术规范》（HJ 589—2021）做好突发环境事件后环境监测工作；并根据《环境空气质量标准》（GB 3095—2018）、《地表水环境质量标准》（GB 3838—2002）等标准界定应急是否可以终止。

与此同时，政府及相关部门相继出台了《企业突发环境事件隐患排查和治理工作指南（试行）》，用于强化企业突发环境事件的隐患排查工作；出台了《企业突发环境事件风险评估指南（试行）》、《企业突发环境事件风险分级方法》（HJ 941—2018）、《行政区域突发环境事件风险评估推荐方法》，旨在推进全国环境风险评估工作的开展；通过出台典型行业企业应急预案编制指南与《企业事业单位突发环境事件应急预案评审工作指南（试行）》，规范应急预案编制和备案管理；通过制定《突发环境事件应急监测技术规范》（HJ 589—2021），指导突发环境事件应急监测；制定《生态环境损害赔偿制度改革方案》《突发环境事件环境影响和损失评估管理办法（征求意见稿）》《突发生态环境事件应急处置阶段直接经济损失评估工作程序规定》等管理办法与技术规范，加强事后调查处理和损害评估、赔偿和修复工作；等等。各类环境应急管理制度、标准与技术规范如表 2-3 所示。

表 2-3 环境应急管理制度、标准与技术规范

类别	管理制度、标准和技术规范	文号或标准号
风险评估与隐患排查	《生态环境健康风险评估技术指南 总纲》(HJ 1111—2020)	生态环境部公告 2020 年第 20 号
	《建设用地土壤污染状况调查、风险评估、风险管控及修复效果评估报告评审指南》	环办土壤〔2019〕63 号
	《化学物质环境风险评估技术方法框架性指南(试行)》	环办固体〔2019〕54 号
	《污染地块地下水修复和风险管控技术导则》	生态环境部公告 2019 年第 24 号
	《污染地块风险管控与土壤修复效果评估技术导则(试行)》	生态环境部公告 2018 年第 78 号
	《企业突发环境事件风险分级方法》(HJ 941—2018)	环境保护部公告 2018 年第 14 号
	《行政区域突发环境事件风险评估推荐方法》	环办应急〔2018〕9 号
	《建设项目环境风险评价技术导则》	生态环境部公告 2018 年第 47 号
	《企业突发环境事件隐患排查和治理工作指南(试行)》	环境保护部公告 2016 年第 74 号
	《二氧化碳捕集、利用与封存环境风险评估技术指南(试行)》	环办科技〔2016〕64 号
	《尾矿库环境风险评估技术导则(试行)》(HJ 740—2015)	环境保护部公告 2015 年第 14 号
	《企业突发环境事件风险评估指南(试行)》	环办〔2014〕34 号
	《环境风险评估技术指南——粗铅冶炼企业环境风险等级划分方法(试行)》	环发〔2013〕39 号
	《环境风险评估技术指南——硫酸企业环境风险等级划分方法(试行)》	环发〔2011〕106 号
	《新化学物质环境管理登记办法》	生态环境部令 2020 年第 12 号
	《环境风险评估技术指南——氯碱企业环境风险等级划分方法》	环发〔2010〕8 号
应急预案	《集中式地表水饮用水水源地突发环境事件应急预案编制指南(试行)》	生态环境部公告 2018 年第 1 号
	《企业事业单位突发环境事件应急预案评审工作指南(试行)》	环办应急〔2018〕8 号
	《关于做好重污染天气应急预案修订工作的函》	环办应急函〔2016〕1260 号
	《尾矿库环境应急预案编制指南》	环办〔2015〕48 号
	《企业事业单位突发环境事件应急预案备案管理办法(试行)》	环发〔2015〕4 号
	《城市大气重污染应急预案编制指南》	环办函〔2013〕504 号
	《石油化工企业环境应急预案编制指南》	环办〔2010〕10 号
	《危险废物经营单位编制应急预案指南》	国家环保总局公告 2007 年第 48 号
应急监测	《重特大突发环境事件空气应急监测工作规程》	环办监测函〔2022〕231 号
	《突发环境事件应急监测技术规范》(HJ 589—2021)	生态环境部公告 2021 年第 69 号
	《生态环境应急监测能力建设指南》	环办监测函〔2020〕597 号
	《重特大突发水环境事件应急监测工作规程》	环办监测函〔2020〕543 号
调查处理	《突发环境事件调查处理办法》	环境保护部令第 32 号
	《生态环境损害赔偿制度改革方案》	中共中央办公厅、国务院办公厅发布,2018 年 1 月 1 日起施行

类别	管理制度、标准和技术规范	文号或标准号
损害评估赔偿	《生态环境损害赔偿管理规定》	环法规〔2022〕31 号
	《生态环境损害鉴定评估技术指南　总纲和关键环节　第 1 部分：总纲》（GB/T 39791.1—2020）；《生态环境损害鉴定评估技术指南　总纲和关键环节　第 2 部分：损害调查》（GB/T 39791.2—2020）；《生态环境损害鉴定评估技术指南　环境要素　第 2 部分：地表水和沉积物》（GB/T 39792.2—2020）；《生态环境损害鉴定评估技术指南　环境要素　第 1 部分：土壤和地下水》（GB/T 39792.1—2020）；《生态环境损害鉴定评估技术指南　基础方法　第 2 部分：水污染虚拟治理成本法》（GB/T 39793.2—2020）；《生态环境损害鉴定评估技术指南　基础方法　第 1 部分：大气污染虚拟治理成本法》（GB/T 39793.1—2020）	生态环境部公告 2020 年第 79 号
	《生态环境损害鉴定评估技术指南　生态系统　第 1 部分：农田生态系统》（GB/T 43871.1—2024）	生态环境部公告 2024 年第 11 号
	《生态环境损害鉴定评估技术指南　总纲和关键环节　第 3 部分：恢复效果评估》（GB/T 39791.3—2024）；《生态环境损害鉴定评估技术指南　总纲和关键环节　第 4 部分：土壤生态环境基线调查与确定》（GB/T 39791.4—2024）	生态环境部公告 2024 年第 5 号
	《突发生态环境事件应急处置阶段直接经济损失核定细则》《突发生态环境事件应急处置阶段直接经济损失评估工作程序规定》	环应急〔2020〕28 号
应急资源调查	《环境应急资源调查指南（试行）》	环办应急〔2019〕17 号
污染修复	《建设用地土壤污染修复目标值制定指南（试行）》	环办土壤函〔2022〕488 号
	《生态保护修复成效评估技术指南（试行）》	生态环境部公告 2022 年第 37 号
	《建设用地土壤污染风险管控和修复名录及修复施工相关信息公开工作指南》	生态环境部公告 2021 年第 71 号
	《工业企业挥发性有机物泄漏检测与修复技术指南》（HJ 1230—2021）	生态环境部公告 2021 年第 75 号
	《建设用地土壤污染状况调查技术导则》（HJ 25.1—2019）；《建设用地土壤污染风险管控和修复监测技术导则》（HJ 25.2—2019）；《建设用地土壤污染风险评估技术导则》（HJ 25.3—2019）；《建设用地土壤修复技术导则》（HJ 25.4—2019）；《建设用地土壤污染风险管控和修复术语》（HJ 682—2019）	生态环境部公告 2019 年第 52 号

（四）预案制度规范

国家层面，如《国家突发公共事件总体应急预案》《国家突发环境事件应急预案》等。省域层面，如《江苏省突发环境事件应急预案》《广东省突发环境事件应急预案》《江苏省突发事件应急预案管理办法》等。企业单位层面，如《企业事业单位突发环境事件应急预案备案管理办法（试行）》等。

五、环境应急管理的法定职责

突发环境事件的预防、处置一般遵循公认的国际法原则，如“预防为主”“协同作用”“谁受益谁补偿、谁破坏谁恢复、谁污染谁治理”，体现了事件相关的责任和义务。我国现行的法律、法规、规章在依据上述原则的基础上，对事件责任方、地方人民政府、生态环境部门以及政府其他部门均赋予了一定的法定职责。事件责任方有预防、采取清除或减轻污染危害措施、接受调查、赔偿等职责；地方人民政府有启动应急预案、控制污染、发布信息等职责；生态环境部门有开展应急监测、通知通报、协助政府做好应急处置等职责；政府其他部门根据各自职能分工开展应急工作。各责任相关方在处置突发环境事件过程中需做到依法依规、服务于大局的基础上，按照自己的法定职责积极应对，做到不缺位、不越位，最大限度地降低事件造成的损失。

（一）事件责任方在突发环境事件中的法定职责

发生突发环境事件，事件责任方（包括单位和个人）作为事件的主体，在突发环境事件预防、预警、应急响应、应急处置与事件的调查处理过程中，负有以下法定职责。

必须立即采取清除或减轻污染危害措施的职责。发生突发环境事件或者其他突发性事件，造成或者可能造成污染的事件责任方，必须立即采取措施处理，清除或减轻污染危害。

向当地生态环境部门和有关部门报告事件发生情况的职责。一旦发生突发环境事件，事件责任方可以通过拨打“12369”向当地生态环境部门报告，也可以通过拨打“110”“119”公共举报电话、网络、传真等形式向有关部门报告。

及时向可能受到污染危害的单位和居民进行通报的职责。当事件造成或者可能造成其他单位和居民受到污染危害时，事件责任方应及时通报并接受调查。

为危险化学品事故应急救援提供技术指导和必要协助的职责。危险化学品生产企业具有为危险化学品事故应急救援提供技术指导和必要协助的职责。

接受有关部门调查处理的职责。根据法律规定，事件责任方不能拒绝和阻挠有关职能部门的调查处理。

赔偿损失的职责。事件造成公有和私有财产损失的，事件责任方应按法律规定给予赔偿。

制定突发环境事件应急预案并向有关部门报告的职责。可能发生突发环境事件的责任方，应按照法律法规制定突发环境事件应急预案并向有关部门报告。

加强防范措施的职责。可能发生突发环境事件的责任方，在日常管理中要加强防范，采取措施尽可能避免突发环境事件的发生。

（二）地方人民政府在突发环境事件中的法定职责

发生突发环境事件，各级人民政府在突发环境事件预防、预警、应急响应、应急处置与事件的调查处理过程中，负有以下法律职责。

采取有关措施减轻污染危害的职责。根据法律法规的规定，发生突发环境事件后，县级以上人民政府应当采取有效措施解除或减轻污染危害，最大限度地保障人民群众的生产与生活安全。

进入预警状态后按事件登记启动相应政府应急预案的职责。

及时向社会发布突发环境事件信息的职责。在突发环境事件危害人体健康和安全的紧急情况下，当地县级以上人民政府应当及时向社会发布预警公告。

制定饮用水等环境应急预案的职责。各级人民政府应根据有关规定制定本级人民政府的应急预案。

向上一级人民政府报告突发环境事件的职责。地方各级人民政府应当及时向毗邻区通报突发环境事件有关情况。当突发环境事件可能波及相邻地区时，事发地人民政府应及时通知相邻县、市、省或国家。

（三）生态环境部门在突发环境事件中的法定职责

根据现行环境保护法律、法规、规章的规定，各级生态环境行政主管部门在突发环境事件预防、预警、应急响应、应急处置与事件的调查处理过程中，负有以下法律职责。

通知相关部门履行法律责任统一监管的职责。发生船舶污染海洋、水域、渔业事件，饮用水水源污染事件，因环境污染引发群体性事件等突发环境事件时，及时通知港务监督、渔政、海事、供水、公安等部门履行法律责任统一监管的职责。

向本级人民政府和上级生态环境部门报告的职责。当发现或得知突发环境事件后，县级以上生态环境部门应按规定向本级人民政府和上级生态环境部门报告。

开展环境应急监测工作的职责。当发现或得知突发环境事件后，生态环境部门应立即组织对污染源和周围水、气等环境的监测工作，为应急决策提供科学依据。

向毗邻地区生态环境部门通报的职责。当突发环境事件可能波及相邻地区时，事发地生态环境部门应及时通知毗邻县、市、省和国家生态环境部门。

接到事发地生态环境部门突发环境事件通报后向人民政府报告的职责。突发环境事件被通报地区的生态环境部门，接到可能波及本行政区域的环境事件通报后，应视情况及时报告本级政府。

适时向社会发布突发环境事件信息的职责。生态环境部门应根据有关法律规定，适时向社会发布突发环境事件信息。

协助政府做好应急处置各项工作的职责。在突发环境事件的应急响应过程中，生态环境部门应协助政府做好应急处置各项工作。

对突发环境事件进行调查处理工作的职责。突发环境事件发生后，生态环境部门应依法对有关情况进行调查处理。

协调处理污染损害赔偿纠纷的职责。当突发环境事件造成污染损害后，生态环境部门应根据当事人的请求，协调处理当事人双方的污染纠纷赔偿事宜。

负责突发环境事件应急预案审核的职责。

（四）政府其他部门在突发环境事件中的法定职责

根据现行法律、法规、规章的规定，政府其他行政主管部门在突发环境事件预防、预警、应急响应、应急处置与事件的调查处理过程中，应承担以下相应责任。

港务监督部门：负有对船舶发生海洋污染事件调查处理的职责。有依照有关法律的规定对环境污染事件监督管理的职责。

渔政渔港监督部门：负有调查处理渔业污染事件的职责。

海事部门：负有调查处理海港区水域内非军事船舶和港区外非渔业、非军事船舶污染事件的职责；负有制订船舶重大海上溢油污染事件应急计划的职责；负有公海海难事件造成中国海域污染损害监督处理的职责。

海洋管理部门：负有制订海洋石油勘探开发重大海上溢油应急计划的职责；负有海上石油勘探开发溢油事件的信息接收、报送和应急救援工作的职责；负有海洋环境监测工作的职责。

交通运输部门：负有船舶污染事件应急救援和调查处理工作的职责；负有对海上船舶、港口污染事件信息报送的职责。

民用航空中交通管制部门：负有接到海上船舶发生海洋环境重大污染损害时，应立即向海洋环境监督管理部门通报的职责。

公安部门：负有环境应急救援的治安维护、交通管制和群众疏散工作的职责。

供水部门：负有当饮用水水质发生重大变化时，应立即报告当地政府采取启动应急预案的职责。

水利部门：负有对水污染防治实施监督管理以及应急参与调查处理入海口陆源污染物损害海洋的职责。

卫生部门：负有对水污染防治实施监督管理、开展应急医疗卫生救援工作以及参与饮用水水源和其他特殊水体保护相关工作的职责。

农业部门：负有采取防治农业和农村水污染措施和在处理突发环境事件过程中调查处理农业污染事件的职责。

国土资源部门：负有对水污染防治实施监督管理的职责。

建设部门：负有对水污染防治实施监督管理以及开展城镇水污染防治工作的职责。

发改部门：负有对严重污染水环境的落后工艺和设备实行淘汰的职责。

安全监督部门：负有对危险化学品的生产、储存、使用、经营、运输实施安全监督管理，制定危险化学品登记具体办法并定期向有关部门提供危险化学品登记的有关信息和资料，以及制定危险化学品事件应急预案的职责。

军队：负有对军事船舶污染事件开展调查处理的职责。

法院：负有受理污染赔偿纠纷诉讼的职责。

第五节 环境应急预案制度

应急预案是及时地、有序地、有效地开展应急处置的重要保障，是开展环境应急管理工作的首要基础，是我国应急管理体系建设的首要工作与首要任务。

一、基本概念

应急预案是指为控制、减轻和消除突发事件引起的严重社会危害，规范各类紧急应对活动预先制定的方案。它是在辨识和评估潜在的重大危险、事件类型、发生的可能性及发生过程、事件后果及影响严重程度的基础上，针对具体设施、场所和环境，对应急机构与其职责、人员、技术、装备、设施（备）、物资、救援行动及其发挥与协调等方面预先做出的科学有效的计划和具体安排，它明确了在突发事件发生之前、过程中及刚刚结束，谁负责什么、何时做，以及相应的策略和资源准备等。

环境应急预案是指企业为了在应对各类事故、自然灾害时，采取紧急措施，避免或最大限度地减少污染物或其他有毒有害物质进入厂界外大气、水体、土壤等环境介质而预先制定的工作方案。

环境应急预案制度主要是针对可能发生的突发环境事件，在环境风险分析和评估的基础上，预先制定方案和计划，以确定性应对不确定性，化应急管理为常规管理。

二、制度由来

2003 年 12 月，国务院办公厅应急预案工作小组成立，标志着我国应急预案体系建设工作的开始。

2006 年 1 月，《国家突发公共事件总体应急预案》发布，标志着我国突发环境事件预案制度的正式开始。

2007 年 8 月《中华人民共和国突发事件应对法》颁布，2024 年 6 月修订，规定国家建立健全突发事件应急预案体系。国务院制定国家突发事件总体应急预案，组织制定国家突发事件专项应急预案，国务院有关部门根据各自的职责和国务院相关应急预案制定国家突发事件部门应急预案。地方各级人民政府和县级以上地方各级人民政府有关部门根据有关法律、法规、规章、上级人民政府及其有关部门的应急预案以及本地区的实际情况，制定相应的突发事件应急预案。

2009 年，辽宁省公布了全国第一部专门应对突发事件的省级地方性法规——《辽宁省突发事件应对条例》；2010 年，广东省出台《广东省突发事件应对条例》，河南实行环境监测预警响应制度，对于环境质量、重点污染源、辐射环境质量实行预警响应，实行属地管理和省市县联动互动原则。

2010 年 9 月，环境保护部印发《突发环境事件应急预案管理暂行办法》，针对预案制定的主体、内容、评估、实施与监测以及备案等内容作了细化的规定，增强了我国突发环境事件预案制度的科学性、实效性和可操作性。

2013 年，国务院办公厅发布《突发事件应急预案管理办法》，这是应急预案管理工作的重要指导文件。该办法明确了“应急预案管理遵循统一规划、分类指导、分级负责、动态管理的原则”，同时对各层级应急预案侧重内容做出了详细规定，国家层面专项和部门应急预案应重点规范国家层面应对行动，体现政策性和指导性；省级专项和部门应急预案应重点规范省级层面应对行动，体现指导性；市县级应急预案应体现应急处置的主体职能，乡镇街道应急预案则体现先期处置特点。该办法于 2024 年修订，2024 年 1 月 31 日起施行。

2014 年，《国家突发环境事件应急预案》出台，对预案编制内容、突发环境事件分级标准及国家环境应急指挥部组成及工作组职责予以明确。

2015 年 4 月，环境保护部印发《突发环境事件应急管理办法》，对各级环境保护主管部门和企业事业单位组织开展突发环境事件风险控制、应急准备、应急处置、事后恢复等工作做出了规定。

2015 年 1 月，环境保护部印发《企业事业单位突发环境事件应急预案备案管理办法（试行）》。该办法是一份规范地方环境保护主管部门对企业事业单位突发环境事件应急预案实施备案管理的规范性文件，对企业环境应急预案备案管理的适用范围、基本原则和备案的准备、实施、监督等做出了明确规定。

鉴于我国应急管理体制的系统性、整体性重构，2024 年 1 月，国务院办公厅颁布新的《突发事件应急预案管理办法》，在厘清了新体制下应急管理等相关部门应急预案管理职责的同时，重点针对应急预案规划、编制、审批、发布、备案、演练、评估、修订等方面工作做了优化调整，完善了顶层设计，创新了我国应急预案的管理制度，进一步提高了我国应急预案管理的制度化、规范化、程序化水平，推动了我国新时代应急管理事业的继续发展。

三、预案分类

目前，应急预案的分类并无固定标准，一般有以下几种分类方式。

（一）按照制定主体分类

依据《突发事件应急预案管理办法》，应急预案按照制定主体划分，分为政府及其部门应急预案、单位和基层组织应急预案两类。

政府及其部门应急预案由各级人民政府及其部门制定，包括总体应急预案、专项应急预案、部门应急预案、单位和基层组织应急预案。

总体应急预案是应急预案体系的总纲，是政府组织应对突发事件的总体制度安排，由县级以上各级人民政府制定；该预案主要规定突发事件应对的基本原则、组织体系、运行机制，以及应急保障的总体安排等，明确相关各方的职责和任务。

专项应急预案是政府为应对某一类型或某几种类型突发事件，或者针对重要目标物保护、重大活动保障、应急资源保障等重要专项工作而预先制定的涉及多个部门职责的工作方案，由有关部门牵头制定，报本级人民政府批准后印发实施。

部门应急预案是政府有关部门根据总体应急预案、专项应急预案和部门职责，为应对本部门（行业、领域）突发事件，或者针对重要目标物保护、重大活动保障、应急资源保障等涉及部门工作而预先制定的工作方案，由各级政府有关部门制定。

单位和基层组织应急预案由机关、企业、事业单位、社会团体和居委会、村委会等法人和基层组织制定，侧重明确应急响应责任人、风险隐患监测、信息报告、预警响应、应急处置、人员疏散撤离组织和路线、可调用或可请求援助的应急资源情况及如何实施等，体现自救互救、信息报告和先期处置的特点。企业可根据相关标准规范和实际工作需要，参照国际惯例，建立本企业应急预案体系。

（二）按照事件发生类型分类

按照事件发生类型，应急预案可分为自然灾害、事故灾难、公共卫生事件和社会安全事件四类预案。其中，自然灾害主要包括水旱灾害、气象灾害、地震灾害等；事故灾害主要包括工矿商贸企业的各类安全事故、交通运输事故、火灾事故、危险化学品泄漏、公共设施和设备事故、核辐射事故、环境污染与破坏事件等；公共卫生事件主要包括发生传染病疫情、群体性不明原因疾病、食品安全和职业危害以及其他严重影响公共健康和生命安全的事件；社会安全事件主要包括各类恐怖袭击事件。

环境污染事件中，按照突发环境事件的种类划分，涉及突发环境事件的应急预案有重点流域敏感水域水环境应急预案、城市大气重污染应急预案、农业环境污染突发事件应急预案等，涉及生物物种安全环境事件的应急预案有农业转基因生物安全突发事件应急预案、重大外来林业有害生物应急预案等，涉及辐射环境事件的应急预案有核与辐射应急预案、处置化学恐怖袭击事件应急预案、处置核与辐射恐怖袭击事件应急预案、危险化学品废弃化学品应急预案等。

（三）按照预案对象和级别分类

根据事故应急预案的对象和级别，应急预案可分为应急行动指南或检查表、应急响应预案、互助应急预案、应急管理预案四种类型。

应急行动指南或检查表：针对已辨识的危险采取特定的应急行动。简要描述应急行动必须遵从的基本程序，如发生情况向谁报告，报告什么信息，采取哪些应急措施。这种应急预案主要起提示作用，对相关人员要进行培训，有时将这种预案作为其他类型应急预案的补充。

应急响应预案：针对现场每项措施和场所可能发生的事故情况编制的应急响应预案，如化学品泄漏事故的应急响应预案等。应急响应预案要包括所有的危险状况，明确有关人员在紧急状况下的职责。这类预案仅说明处理紧急事务所必需的行动，不包括事前要求（如培训、演习等）和事后措施。

互助应急预案：为相邻企业在事故应急处理中共享资源、相互帮助制定的应急预案。这类预案适合资源有限的中、小企业以及高风险的大企业，这些企业需要高效的协调管理。

应急管理预案：是综合性事故应急预案，这类预案应详细描述事故前、事故中和事故后何人做何事、什么时候做、如何做。这类预案要明确完成每一项职责的具体实施程序。

（四）按照预案适用范围和功能分类

按照应急预案适用范围和功能，应急预案可划分为综合预案、专项预案、现场预案以及单项预案。

1. 综合预案

综合预案也是总体预案，是预案体系的顶层设计，从总体上阐述城市的应急方针、政策、应急组织结构及相应的职责，应急行动的总体思路等。通过综合预案可以很清晰地了解城市的应急体系基本框架及预案的文件体系，可以作为本部门应急管理工作的基础。

2. 专项预案

专项预案是针对某种具体、特定类型的紧急事件。如突发环境事件应急预案的专项预案包括重污染天气应急预案、危险废物应急预案、饮用水水源地突发环境事件应急预案等。专项预案是在综合预案的基础上充分考虑了某特定危险的特点，对应急的形式、组织结构、应急活动等进行更具体的阐述，具有较强的针对性。

3. 现场预案

现场预案是在专项预案的基础上，根据具体情况需要而编制，针对特定场所，通常是风险较大场所或重要防护区域等所制定的预案。例如，在危险化学品事故专项预案下编制的某重大风险源的场内应急预案等。现场预案具有更强的针对性，对指导现场具体救援活动的操作性更强。

4. 单项预案

单项预案是针对大型公众聚集活动（如经济、文化、体育、民俗、娱乐、集会等活动和高风险的建设施工活动）而制定的临时性应急行动方案，如井下气体中毒应急预案等。

四、预案体系

应急预案是开展应急救援行动的计划和实施指南。依据应急预案中透明和标准化的反应程序，应急救援活动得以按照预先周密的计划和最有效的实施步骤有条不紊地进行。这些计划和步骤是快速响应和应急救援的基本保证。

（一）国家层面

前文所述各类型突发环境事件应急预案构成我国国家层面突发环境事件应急预案体系，其预案体系关系如图 2-5 所示。

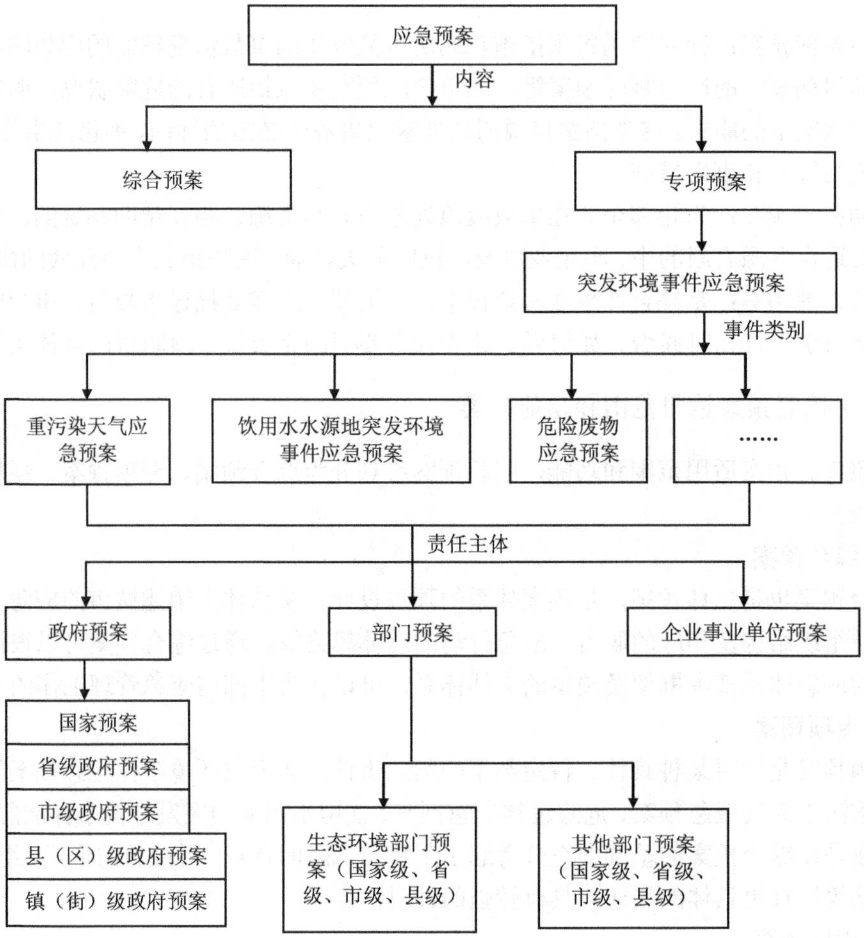

图 2-5 国家层面环境应急预案体系

（二）企业层面

企业层面应急预案体系主要包括综合预案、专项预案、现场处置预案。企业层面应急预案应针对本企业各级、各类可能发生的事故和所有风险源制定现场应急处置方案，并明确事前、事发、事中、事后各个过程中相关部门和有关人员的职责。

企业环境应急预案一般应以现场处置预案为主，有针对性地提出各类事件情景下的污染防控措施，明确责任人员、工作流程、具体措施，落实到应急处置卡上。确需分类编制的，综合预案侧重明确应对原则、组织机构与职责、基本程序与要求，说明预案体系构成；专项预案侧重针对某一类事件，明确应急程序和处置措施。

环境应急预案定位于控制并减轻、消除污染，与企业内部生产安全事故预案等其他预案清晰界定、相互支持。

企业突发环境事件一般会对外环境造成污染，其预案应与所在地政府环境应急预案协调一致、相互配合。

企业应与周边相关联动企业签订应急救援互助协议，协议明确以下要求：①生产装置设备发生风险事故，事故方及时告知另一方。②确定生产事故双方联络人及衔接机构或部门负责人联系方式。③双方应急器材共享，任一方发生风险事故可调用另一方的应急器材应急。事故结束后，根据应急器材使用情况给予补偿，以此实现企业间的应急联动。

据此，企业层面环境应急预案体系如图 2-6 所示。

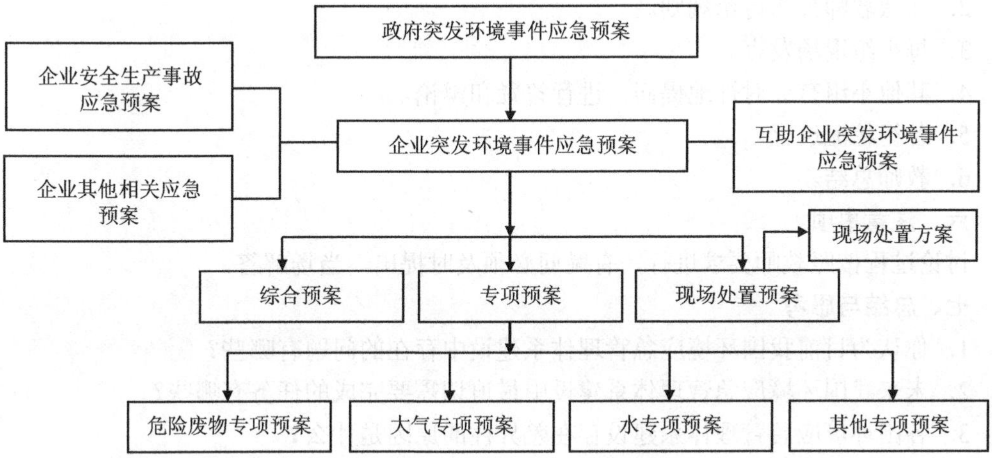

图 2-6　企业层面环境应急预案体系

复习思考题

一、简述“一案三制”应急管理体系的主要内容。

二、简述我国环境应急管理体系构成。

三、简述我国环境应急管理机制构成。

四、简述我国环境应急管理法制的内容、体系及其功能。

五、简述我国环境应急预案制度体系构成。

六、简述我国环境应急管理体系建设的发展趋势。

技能实训——我国环境应急管理体系发展趋势分析讨论

一、实训目标

1. 要求学生结合本章所学知识，对未来我国环境应急管理体系构成及其发展趋势提出自己的观点。

2. 提高学生分析解决问题的能力。

二、任务描述

根据本章所学环境应急管理体系构成的各方面内容，对比分析各国环境应急管理体系构成的异同点，提出自己对我国环境应急管理体系构成内容、目的及意义的认识和看法，并进行辩论。

三、任务准备

1. 将学生分组，布置讨论任务，提前进行讨论准备。

2. 准备多媒体教室，各组提前准备好发言资料。

四、知识要点

1. 我国环境应急管理体系总体构成。

2. 我国环境应急管理体系建设的发展趋势。

五、实训过程

1. 在多媒体教室集中，按照先前的任务准备与分组情况，要求学生准备发言。

2. 任课教师公布讨论规则。

3. 每小组现场发言。

4. 其他小组有针对性地提问，进行答疑和辩论。

5. 各组轮流进行。

6. 教师总结。

六、注意事项

讨论过程按照教师要求进行，有疑问必须及时提出，当场解答。

七、总结与思考

1. 你认为目前我国环境应急管理体系建设中存在的问题有哪些？

2. 未来我国环境应急管理体系建设中最迫切需要完成的任务有哪些？

3. 各国环境应急管理体系建设存在差异性的原因是什么？

第三章 环境应急管理基本理论

应急管理基本理论主要研究应对突发事件的预防、准备、响应和恢复等全方位、全过程的管理。综合应急管理是一种整合性的管理方法，涵盖了全灾种（all hazards）、全过程（al phases）、全主体（all stakeholders）、全部影响（all impacts）和全部资源（all resources）五个方面，旨在通过整合各类资源，提高应对突发事件的效率和效果。本章将从危机生命周期理论、风险管理理论、应急评价理论、公共安全三角形理论等视角审视环境应急管理工作。

第一节 危机生命周期理论

美国著名管理学学者斯蒂文·芬克（Steven Fink）于 1986 年在《危机管理：对付危机的计划》（*Crisis Management*：*A Plan to Deal with Emergencies*）中对突发事件的周期问题进行了系统研究，将生命周期理论应用于危机管理中，为后续基于突发事件生命周期开展研究打下了基础。

危机的发展演化可以被划分为几个阶段，每个阶段表现出不同的特征，有着不同的演化路径，对应提出不同的要求。在对危机进行划分时，很多学者提出了自己的观点。这些划分的阶段虽然表现出一定的差异性，但整体上囊括了危机从发生到发展，最后到消亡的完整的生命周期。

一、三阶段划分法

（一）阿金（Arjen）的三阶段划分

荷兰知名危机管理学者阿金·伯恩（Arjen Boin）认为，危机管理应分为准备、应对危机，以及恢复正常三个阶段。准备指的是组织或社会如何为应对未知情况而进行的工作，以及危机管理者如何获得资源与支持的阶段。应对危机主要是危机管理者如何在具有不确定性、时间压力以及极端威胁的情况下，做出正确的决策，并确保快速、有效实施决策的过程。恢复正常阶段，危机管理者的主要工作是如何使受到危机事件影响的系统快速复原，并对危机事件进行评估，吸取经验教训，以防以后再次发生类似事件。

（二）米特洛夫（Mitroff）等的三阶段划分

美国学者伊恩·米特洛夫（Ian I. Mitroff）等认为，危机事件应该被划分为事前、事中、事后三个阶段。这也是迄今为止，在危机应对的理论及实践分析中最为常用的阶段划分方法。事前阶段也就是预先行动阶段，在这一阶段，危机管理的主要任务是审查，即核查组织相对于危机的优缺点及脆弱性，发展应对危机的技能。事中阶段也就是反应阶段，在这一阶段，危机管理者或组织要通过各种努力来降低因危机带来的损失，并考虑如何恢复。这一阶段的救援行动目的是尽可能减少危机对人们生命和财产造成的损失。事后阶段也可以称为预先反应阶段，即对下一次危机的预先反应。在这一阶段，上一次危机已经结束，要对该事件进行评估，总结经验，吸取教训，为下次危机发生做好准备，提高危机应对能力。

二、四阶段划分法

米特洛夫等将危机管理划分为四个阶段，这四个阶段构成一个完整的生命周期，形成闭环流程（图 3-1）。

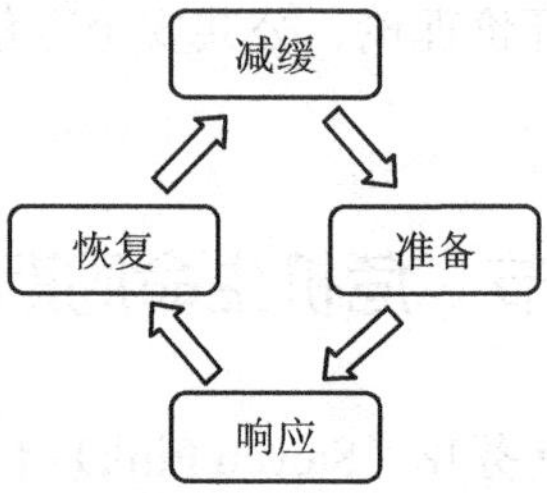

图 3-1 四阶段危机管理生命周期示意图

（一）减缓

减缓的意思是减少影响人类生命、财产的自然或人为致灾因子，减小公共危机发生的可能性或公共危机发生以后所带来的危害或影响。

在减缓阶段，危机管理的主要任务是制定法规，开展公众教育，及时发布信息，纳税奖惩，推行保险，进行土地使用管理等。

（二）准备

准备是指发展应对各种公共危机的能力，提高备灾水平。这一阶段的核心是制定周密、详尽、具体的应急预案，确定具有可操作性的程序，建立应急救援队伍，筹备充足的应急资源，发展应急保障系统。

（三）响应

响应是指采取行动以挽救生命，减少损失。这个阶段的主要活动是确保受公共危机影响区域的安全，对处在受公共危机影响地区的人员进行疏散，对公共危机现场进行搜索和救援，对伤者提供应急医疗救助，为被疏散者及其他社会公众提供应急避难场所等。

（四）恢复

恢复可以是短期行为，也可以是指较长时间内的行为，既可以是按照最低运行标准将重要生活支持系统复原的短期行为，也可以是推动社会生活恢复常态的长期行为。短期行为的恢复主要是恢复灾区的基础设施，如供水、电力、电信、燃料等，以及恢复交通运输系统。长期行为的恢复是要使灾区人民生活水平整体上回到原来，甚至超过原来的水平。

第二节　风险管理理论

众所周知，风险是自古以来一直都有的，“人在家中坐，祸从天上来”的情况未来也不可能完全避免，且还会越来越多。自风险社会在20世纪80年代成为人类生活生存面临的一种状态以来，不管我们做什么，所面临的对象几乎附带有一定程度的风险。也就是说，风险已成为人类社会的常态，而不是偶发的状态。这就决定了我们的一切决策和行为必须考虑到风险这一要素。

国家在很多与风险和应急相关的文件里不断提及“关口前移”这一说法，就是希望尽量避免出现必须应急的状况，希望在风险排查分析评估时就把风险的可能性扼杀在萌芽状态，至多到了预警状态就可立刻调集资源将趋势阻遏，将风险因素控制，使其不至于达到不可挽回损失阶段。

一、认知风险

对于风险的全面认知和针对应急的评估分析是进行风险防控的重要内容。认知风险可以从以下几个角度进行：首先要对带来风险的源头进行认知与分析；其次是不断加强承灾体的健壮性，减少其脆弱性；最后是提升个人和组织、区域的应急能力。

（一）风险概念的演变过程

1. 远古时期的风险概念

远古时期的渔民每次出海前都要祈求神灵，保佑自己能够平安归来。其中主要的祈祷内容就是让神灵保佑自己在出海时能够风平浪静、满载而归。他们在长期的捕捞实践中，深深地体会到“风”给他们带来的无法确定的危险，“风”对于渔民而言意味着“险”，因此便有了“风险”一词。西方的风险一词也可能源于航海，所涉及的具体风险体现为自然现象或者航海遇到礁石、风暴等事件。

2. 现代的风险概念

到了现代，“风险”成为使用非常宽泛的词语，它的含义已变成遇到破坏或损失的机会或危险，这大大超越了“遇到危险”的狭义内涵。“风险”一词经过多年的演进被越发概念化，并被赋予了从哲学、经济学、社会学、统计学到文化艺术领域的更广泛、更深层次的含义，且与人类的决策和行为后果紧密相连，同时成为人们生活中的高频词汇。

3. 风险与不确定性

美国学者艾伦·威利特指出了风险的客观性和本质上的不确定性，认为风险是主体不愿发生的事件发生的不确定性的客观体现。富兰克·奈特则指出风险是可用概率测定的不确定性。他们都强调不确定性，结合到引发的损失，我们可以认识到风险有两个核心要素：不确定性及相关后果。

（二）风险的特点

1. 客观性

风险往往是客观存在的，有些完全不以人的意志为转移，整体上是不可消除的。尤其是自然灾害（如地震、海啸、暴风等）发生的风险更是我们难以准确预料的，也是无力阻止的。风雨雷电总会发生，即便现在有了天气预报技术，甚至人工也可以影响天气，但是只是部分能够做到，总体上来说这些灾害会不定期发生。哪怕是社会领域的风险，我们也常说“防人之心不可无”，意思就是因为利益纠葛，很可能给利益相关人带来风险。

2. 普遍性

风险的普遍性是指风险存在于人类社会的方方面面，随时随地都可能发生风险，绝无零风险的存在。在马路上有遇到车祸的风险，开车在高速上有相撞的风险，在工作中有被老板炒鱿鱼的风险，吃鱼这么简单的事情也有被鱼刺卡住的风险。所有人都要进行日常生活和工作，风险也就普遍存在于每个人的周围。

3. 必然性

人类的生产生活对大自然造成的伤害必然会导致自然灾害的产生，如雾霾天气的频繁出现，正是人类排放了诸多废气所带来的必然性后果。传染病疫情尽管不一定每年都发生，但是人总是有改造自然的欲望，一旦这样的改造行为打扰了自然界，就有可能遭到自然界的反噬。

4. 可识别性

“雷霆过后必有暴雨”，很多现象之间都是相生的。风险也一样，风险的诸多性质决定了其出现往往会伴随一些先兆现象，使其具有一定的可识别性。风险识别意味着管理者能够运用各种技术和方法在风险事故发生之前对潜在的及已经存在的各种风险进行系统归类，进而总结出生产所面临的风险，并分析风险事故发生的潜在原因。

人类的能力是无穷无尽的，认知风险也会与时俱进，今天我们已经能够运用人工智能、大数据、云计算来进行更大规模的模拟或计算，只要我们能够观测并跟踪现实中存在的各种风险的相关要素，就有希望通过技术手段发现其端倪，并发出预警。

5. 可控性

随着现代技术的发展，人们不再仅仅依靠自身的经验对风险进行控制，更多的是依赖科学技术进行风险管理。严格来讲，风险的可控性存在不同程度，根据风险事件的性质不同，可控性也可能存在巨大的差别。

6. 损失性

任何风险都可能会带来损失，区别只在于损失的大小差异。依据事件类型的不同，风险可能会带来经济、人员生命和健康上的损失，也可能会造成环境破坏和社会动荡等更大范围的损失。比如，地震的损失可以是受灾生命的消失，建筑物的倒塌，其他人类创造出的财富的消失，河流改道、山川移位带来的既有生活方式的变化成本，等等。

7. 不确定性

这是风险最大的特征。风险随时随地在变化着，发生的地点、时间、概率、损失的大小和范围等都是无法事先确定的。总体上看，有些风险是必然要发生的，但何时、何地发生是不确定的。

8. 社会性

风险对社会制度、经济发展、技术进步、人的观念等都会产生影响。

9. 发展性

风险的种类和表现会随着时代的发展相应发生、发展和消亡。某些传统风险可能会随着时间的推移而消失。与此同时，随着人类社会的进步，新的风险也会随之出现。

二、管理风险的方法

简单地说，风险由风险因素、承灾体和损失三部分组成。三者中，风险因素作用于承灾体，从而引发事件，最终造成损失。

（一）风险矩阵法

对风险的分析可以从不同角度出发，目前比较简单也比较容易被人理解，且应用最广泛的风险分析方法就是风险矩阵法。

1. 基本思路

该方法的基本思路是将风险的两个维度即发生概率和后果分别列为横轴、纵轴，然后每一维度上按照高低进行细分，最简单的划分将形成四个区域（复杂的则可以形成任意 $M \times N$ 个部分），这样就可以画出风险矩阵的最简化形式（图 3-2）。

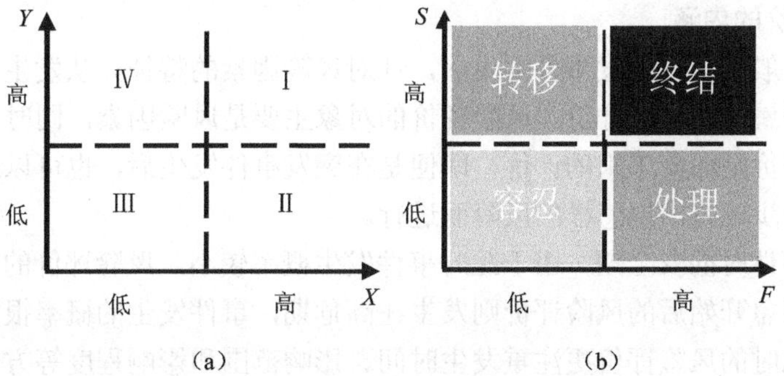

图 3-2　2×2 矩阵与 4T 矩阵

2. 主要内容

如图 3-2 所示，（a）是一般形式，（b）矩阵的四区域含义分别是终结（terminate）、转移（transfer）、容忍（tolerate）、处理（treatment）。

具体来看，终结代表发生概率和后果严重性双高的风险类型，提醒人们要立刻处理。转移则代表了那些发生概率不高但是后果严重的风险，如化工厂爆炸、核泄漏事故这一类风险。处理一般代表的是发生概率虽高但是发生后问题不大的风险类型，可以积极处置。而容忍涵盖的是发生概率低且后果不严重的风险。因为这四个词在英文中都可以用以 t 开头的字母表示，所以又称为 4T 矩阵。

在实际的风险分析中，仅仅将二维属性纳入往往不能立体、全面地刻画风险本身，我们可以再引入风险的其他属性，将维度扩充成三维。我们可以先在二维风险矩阵的基础上增加时间维度，升格为“概率—烈度—时间”三维风险分析方法，随后又可将“时间—空间—能量”“强度—密度—韧性”“状态—能力—绩效”综合应急评价方法纳入综合风险分析中。这样，不同需求的用户就可以选用不同的方法对自身面临的特定风险进行分析评价。

类似的思路还有信息论中的“约哈里窗口理论”。根据这一理论，风险信息可以按照公众和政府是否知道信息分成四个区域，如表 3-1 所示。其中盲区和不可预知区是风险管理需要重点监测的区域。

表 3-1 “约哈里窗口理论”的风险类型及应对

公众	政府	
	知道	不知道
知道	Ⅰ开放区	Ⅱ盲区
不知道	Ⅲ隐藏区	Ⅳ不可预知区

（二）风险评价法

风险管理要比应急管理的范畴大一些。狭义地理解，应急水平是指事件发生后应对、救援、恢复的能力，而风险水平既指事前的认知风险能力，又有风险孕育成长期的感知控制水平，再到最后的损失评价和灾后重建的水平。

1. 风险评价的内涵

风险评价一般是指在突发事件发生前，针对风险因素的特征，从发生事件的可能性与破坏的严重性等属性进行的评价。风险评价的对象主要是风险因素，同时会考虑所处的环境因素。风险评价是面向未来的评价，即便是在突发事件发生后，也可以进行风险评价，但主要是对下一步还将出现怎样的风险而进行。

在未发生事件时的安全期，由于此时事件发生概率较小，风险评价的重点在发生可能性的估判，而应急开始后的风险评价则发生在高危期，事件发生的概率很大，或者说几乎是必然发生，此时的风险评价更注重发生时间、影响范围和影响程度等方面，评价目的是在突发事件进一步发展前采取预防措施，延缓事件发生的时间和烈度，或者增强承灾体的抗破坏能力。

一般地说，承灾体是指直接受到灾害影响和损害的对象，我们更关注人类社会主体。后者主要包括人类本身（灾民），前者则可以是社会发展的各个方面，如工业、农业、能源、建筑业、交通、通信、教育、文化、娱乐、各种减灾工程设施及生产、生活服务设施（受灾领域），以及人们积累起来的各类财富等。另外，区域也可以作为承灾体出现，称为灾区。

2. 风险评价的内容

关于风险评价的对象和内容都很丰富，其中主要包括对风险自身的评价、承灾体的脆弱性评价和风险应对能力评价。

对风险自身的评价，可以根据历史数据进行，也可以直接使用技术设备测量风险的烈度，比如地震评价中的里氏级别衡量的就是地壳晃动的剧烈程度。

脆弱性也可以称为“易损性”或“敏感性”，用于衡量承灾体容易遭受灾害破坏的程度。承灾体脆弱性是指灾害一旦发生时承灾体可能造成的损失。它反映了区域对于灾害损失的敏感程度。脆弱性评价就是对承灾体承受突发事件破坏影响能力的评价，也称为易损性评价。脆弱性评价的对象是承灾体，应急管理中脆弱性评价的目的是查找薄弱环节，通过临时措施增强承灾体对事件影响的承受能力，评价的内容主要是系统可靠性和可持续时间等。而安全管理中的脆弱性评价主要是从系统设计的角度研究脆弱性，目的是增强系统的可靠性。

风险的评估分为定性和定量两个视角，如风险矩阵就是一种典型的可定性也可定量的方法。如果将两个维度分成可行性和必要性，我们就可以得到两维四象限的风险策略。

将可行性和必要性以高、低的两种组合进行划分，就能够得到这一定性分析模型。其中Ⅰ区的风险类型是那些可行性和必要性都比较低的，因此采取暂时接受的策略（accept）；Ⅱ区的风险管控可行性比较低但必要性很高，需要采取寻求新思路、新方法，引进新资源的策略（acquire）；Ⅲ区的风险管控可行性比较高但必要性较低，在各类资源充足的情况下视情况适当开展选择性管控（apply）；Ⅳ区的风险管控可行性和必要性都很高，应尽快依托现有的资源、技术、人员立即采取措施进行风险控制（action）。

以上的风险管控策略简称“4A”策略。当然，这里的高低也可以用数值来表达，比如最高为5，最低为1，中间为3。需要注意，这里的量并不十分准确，基本停留在示意上而已。

3．风险多维度评价的指标与模型

可以将风险分为常态风险与非常态风险。前者主要是指在特定的时域和空间范围内存在，其整体状态相对稳定、危害程度相对较低的一类风险，如一般灾害和较大灾害、一般事故和较大事故、一般隐患、危险源、常规作业等；后者主要是指在不确定的时域与空间范围内，整体的状态极其不稳定、危害程度巨大的一类风险，如重大灾害和特大灾害、重大事故和特大事故、重大隐患、重大危险源、高危作业等。

常态风险与非常态风险在时间、空间、状态等方面存在显著的差异。因此，我们可从时间、空间、状态上将风险分成三类。

（1）时间维度：常态风险具有相对稳定可观测的变化周期性。常态风险的周期度更加均匀，同时其风险波动度相对更加平稳；而非常态风险发生频率低，且在发生间隔上没有固定可测的循环时长，因此难以进行预判，同时其风险水平的波动非常不平稳，与常态风险的一般水平差距较大。

（2）空间维度：常态风险在地理位置分布上相对稳定，对于风险影响范围内的受体规模、分布状态等不具有显著的影响或极为严重的后果。而非常态风险存在大规模伤亡、经济损失与环境破坏的可能性，这些与风险影响范围内的受体规模、分布状态等具有密切的关联。

（3）状态维度：常态风险涉及的主体、受体、介质等在数量规模上相对较小，且风险影响的逻辑关系相对简单，这就意味着风险相关的因素及其影响分析所需信息量较少。此外，常态风险的影响作用与程度较小，因此其风险的可控性较高，同时其受体具有较高的承受性与容忍性。

结合时间、空间、状态三个特征以及常态和非常态两种情况，可以从九个特质对风险进行划分，这样就会得到风险的九个维度：时间类的周期度、波动度，空间类的暴露度、集中度，以及状态类的确定度、饱和度、承受度、减缓度、容忍度（图 3-3）。

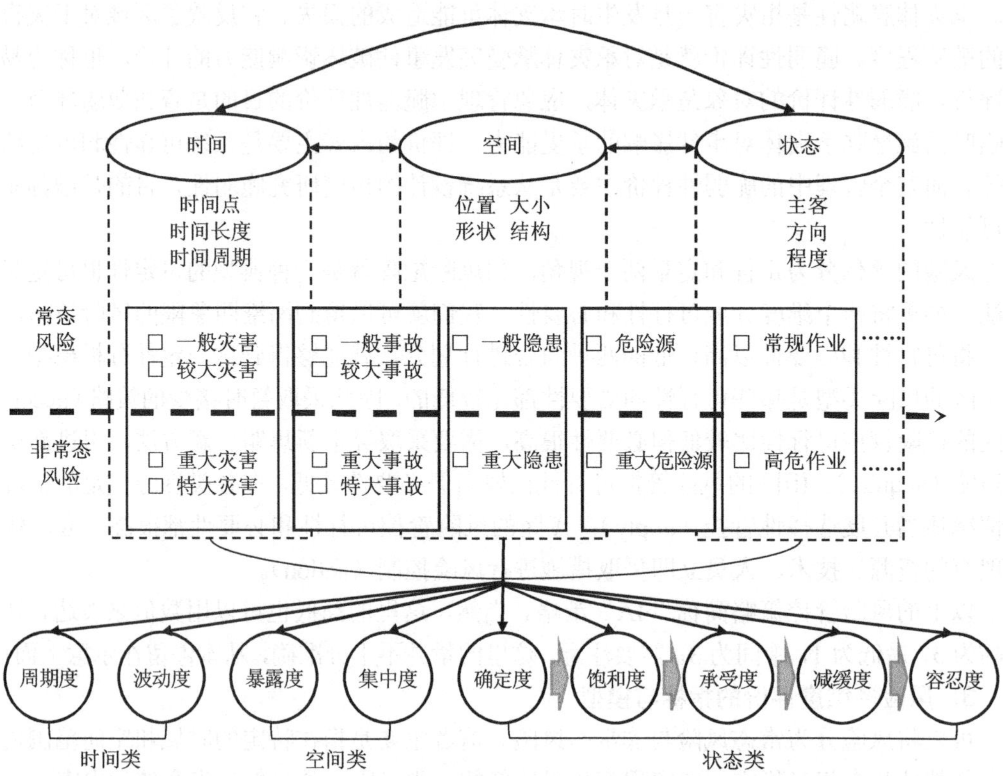

图 3-3 风险的多维度分析原理与风险九个维度特征

我们还可以将能量度、敏感度增加进去，就称为十一维度风险分析模型，这样就更加全面和系统（表 3-2）。十一维度风险分析模型可以是定性，也可以赋值后变成定量的评价模型。

表 3-2 十一维度风险分析模型及定性判断标准

	高（5）	中（3）	低（1）
周期度	风险致灾因子在被评估地区（单位）以周期形式出现，有 3 个以上周期的数值记录，如降水量等	风险致灾因子在被评估地区（单位）以周期形式出现，有 1～3 个周期的数值记录	风险致灾因子在被评估地区（单位）未以周期形式出现，如触电事故等
波动度	风险水平差异在时间维度上明显，在观测周期内某些时间达到峰值，某些事件不存在，偏差达到 60%以上，如雷电	风险水平差异在时间维度上存在但不明显，在观测周期内某些时间高，某些时间低，偏差在 30%～60%，如游客拥挤踩踏	风险水平差异在时间维度上存在但很低，在观测周期内体现不明显
暴露度	被评估地区（单位）内所有受体价值的 60%以上暴露在风险的影响范围内，如暴雨灾害下的各类受体基本会受影响	被评估地区（单位）内所有受体价值的 30%～60%暴露在风险的影响范围内	被评估地区（单位）内所有受体价值的 30%以下暴露在风险的影响范围内

	高（5）	中（3）	低（1）
集中度	被评估地区（单位）按照行政区划、功能定位等进行分区后，各分区风险水平相差明显	被评估地区（单位）按照行政区划、功能定位等进行分区后，各分区风险水平相差一般，如泥石流对各区域都会产生影响，根据地势会有差异	被评估地区（单位）按照行政区划、功能定位等进行分区后，各分区内风险水平基本无差异，如地震灾害
能量度	风险致灾因子的能量具有巨大的破坏性，影响范围占被评估地区（单位）面积 60%以上且对影响区域内的大多数受体能产生毁灭性破坏，如地震灾害	风险致灾因子的能量产生的破坏性一般，影响范围占被评估地区（单位）面积的 30%～60%且对影响区域内的大多数受体能产生可恢复的损坏，如强降雨	风险致灾因子的能量产生的破坏性微小，影响范围占被评估地区（单位）面积的 30%以下或对受体长时间作用才会产生影响
确定度	风险出现的时间、地点、潜在后果等各项信息基本明确或可监测	风险出现的时间、地点、潜在后果等各项信息可根据相关信息进行推测	风险出现的时间、地点潜在后果等各项信息基本是随机的
敏感度	受体对风险致灾因子非常敏感，一旦暴露在该风险下可产生直接损坏	致灾因子对受体有影响，但破坏性一般或需较长时间接触	致灾因子对受体几乎没有影响
饱和度	已发生过的该类风险引发的事故造成的损失达 5 000 万元以上，或死亡人数达 10 人以上，或重伤人数达 50 人以上	已发生过的该类风险引发的事故造成的损失达 1 000 万～5 000 万元，或死亡人数在 3～10 人，或重伤人数在 10～50 人	已发生过的该类风险引发的事故造成的损失在 1 000 万元以下，死亡人数在 3 人以下，重伤人数在 10 人以下
承受度	心理上、经济上、政治上等各方面承受能力很强，不会对被评估地区（单位）产生显著影响，或可快速恢复或消除影响	心理上、经济上、政治上等各方面承受能力一般，可对被评估地区（单位）产生可观测的影响，可协调资源进行一定程度的恢复或消除影响	心理上、经济上、政治上等各方面承受能力一般，可对被评估地区（单位）产生可观测的影响，可协调资源进行一定程度的恢复或消除影响
减缓度	采取控制措施可对风险致因或受体产生显著性影响，使风险水平得到极大的降低	采取控制措施可对风险致因或受体产生可观测的影响，使风险水平得到一定程度的降低	几乎无法通过控制措施对风险致因或受体产生影响，现有技术水平或资源无法降低风险
容忍度	可接受风险水平的实际值和预期值出现较大偏差	可接受风险水平的实际值和预期值出现一般偏差	几乎不能接受风险水平的实际值和预期值出现偏差

第三节　应急评价理论

一、应急评价的全生命周期构成

一个突发事件的全生命周期可以分为事前、事中和事后三个阶段，相应的评价则分别为事前评价、事中评价和事后评价，如图 3-4 所示。

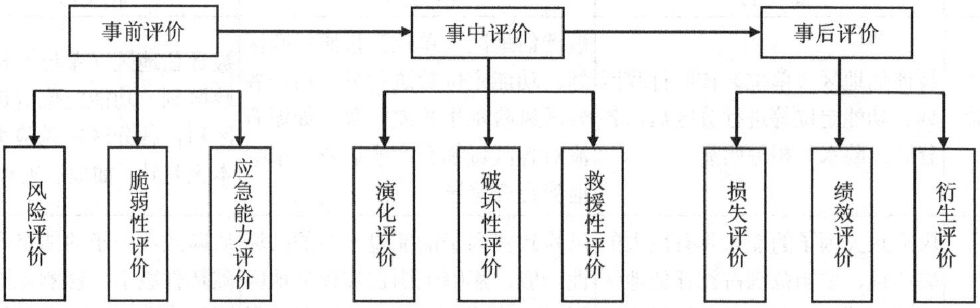

图 3-4 以全生命周期为属性进行的评价

三个阶段评价的目的各不相同，事前评价是以预防为主，根据对风险程度、脆弱性和应急能力的评价，提前采取措施。事中评价以救援为目的，一切工作都围绕救援展开，对事件演化趋势、承灾体受破坏程度和救援措施的有效性进行评价，为救援服务。事后评价更多的是为了奖惩和补偿，对损失、绩效和衍生风险进行评价。

二、应急评价的内容

风险评价、脆弱性评价的相关内容如前文，此处不再赘述。此外，应急评价的其他具体内容如下。

（一）应急能力评价

应急能力是指行为主体处理突发事件的能力，包括突发事件控制、人员搜救及安置等应急处置能力。应急能力的大小直接决定着应急工作的成败，应急能力的建设非短期能完成，因而应急能力建设属于安全期的任务，而应急能力建设的成果和效果往往体现在应用期。应急能力的发挥作用则在应急期。应急情景具有不可预测性，需求的不确定性给应急能力建设带来了很大困难。

应急能力评价主要指对系统处置突发事件能力的评估。对现有应急能力的评价属于安全期应急能力建设中的评价，对应急能力适应性的评价则是在应急期应急调度中的评价，两者评价的重点不同，安全期应急能力评价是能力水平静态的综合评价，其针对性不强，针对一般事件的评价，而应急期应急能力评价是能力相对需求的对比评价，其针对性很强，需求也非常明确。

（二）演化评价

突发事件发生后有一个发展、演变和终结的过程，为了做好应急管理，必须对突发事件的发展变化具有预见性，也就是对可能的变化做出预判。演化评价就是对突发事件发展趋势和演变规律的评判，包括其影响范围和强度、次生灾害的风险、应急行为对事件的影响等方面的评价。演化评价要根据不同事件发展规律由专业人员做出判断，一般很难做出一个精确的定量评价，常采取专家会商方式给出一个基本的判断。

（三）破坏性评价

破坏性主要指突发事件对承灾体的影响范围和严重程度。事中的破坏性评价主要是指在应急处置开始前或进行中，突发事件对承灾体破坏的影响范围和严重性评估。破坏性评价的目的是判断承灾体的状态和确定救援资源的投放方向，由于救援过程时间紧迫并且存在很大的不确定性，很难对破坏性做一个精确的评价，因而破坏性评价是一个大尺度的快速评价。

（四）救援性评价

救援性评价主要是指针对是否可救援以及救援的先后顺序进行的评价和判断，其是基于演化评价和破坏性评价做出的判断。救援性评价主要考虑评价对象是否具有救援成功的可能、有没有施救的必要以及现有能力能否成功实施救援。救援性评价的目的是为救援工作确定方向，让有限的资源发挥最大作用。

（五）损失评价

损失评价主要考虑突发事件对承灾体的直接破坏和影响造成的价值减少，评价内容包括损失的数量、系统残余功能、恢复工作难度等。损失评价的目的如下：一是对突发事件带来的损失给予补偿和补助，补偿主要是针对应急管理工作带来的损失，如征用资源等，补助则是针对突发事件本身带来的损失。补偿有明确的责任主体，而补助没有责任主体，是出于社会福利和慈善的意愿。二是恢复和重建，确定哪些可利用，哪些经过简单修复可利用，哪些需要遗弃重建。

（六）绩效评价

绩效评价是指对应急管理工作效果的评价，应急管理工作主要由政府部门负责，因而应急绩效评价的重点在于政府部门。对政府进行应急管理绩效评估的目的如下：一是改善政府的应急管理能力，减少突发事件造成的人员伤害和财产损失；二是奖优罚劣，提高公务人员参与应急管理工作的积极性。

应急绩效评价与一般绩效评价存在明显的区别，政府应急管理追求对突发事件的快速反应，从而尽可能地减少人员伤害和财产损失，因而应急绩效评价与一般绩效评价不同。同时，应急情景复杂，不同工作的环境差异较大，不同个体工作绩效可比性不强，给应急绩效评价带来了很大困难。

（七）衍生评价

衍生评价主要是针对应急管理结束后，事件后续演变风险的评价。可以说，衍生评价就是事后的风险评价，也可以看作演化评价的延伸。衍生评价与事中的演化评价不尽相同，事中的演化评价时间跨度较短，而且紧急性较强。但是，衍生事件可能要等到应急管理结束以后相当长一段时间才会发生，如地震的余震，因而衍生评价的时间跨度较长，紧急性有所降低。衍生评价与安全期的风险评价也不尽相同，安全期风险的动因是内生的，衍生风险的动因是外生的，其针对性更强。

三、事中评价的重点

在事中评价中，可以从必要性、可能性、其他三个角度进行考虑，如图 3-5 所示。

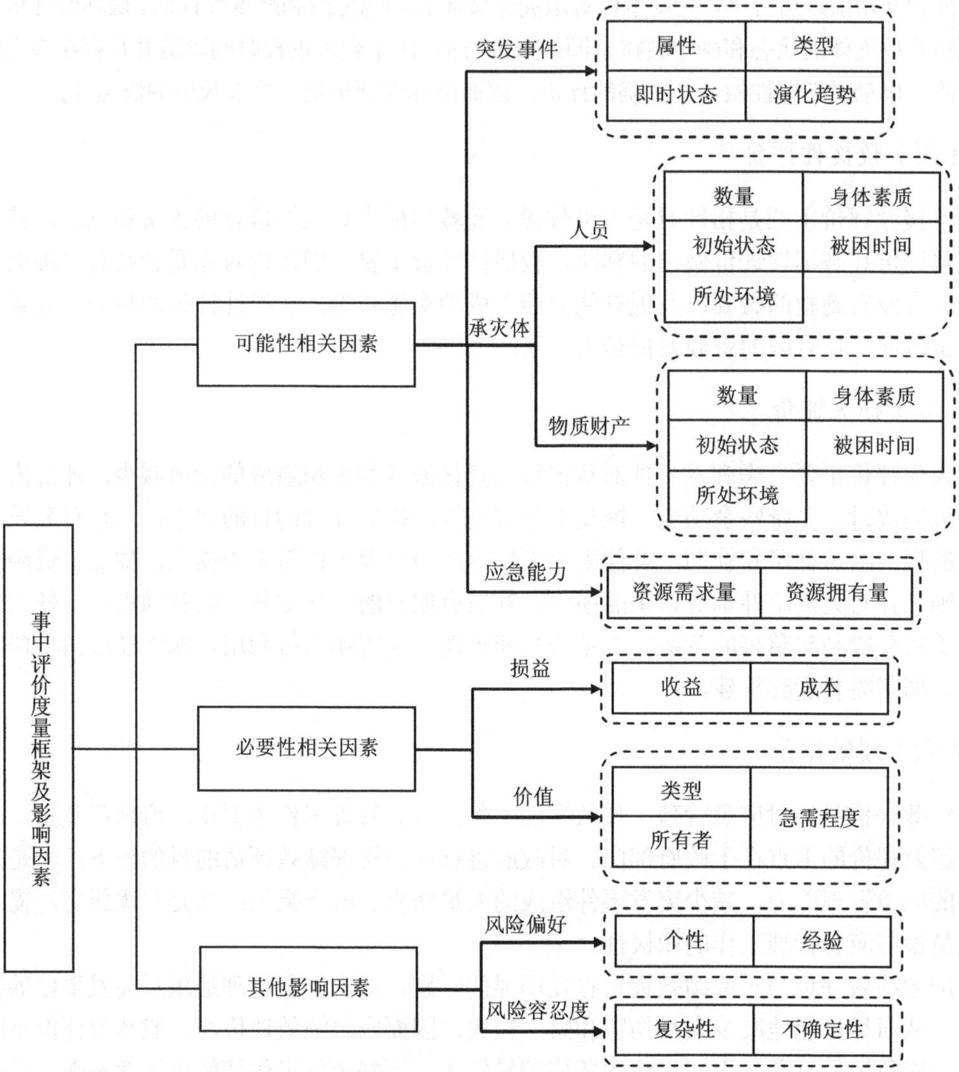

图 3-5　评价度量框架及其影响因素

应急管理过程中的主要措施包括减缓突发事件的发展演化速度、抢救被困的人员和物质财产、恢复受损客体等，可能性度量的目的就是测度这些应急响应措施成功实施的概率和效果。应急措施的选择主要受突发事件、承灾体和应急能力三个方面的影响。应急管理要进行，是因为突发事件对承灾体产生了损害，如果突发事件发生在偏远地区，没有影响人员、财产、环境等，则没必要进行应急响应和救援。快速准确地识别灾害状态和受灾体的特征，对救援行动的制定与成功实施有重要影响。受损客体的主要影响因素包括类型（是人员还是物资财产）、数量、受损程度（受损强度和受损持续时间）、所处环境。资源主要是指应急救援主体的应急能力，包括救援资源、人员设备等。

必要性度量包括损益度量和价值度量。损益度量就是从客观的经济角度出发，比较救援收益与救援成本的大小。救援收益在很大程度上等同于采取应急措施可以避免或挽回的显式损失量。救援成本主要是指为救援行动而耗费的人、财、物等资源的代价。价值度量主要受客体属性和类型的影响。例如，灾难中任何物质财产的价值远远比不上被困人员的生命价值。因此，在同等条件下，被困人员比物质财产具有更加显著的救援必要性。而对于在同一灾难中受损的物质财产来说，紧急物资的救援必要性必然高于普通财产，而公共财产也往往比私有财产更具有救援必要性。

可能性和必要性度量为应急管理者提供了直观的决策依据，但是很多时候，决策者的风险偏好和风险容忍度也影响最后的决策。风险偏好受个人的性格、风险认知和经验等因素的影响，对风险的容忍程度则主要受评估复杂性和不确定性所带来的结果可靠性的影响。

综上所述，事中评价只有综合考虑突发事件的特征、救援客体的状况、救援物资的成本、决策者的个人偏好等多个因素，才能更加准确有效地进行。

第四节　公共安全三角形理论

一般来说，突发事件及其对应中存在三条主线，即灾害事故本身、突发事件作用的对象以及采取的应对措施。这三条主线对应的专业用语分别是突发事件、承灾体以及应急管理应用。这三者构成了一个三角形的闭环，也成为公共安全三角形理论的基础。

一、公共安全三角形理论模型

公共安全问题需要研究突发事件的孕育、发生、发展到突变的演化规律及其产生的能量、物质和信息等风险作用的类型、强度及时空特性，以及承灾体的抵御能力，阻断次生事件的发生，减少损失，避免应急不当可能造成的突发事件的再生及承灾体的伤害，以及付出过大代价。

（一）公共安全三角形理论模型构成

突发事件、承灾体、应急管理应用三个因素分别为三角形的三条边，而构成灾害的三个要素——物质、能量、信息则嵌在安全三角形之内，如图 3-6 所示。

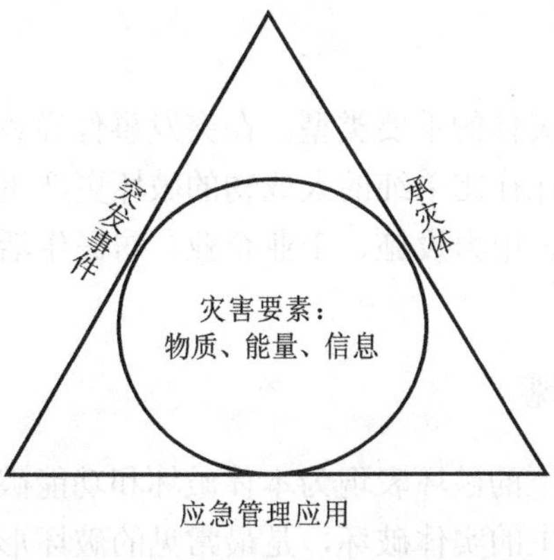

图 3-6　公共安全三角形理论模型

（二）公共安全三角形理论的关键因素

物质、能量、信息是公共安全三角形理论的关键因素。这三个因素合起来称为灾害要素。灾害要素指的是可能导致突发事件发生的因素。这是因为，从本质上看，突发因素都可以解释为物质、能量和信息之间的作用或者耦合作用。灾害要素导致突发事件发生通常通过两种方式，第一是灾害要素本身超临界，第二是灾害要素被以非常规形式触发。这两种方式既可以单独存在，也可以并存。一般来说，无毒无害的物质形式的灾害要素导致突发事件的主要形式是灾害要素本身超临界，如洪水灾害。有毒害性的物质形式的灾害要素导致突发事件的常见方式是被以非常规形式触发，如危险化学品泄漏。

二、承灾体

（一）承灾体的概念

承灾体是突发事件的作用对象，是人类社会与自然环境和谐发展的功能载体，是突发事件应急的保护对象。承灾体一般包括人、物、系统（人与物及其功能共同组成的社会经济运行系统）三部分。

1. 人

以人为本是公共安全最核心的理念。对于人作为承灾体的突发事件，如果按照作用范围分类，可以分为个体伤害和群体伤害；如果按照伤害来源分类，则可以分为物理伤害、核生化伤害、心理伤害等。

2. 物

物既包括自然事件中的各类物体，如山川河流，也包括人类创造的文明世界，如电力机车、火箭、宇宙飞船等。但是，将人类周围所有的物都当作潜在的承灾体来进行研究是不现实的，所以在公共安全学研究领域，通常更关注物作为承灾体的两个特点。

第一个特点是以损害二类的生命或财产安全为前提。除了在短时间内直接威胁人类生命财产安全的事故之外，如天气变化，臭氧层空洞等虽然短期内不会直接对人类造成危害，但是对我们会造成间接伤害或者有着长期影响，这类承灾体也是人类应该予以重视的。

第二个特点是伤害和损失需要具有一定的规模。就不同的系统而言，针对承灾体的研究也需要系统化和具体化。

3. 社会经济运行系统

社会经济运行系统是承灾体的重要类型。在突发事件导致的承灾体破坏中，对社会经济系统的破坏所造成的后果往往比单纯的人或物的破坏更严重，恢复的难度也更大。交通运输、电煤供应、农业林业、电力设施、工业企业、居民生活等领域在各种突发事件中都已遭到一系列的破坏。

（二）承灾体的破坏表现

承灾体在突发事件作用下的破坏表现为本体破坏和功能破坏两种形式。本体破坏是指承灾体在突发事件作用下发生的实体破坏，是最常见的破坏形式，如地震导致建筑物的倒塌和桥梁公路的断裂等。

功能破坏是指突发事件的作用导致承灾体原本具有的各种功能无法履行。如很多自然灾害发生后会造成道路交通功能遭到破坏。一般来说，降低承灾体的脆弱性，增强其鲁棒性是提高承灾能力和抗灾能力的方式。

三、应急管理应用

（一）应急管理的概念

应急管理是可以预防或减少突发事件及其后果的各种人为干预手段。采用公共安全三角形理论模型的应急管理，既可以针对突发事件实施，也可以针对承灾体实施。针对突发事件的应急管理旨在减小突发事件的发生可能性或降低突发事件作用的时空强度，而针对承灾体实施的应急管理旨在增强承灾体的抗御能力。

1．应急管理应用的目的

第一，认识在突发事件的孕育、发生、发展到突变成灾的过程中灾害要素的发展演化规律及其产生的作用。第二，认识承灾体在突发事件产生的物质、能量、信息等作用下的状态及其变化，可能产生的本体和功能破坏及其可能发生的次生、衍生灾害。第三，掌握在上述过程中如何施加人为干预，从而预防或减少突发事件的发生，弱化其作用，第四，增强承灾体的抵御能力，阻断次生事件的发生，减少损失。

2．应急管理应用的环节

预防准备是指通过分析识别灾害要素的早期形态、特征与规模，采用恰当的技术手段防止灾害要素被触发或达到其临界值，从而防止突发事件的发生。

监测监控一方面是对灾害要素的临界值和可能的触发要素进行监测监控，另一方面是对突发事件作用的类型、强度、时空特性进行监测监控。

预测预警是基于对灾害要素引发突发事件的机理和规律的认识。在这一环节中，可以结合相关监测信息，对事件发生的大致时间、地点、影响范围、程度、可能的发展趋势等进行预测预警。

救援处置是基于对突发事件机理和规律的认识，采取恰当的手段组织或减缓突发事件的作用，阻断或减少事件的次生和衍生灾害。

恢复重建是指采用技术手段对突发事件的发生发展过程进行再现，进一步了解事件规律，提高应对能力。

（二）应急管理应用研究的意义

对于模型之于应急管理应用的研究，主要是为了掌握对突发事件和承灾体施加人为干预的适当方式、力度、时机，从而最大限度地阻止或控制突发事件的发生、发展，减弱突发事件的作用，减少对承灾体的破坏。

复习思考题

一、危机生命周期理论对于解释突发事件及突发事件应对有着怎样的意义？

二、应急评价包括哪些内容？

三、风险多维度评价包括哪些内容？

四、公共安全三角形理论的主要内容包括哪些？

技能实训——应急管理基本理论对突发环境事件应急管理的综合支撑探讨

一、实训目标

1. 掌握应急管理的基本理论和方法，了解突发环境事件的特点和应对策略。

2. 培养学生的应急处理能力和团队协作精神，提高学生的实践操作能力。

3. 通过实际操作，让学生能够将理论知识应用到实际中，提高学生的综合素质。

二、任务描述

本次实训任务是模拟一次突发环境事件，要求学生根据应急管理的基本理论和方法进行应急处理。在处理过程中，要注重团队协作，充分发挥每个人的优势，同时，要注重环保意识，尽量减少对环境的破坏。

三、任务准备

1. 教师需要提前准备好实训材料，包括突发环境事件的模拟情景、应急处理流程等。

2. 学生需要提前学习应急管理的基本理论和方法，了解突发环境事件的特点和应对策略。

四、知识要点

1. 应急管理的基本理论：包括应急管理的定义、目标、原则、过程等。

2. 突发环境事件的特点：包括突发性、危害性、复杂性等。

3. 突发环境事件的应对策略：包括预防、准备、响应、恢复等。

五、实训过程

1. 教师首先介绍应急管理的基本理论和方法，然后模拟一次突发环境事件。

2. 学生根据模拟情景，进行应急处理。在处理过程中，要注重团队协作，充分发挥每个人的优势。

3. 教师对学生的处理结果进行评价，指出优点和不足，提出改进建议。

六、注意事项

1. 学生在实训过程中要严格遵守安全规定，防止发生安全事故。

2. 学生在处理突发环境事件时要注重环保意识，尽量减少对环境的破坏。

七、总结与思考

通过本次实训，学生不仅掌握了应急管理的基本理论和方法，提高了应急处理能力，也培养了团队协作精神。同时，通过实际操作，学生将理论知识应用到实际中，提高了综合素质。在未来的学习和工作中，学生应继续深入学习应急管理的知识，不断提高自己。

第四章 突发环境事件应急预案编制

第一节　突发环境事件应急预案编制概述

一、编制背景

随着机构改革工作的全面推进，环境应急管理体制和相关部门承担的应急职责发生变化。在国家层面，2005 年 5 月我国首次发布了《国家突发环境事件应急预案》。2014 年经国务院批准，由国务院办公厅发布新版《国家突发环境事件应急预案》。预案分为总则、组织指挥体系、监测预警和信息报告、应急响应、后期工作、应急保障、附则 7 章以及《突发环境事件分级标准》《国家环境应急指挥部组成及工作组职责》2 个附件。自 2014 年开始，各省、自治区、直辖市人民政府均参考新版预案修订了相应预案。《2020 年环境应急工作管理要点》提出“各省级生态环境部门也要积极谋划‘十四五’环境应急预案体系建设，指导各地级市在开展行政区域环境风险评估基础上，结合机构改革职能调整，及时修订政府环境应急预案，并通过演练进行检验”。截至 2020 年 1 月，全国省、市、县三级环境应急预案编制率分别达 100%、99%和 80%，基本实现了环境应急预案全覆盖。按照每 3 年修订一次的规定，各地市已启动新一轮的应急预案全覆盖。在省级层面，江苏省于 2024 年发布了《江苏省突发环境事件应急预案管理办法》，明确指出：“政府环境应急预案主要包括市、县（区）、乡镇（街道）环境应急专项预案，部门环境应急预案主要包括省生态环境主管部门、市生态环境主管部门及其派出机构环境应急预案。”“设区市生态环境主管部门及其派出机构应组织编制本级行政区域的部门环境应急预案。”广东省生态环境厅连续 3 年在年度工作要点中提及政府应急预案修订工作。2020 年年底前组织完成本级政府及部门、辖区化工园区、市级集中式饮用水水源地等环境应急及监测预案的修订和备案工作，并通过演练进行检验。2021 年年底前各地级以上市级县（区）完成本级政府预案、部门预案、应急监测预案、市级集中式饮用水水源地预案、化工园区预案修订和备案工作；各地分局完成县级集中式饮用水水源地环境应急预案制定和备案工作。2022 年年底鼓励乡镇（街道）政府、工业园区、工业聚集区开展环境应急预案（应急行动方案）制定和备案工作；各级生态环境部门按照分级管理原则做好督促指导工作，并通过演练检验预案的科学性和可操作性。

企业层面的应急预案主要用于规范企业内部各个机构与员工在面对突发环境事件时

应采取的处置措施，最大限度地减少各种风险事故的发生及事件可能造成的环境污染。《突发环境事件应急管理办法》第13条规定："企业事业单位应当按照国务院环境保护主管部门的规定，在开展突发环境事件风险评估和应急资源调查的基础上制定突发环境事件应急预案，并按照分类分级管理的原则，报县级以上环境保护主管部门备案。"

企业是编制环境应急预案的责任主体，企业法定代表人或实际控制人是预案编制工作的责任人。企业应根据应对突发环境事件的需要，主动开展企业环境应急预案的编制、评审、备案和实施工作，并对环境应急预案内容的真实性和可操作性负责。

以下主要从企业角度入手，介绍企业环境应急预案编制全过程。

二、编写的目的与意义

为规范突发环境事件应急预案的管理，完善环境应急预案体系，增强应急预案的科学性、时效性和可操作性，根据《中华人民共和国突发事件应对法》《国家突发公共事件总体应急预案》《国家突发环境事件应急预案》及相关环境保护法律、法规，环境保护部于2010年制定了《突发环境事件应急预案管理暂行办法》，并于2015年颁布了《企业事业单位突发环境事件应急预案备案管理办法（试行）》。相关规定指出：向环境排放污染物的企业事业单位，生产、贮存、经营、使用、运输危险物品的企业事业单位，产生、收集、贮存、运输、利用、处置危险废物的企业事业单位，以及其他可能发生突发环境事件的企业事业单位，应当编制环境应急预案。

企业突发环境事件应急预案编制的指导思想是及时、有效地控制和消除各类突发环境事件危害，将突发环境事件的危害和损失降至最低程度。企业有责任和义务编制突发环境事件应急预案，并严格按照预案的规定去执行，从而达到保护企业周边人员、环境不受到伤害，保护社会利益的目的。

企业编制突发环境事件应急预案，是国家应急法律法规在企业的具体落实，是企业赖以生存和发展的重要因素之一，是企业管理机制的重要载体。

经过10多年的发展，我国已经形成"横向到边、纵向到底"的应急预案体系。站在新的历史起点上，未来我国企业应急预案体系一定会在体系规划、预案编制、流程管理、演练优化、数字应用等方面有进一步重点改进和完善。

三、编写的必要性

我国经济社会正处于高质量发展时期，企业在社会经济发展中扮演着十分重要的角色，随着企业产业链条的延伸和经营业务的拓展，企业日常经营活动更加复杂，这就给企业的健康发展带来了巨大的安全隐患，其中环境事件的影响巨大，不仅会造成巨大的经济损失，而且会给环境造成破坏，其产生的负面影响会持续很长一段时间。因此，企业必须采取有效措施提升应对突发环境事件的能力水平，进而将环境事件的影响降到最低，这就需要企业对日常经营活动中存在的潜在环境风险源进行分析统计，并且制定有针对性的预防措施和方案。同时企业必须严格遵守国家制定的编制企业突发环境事件应急预案的方针和政策，编制企业自身应对突发环境事件的应急预案。企业通过编制突发环境事件应急预案，一方面能够总结突发环境事件的经验教训，找出企业潜在的环境风险源，并且制定有针对性的预防措施与方案，进而有效地避免环境事件的发生；另一方面保证环境事件发生后企业具备较高的应急能力，能够在第一时间采取有效措施防止环境事件进一步蔓延，有效控制环境事件所造成的污染和危害，进而保障人民的生命财产安全，保证企业的长久发展。企业在编制突发环境事件应急预案时必须保证预案具备针对性、可操作性和经济性。

四、应编制突发环境事件应急预案的企业

生态环境主管部门对以下企业进行“环境应急预案”备案的指导和管理。

1）可能发生突发环境事件的污染物排放企业，包括污水、生活垃圾集中处理设施的运营企业。

2）生产、储存、运输、使用危险化学品的企业。

3）产生、收集、贮存、运输、利用、处置危险废物的企业。

4）尾矿库企业，包括湿式堆存工业废渣库、电厂灰渣库企业。

5）其他应当纳入适用范围的企业。

重点是生产、储存、运输、使用环境风险物质的企业（核与辐射环境应急预案需另行编制）。

五、应急预案编制体系

一个完整的应急预案包括应急预案的签署发布文件、应急预案编制或修订情况说明、风险评估报告、应急资源调查报告、综合应急预案、专项应急预案（不必需）、现场处置预案。

1. 风险评估报告

根据不同环境风险事故的类型及特点，严格依照《企业突发环境事件风险分级方法》（HJ 941—2018）、《企业突发环境事件风险评估指南（试行）》的规定，分别确定涉水和涉气环境风险级别，以等级高者确定企业突发环境事件风险等级。参考同类企业突发事件产生的直接后果及次生、衍生后果，结合区域环境状况评估各种后果造成的环境危害和影响范围，得出环境风险防控和应急措施。风险评估报告的内容主要包括环境风险识别、突发事件及后果分析、现有环境风险防控与应急措施分析（管理制度、防控应急措施、应急资源、历史经验、问题和差距）、完善环境风险防控与应急措施的实施计划、划定企业环境风险等级。

2. 应急资源调查报告

应急资源调查包括本单位应急救援队伍、安全消防和环保需配备的应急设施及装备、周边可依托的互助单位、政府配套的公共应急资源及队伍等方面调查，对照风险评估报告找出存在的问题和差距，提出需要补充和完善的应急资源，为制定应急预案提供人、物、力的支撑。

3. 综合应急预案

综合应急预案主要是从突发环境事件的整体上制定应急方针和政策，并且制定有针对性的应急组织结构，明确各部门职责分工。这种应急预案的编写主要适用于企业存在多种类型的环境风险。为建立健全突发环境事件应急机制，提高企业应对涉及公共危机的突发环境事件应急反应能力和救援水平，将事件对人员、财产和环境造成的损失降至最低程度，

最大限度地保障企业员工和周边人民群众的生命和财产安全，应制定综合性工作方案。作为突发环境事故的总体工作程序，综合应急预案是所有分级程序、措施和应急预案体系的总纲。

4．专项应急预案

专项应急预案主要是企业根据自身业务经营的实际情况针对不同类型的环境事故制定相应的应急措施，如危险化学品泄漏事故、废水超标排放事故、空气污染事故等。专项应急预案是综合应急预案的重要组成部分，也是企业应对各种突发环境事件最直接具体的应对方案。结合企业实际的工艺结构和产生事故的风险源类型组成，对于应用综合应急预案不能精准应对的某一种类的环境风险，应该根据识别出的重大危险源和可能发生的突发事故风险类型，在综合风险预案的基础上编制适用性强的专项应急预案（如大规模渣场、危险废物贮存和处置、有毒气体等）。

5．现场处置预案

现场处置预案主要是在环境事故发生后，企业根据环境事故的类型制定有针对性的应急方案。在日常经营过程中，企业在生产装置、场所或设施、危险性较大的重点岗位等方面出现环境事故，都需要采用现场处置的方案。现场处置方案具有针对性强、可操作性强等特点，企业工作人员在面对突发环境事件时能够及时采取有针对性的现场处置方案，快速反应，尽可能降低环境事故造成的损失。对危险性较大的重点岗位，在综合应急预案及专项应急预案的基础上，编制重点工作岗位的现场处置预案。

企业环境应急预案的重点是现场处置预案，侧重明确现场处置时的工作任务和程序，体现自救互救、信息报告和先期处置的特点。针对是否编制综合应急预案、专项预案及这些类别的组合方式，《企业事业单位突发环境事件应急预案备案管理办法（试行）》提出了指导性而非强制性的要求，企业可以根据自身实际自主选择。

建设单位环境应急预案是针对建设项目投入生产或者使用后可能面临的突发环境事件而制定的预案，不是建设施工期间的预案。试生产期间环境应急预案，是指试生产前编制的包含了针对试生产期间可能面临的突发环境事件的环境应急预案。由于试生产前可能存在环境风险评估、预案编制等难以到位的客观现实，《企业事业单位突发环境事件应急预案备案管理办法（试行）》规定建设项目试生产期间的环境应急预案“参照”本办法制定和备案；而建设项目试生产与正式生产有所差别，建设单位需要根据实际情况，在试生产期间对环境应急预案进行修订，形成适用于正式生产的环境应急预案。

六、应急预案编写过程

应急预案的编写一般包括准备阶段、风险评估与应急资源调查、应急预案编制、评审备案、预案演练等。

1．准备阶段

主要包括成立编制小组，由企业建设部门、技术部门、安全环保部门组成环境风险应急预案编制组，明确编制组长、各成员分工、工作职责、编制计划，并进行预案编制的专项经费预算。制定编制方案，收集企业资料及资料审核、现场调研等基本情况。此部分内容需要了解风险单元及风险物质、生产工艺、安全管理情况、污染排放及处理情况、现有风险防控与应急措施等信息，填写环境风险信息调查表和应急资源调查表等。

2. 风险评估与应急资源调查

根据收集到的资料和现场调研情况，编制风险评估内容，开展风险单元及风险物质识别、生产安全管理制度解析、风险防控与应急措施落实情况分析、环境管理制度建设、可能发生的环境事故及后果分析等工作，结合《企业突发环境事件风险分析方法》（HJ 941—2018）要求，进行涉水、涉气风险等级判定，同时需要分析可能发生的突发环境事件及其影响程度。通过系统排查风险源、涉及环境风险的物质、生产工艺和设施装置情况，识别出企业的风险源项，充分调查企业周边环境风险受体，根据事故发生后风险物质的演化规律、释放环境风险物质的扩散途径、风险对环境的影响程度，模拟突发事故情景，判断环境危害因素，全面分析环境风险事故类型和可能产生的后果（直接、次生、衍生），确定环境风险等级。对本单位现有应急人力资源和地方相关部门可协作的专业队伍进行调查；盘查现有救援物资，针对应急物资的差距情况进行补充完善，保证企业突发环境应急物资能够充分阻止和控制污染物向周边环境无序排放，最大限度地避免对公共环境造成污染冲击。

3. 应急预案编制

应急预案编制应本着实事求是、切实可行的方针，贯彻预防为主、先控制后处理、以人为本、统一领导分级管理的原则，保持与地方政府的应急预案相衔接，能够实现企业预案与区域应急预案和相关方应急预案的联动，在需要时启动区域和相关方应急预案，增加事故救援的能力。根据风险评估报告确定的风险级别，确定预案编制的体系内容。重点考虑可能的突发环境事件情景下采取的现场处置措施和善后处置措施、预警的相关内容与方式、信息上报和发布、安全防护和救援保障方式，综合形成环境风险应急预案，并在编制过程中充分征求可能涉及的单位和居民的意见和建议。综合应急预案体现战略性，从企业层面总体阐述如何处理突发环境应急预案；专项应急预案体现战术性，可以针对废水、废气、危险废物等要素进行编制；现场应急预案体现操作性，主要针对危险性较高的装置、设备制定的应急处置措施。

4. 评审备案

应急预案系列文件编制完成之后，企业组织内部人员首先进行内审，根据内审结果进一步完善预案内容后，再由环境风险可能涉及的相关政府管理部门和居民、行业专家、企业负责技术和安全环保的工作人员组成外审组对环境风险应急预案进行评审，按专家意见修改完善报告，预案经企业管理者批准发布后上报生态环境主管部门备案。

5. 预案演练

备案后企业需定期开展应急预案演练，如实评估预案演练状况，分析存在问题，及时落实整改。

七、组织形式

企业可自行编制环境应急预案，也可委托相关专业技术服务机构编制环境应急预案。自行编制预案的企业事业单位应成立环境应急预案编制组，明确编制组成员、工作任务、编制计划。委托第三方专业技术服务机构编制的企业，应由企业和编制机构联合成立编制小组，明确预案编制的执行负责人和组织部门。

八、相关罚则

《突发环境事件应急管理办法》第 38 条规定，企业事业单位有下列情形之一的，由县级以上环境保护主管部门责令改正，可以处 1 万元以上 3 万元以下罚款：

①未按规定开展突发环境事件风险评估工作，确定风险等级的；

②未按规定开展环境安全隐患排查治理工作，建立隐患排查治理档案的；

③未按规定将突发环境事件应急预案备案的；

④未按规定开展突发环境事件应急培训，如实记录培训情况的；

⑤未按规定储备必要的环境应急装备和物资的；

⑥未按规定公开突发环境事件相关信息的。

第二节　突发环境事件应急预案编制内容

一、应急预案的编制依据

环境应急预案的编制应当符合国家相关法律、法规、规章、标准和编制指南的规定，表 4-1 为环境应急预案的编制依据。

表 4-1　环境应急预案的编制依据

依据名称	主要内容
《中华人民共和国突发事件应对法》	突发事件的预防与应急准备、监测与预警、应急处置与救援、事后恢复与重建等应对活动
《国家突发环境事件应急预案》	健全突发环境事件应对工作机制，科学有序高效应对突发环境事件，保障人民群众生命财安全和环境安全，促进社会全面、协调、可持续发展
《突发环境事件应急预案管理暂行办法》	依法指导和规范环境应急预案的整个管理过程
《生产经营单位生产安全事故应急预案编制导则》	规定了生产经营单位编制生产安全事故应急预案的编制程序、体系构成和综合应急预案、专项应急预案、现场处置方案。生产经营单位应根据本单位组织管理体系、生产规模、危险源的性质以及可能发生的事故类型确定应急预案体系
《石油化工企业环境应急预案编制指南》	规定了石油化工企业环境应急预案的编制程序、内容等基本要求
《危险废物经营单位编制应急预案指南》	规定了制定应急预案的原则要求、基本框架、保证措施、编制步骤、文本格式等。适用于从事贮存、利用、处置危险废物经营活动的单位；产生、收集、运输危险废物的单位及其他相关单位制定应急预案也可参考此指南
《企业事业单位突发环境事件应急预案备案管理办法（试行）》	单位是制定环境应急预案的责任主体，根据应对突发环境事件的需要，开展环境应急预案制定工作，并对环境应急预案内容的真实性和可操作性负责
《建设项目环境风险评价技术导则》	应急预案分应急计划区、应急组织机构和人员、预案分级响应条件、应急救援保障、报警与通信联络方式、应急环境监测，抢险，救援及控制措施，应急检测，防护措施，清除泄漏措施和器材、人员紧急撤离，疏散，应急剂量控制，撤离组织计划，事故应急救援关闭程序与恢复措施，应急培训计划、公众教育和信息共 11 个部分

（一）应急预案的编制要点

突发环境事件应急预案编制的管理为多方参与模式，企业是落实环境风险防范的主体，应编制、修订应急预案，并加以组织实施，修建和配置有关应急设施和物资；政府管理部门指导、督促管辖范围内排污企业加强落实应急措施和预案备案的管理；第三方服务机构提供形式多样的环境应急管理和技术服务，协助排污企业、政府管理部门开展环境应急管理。

（二）应急预案的编制要求

突发环境事件应急预案的编制应当符合以下要求：

1）符合国家相关法律、法规、规章、标准和编制指南等规定。

2）符合本地区、本部门、本单位突发环境事件应急工作实际。

3）建立在环境敏感点分析基础上，与环境风险分析和突发环境事件应急能力相适应。

4）应急人员职责分工明确、责任落实到位。

5）预防措施和应急程序明确具体、操作性强。

6）应急保障措施明确，并能满足本地区、本单位应急工作要求。

7）预案基本要素完整，附件信息正确。

8）与相关应急预案相衔接。

因此，环境应急预案的编制应该遵循以下步骤：环境风险评估（主要风险因素确定、风险源强分析）、应急处置措施确定、应急指挥体系建立、应急物资准备。

二、应急预案主要编制内容

（一）编制要点

1）编制依据应按全国人大、国务院、部委办、省人大、省政府、厅局等相关文件要求，技术标准应按GB、GB/T、HJ、HJ/T、其他行业标准、地方标准、企业标准排序。编制依据应引用与环境应急预案有关的新法律、法规和技术规范，与安全生产无关的内容尽量不用。

2）预案适用范围按国家突发环境事件应急预案要求，核应急、海上溢油事件、船舶污染事件、赤潮灾害事件的应对工作按照其他相关应急预案规定执行。如“碳九”事件，海洋污染的处置主要由海事和海洋部门负责，陆域大气的影响则由生态环境部门负责。

3）工作原则按《企业事业单位突发环境事件应急预案评审工作指南（试行）》规定：救人第一、环境优先；先期处置、防止危害扩大；快速响应、科学应对；应急工作与岗位职责相结合等。

4）应急组织机构与职责。应急指挥部（包括总指挥、副总指挥和应急办公室）、综合协调组、现场处置组、应急监测组、应急保障组、专家组以及其他必要的行动组。各应急组织机构应建立A、B角制度，明确各岗位的主要责任人和替补责任人，重要岗位应当有多个后备人员。应明确企业向当地人民政府及其生态环境等部门报告的责任人；必须明确企业向可能受影响的居民、单位通报的责任人，因为这是“一票否决”项。

5）监测预警。由于企业突发环境事件有社会级预警，所以应说明所对应的国家四级预警及预警发布权限。此外还应明确企业内部预警条件，预警等级（公司级、车间级或部门级），预警信息发布、接收、调整（升降）、解除程序、发布内容、责任人（公司级、车间级或部门级）。

6）信息报告。按照《突发环境事件信息报告办法》的要求，明确企业内部事件信息传递的责任人、程序、时限、方式、内容等，包括向协议应急救援单位传递信息的方式方法。明确企业向当地人民政府及其生态环境等部门报告的责任人、程序、时限方式、内容等，辅以信息报告格式规范（速报或快报、续报、结果报告）。必须明确企业向可能受影响的居民、单位通报的责任人、程序、时限、方式、内容等，上报的时限要与风险评价有毒物质扩散到敏感目标的时间吻合。

7）应急监测。根据《突发环境事件应急监测技术规范》（HJ 589—2021），监测指标应为与企业有关的能致人中毒和死亡的污染物及次生污染物，如 CO、HCN、HCl 等。可参考《企业突发环境事件风险分级方法》（HJ 941—2018）和《危险化学品重大危险源辨识》（GB 18218—2018）中的环境风险物质选定，而 SO_2 和 NO_x（生产硫酸和硝酸的企业除外）、SS 等常规项目以及非急性毒性的且监测时间较长的项目暂不考虑。

由于突发环境事件必须快速处置，应分别说明现场便携式和实验室的分析测试仪器、方法等。例如涉大气污染的，说明排放口和厂界气体监测的一般原则（厂界预警体系）。企业没有监测能力的，还需提供与地方生态环境监测站或第三方环境监测公司的合作协议书。

8）应急处置应对流程和措施。应根据环境风险评估报告中的风险分析和情景构建内容，按水、气、危险废物、危险品运输（油）等说明应对流程和措施，体现企业内部控制污染源—研判污染范围—控制污染扩散—污染处置应对流程和措施。

涉及大气污染的，应重点说明受威胁范围、组织公众避险的方式方法，涉及疏散的一般应辅以疏散路线图；如果装备风向标，应配有风向标分布图。应急措施必须细化、落实到岗位。

关键岗位必须编制应急处置卡，内容包括事件情景特征、处理步骤、应急物资、注意事项等，并叙述清晰。应急处置内容应程序化，详细内容在专项、现场处置预案中描述。

9）科技保障应明确建立专家数据库。除相关专家以外，重点是收集国内外同类企业突发环境事件案例，说明事件成因、污染和损伤情况、处置方法、经验教训和注意事项等。

（二）综合预案主要编制内容

1. 总则

总则一般包括编制目的、编制依据、适用范围、事件分级、工作原则以及应急预案体系等内容。

①在“编制目的”中应说明企业编制应急预案的目的、作用等。

②在“编制依据”中应列明企业应急预案编制所依据的法律、法规、规章、上位预案以及有关行业管理规定、技术规范和标准等。

③在“适用范围”中应说明预案适用的主体、范围以及事件类型、工作内容。

④在“事件分级”中应根据企业实际情况，按照突发环境事件的性质、严重程度、可控性、影响范围等，采用定量与定性相结合的分级标准进行事件分级。

⑤在“工作原则”中应说明企业开展环境应急处置工作时遵循的总体原则。

⑥在“应急预案体系”中应说明企业应急预案体系的构成情况，明确综合预案、专项预案、应急处置卡片等预案的名称、数量以及采用专章或专篇的形式；说明企业应急预案与企业内部其他预案的关系；说明企业应急预案和政府及有关部门应急预案的关系。必要时附以预案关系图，表述预案之间横向关联及上下衔接关系。

2．基本情况

根据企业突发环境事件风险评估报告的相关内容，简要说明企业基本信息和环境风险现状，可包含以下内容：基本信息、装置及工艺、“三废”情况、批复及实施情况、环境功能区划情况、周边环境风险受体、环境风险物质、环境风险单元、历史事故分析、环境风险防范措施等。

3．组织体系及职责

企业内部应急组织机构一般由应急领导小组、应急领导小组办公室、现场处置组、应急监测组、后勤保障组和专家组等构成，企业可依据自身实际情况调整。

应急预案应列出所有参与应急处置的人员姓名、所处部门、职务、联系电话、应急工作职责、负责解决的主要问题等。

4．预防与预警机制

“预防与预警机制”章节主要可分为“预防”“预警”两部分。

“预防”部分主要结合《企业突发环境事件隐患排查和治理工作指南（试行）》，从突发水环境事件风险防控措施、突发大气环境事件风险防控措施、隐患排查治理制度、日常监测制度等方面明确企业突发环境事件预防措施。

“预警”机制是指企业根据事故信息、外部机构发布的预警信息等，指示企业内部相关部门和人员做好突发环境事件防范和应对准备的响应机制。在预案中，应明确监控信息的获得途径；明确预警信息分析研判的主体、程序、时限和内容等；明确企业预警信息发布主体与发布内容；明确预警信息接收、调整、解除程序。企业应依据潜在突发环境事件危害程度、可能影响范围等因素，采用定性和定量相结合的指标，确定企业事业单位内部预警分级标准，如按照由高到低分为红色、黄色、蓝色等预警等级。

5．应急响应

应急响应可分为分级响应程序、信息报告、应急处置措施和应急监测等方面的内容。具体将在后文详细描述。

6．应急终止

预案应结合企业的实际情况，明确应急终止责任人、终止的条件和应急终止的程序；同时在明确应急状态终止后，相关部门应继续进行环境跟踪监测和评估。通常企业可以从以下方面明确终止条件：

①事件发生现场得到控制，事件风险隐患得到消除；

②污染源的泄漏或释放已得到完全控制；

③事件造成的危害已彻底消除，无继发可能；

④事故现场的各种专业应急处置行动无继续的必要；

⑤采取了必要的防护措施以保护公众免受二次危害，并使事件可能引起的中长期影响趋于合理并且尽可能控制在最低水平；

⑥根据环境应急监测和初步评估结果，由应急指挥部决定应急响应终止，下达应急响应终止指令。

7. 善后处置

预案应明确现场污染物的后续处置措施，以及环境应急相关设施、设备、场所的维护。必要时配合有关部门对环境污染事件的中长期环境影响进行评估。

8. 保障措施

预案一般针对应急通信、应急队伍保障、应急装备保障等方面提出具体保障措施。另外，根据环境应急工作需求，预案可确定其他相关保障措施，如经费、交通运输、治安、技术、医疗、后勤、体制机制等保障。

9. 预案管理

预案管理主要包括预案培训、演练、修订等内容。

在预案培训中应明确对员工开展的应急培训计划、方式和要求。明确对可能受影响的居民和单位的宣传、教育和告知等工作。

在预案演练中应明确不同类型环境应急预案演练的形式、范围、频次、内容及演练评估、总结等要求。

在预案修订中应明确预案评估、修订、变更、改进的基本要求、时限及采取的方式等。

10. 附则和附件

预案附则主要包括预案的签署和解释及预案的实施。在“预案的签署和解释”中主要明确预案签署人和预案解释部门，在“预案的实施”中明确预案的实施时间。

预案附件主要将企业在预案使用时所需资料附在后方，具体可视不同生态环境部门的管理要求而定。简单来讲，环境应急预案的附件一般包括以下部分：

①企业应急通讯录；

②外部单位（政府有关部门、救援单位、专家、环境风险受体等）通讯录；

③企业四至图、区域位置图、环境风险受体分布图、周边水系图；

④企业内部人员撤离路线；

⑤环境风险单元分布图；

⑥应急物资装备分布图；

⑦企业雨水、清净下水和污水收集、排放管网图，应标注应急池位置、容量、控制阀节点等详细情况。

（三）专项预案主要编制内容

企业应根据自身实际情况制定专项应急预案，可按照环境要素（如水环境、大气环境、土壤环境等）、污染要素（如废水、废气、危险废物等）和其他类型事件（如化学品泄漏、火灾爆炸等）次生环境事件进行分类。针对某一类型突发环境事件制定的应急预案，主要包括突发环境事件特征分析、监控预警措施、应急职责分工、应急处置程序及措施、应急终止等内容。

1. 突发环境事件特征分析

阐述可能发生的突发环境事件特征，包括事件引发原因、涉及的环境风险物质及事件的影响范围等。

2．监控预警措施

根据可能发生的事件类型，明确各项监控预警措施，包括监控措施、环境风险物质及事件的影响范围等。

3．应急职责分工

应急职责分工主要包括组织架构和岗位职责。在“组织架构”中主要根据可能发生的事故类型和应急处置需求，明确应急队伍和人员等，并注意与综合应急预案中应急组织机构以及应急处置卡片中人员的衔接。在“岗位职责”中主要规定专项环境应急组织结构中各岗位的应急工作职责、协调管理范畴负责解决的主要问题等。

4．应急处置程序及措施

根据事件类型，明确应急处置程序及措施，可采用组织结构图、流程图、线路图、表单等形式，并辅以文字说明，简明表述各项要点。对于可能涉及的空间信息，可在平面布置图上进行标注。

同时应明确以下内容：污染源切断措施、污染物控制措施、污染物消除措施、应急监测和监控措施、现场人员的防护和疏散、人员救护、应急终止和事后恢复等，注意与应急处置卡片的有效衔接。

5．应急终止

明确现场应急响应结束的基本条件和要求。

三、突发环境事件等级的划分

（一）政府应急预案等级的划分

按照突发环境事件的严重性和紧急程度，突发环境事件分为特别重大环境事件（Ⅰ级）、重大环境事件（Ⅱ级）、较大环境事件（Ⅲ级）和一般环境事件（Ⅳ级）四级。

1．特别重大环境事件（Ⅰ级）

凡符合下列情形之一的，为特别重大环境事件：

①发生30人以上死亡，或中毒（重伤）100人以上；

②因环境事件需疏散、转移群众5万人以上，或直接经济损失1 000万元以上；

③因环境污染使当地正常的经济、社会活动受到严重影响；

④因危险化学品（含剧毒品）生产和贮运中发生泄漏，严重影响人民群众生产、生活的污染事故。

2．重大环境事件（Ⅱ级）

凡符合下列情形之一的，为重大环境事件：

①发生10人以上、30人以下死亡，或中毒（重伤）50人以上、100人以下；

②因环境污染使当地经济、社会活动受到较大影响，疏散、转移群众1万人以上、5万人以下的；

③因环境污染造成重要河流大面积污染。

3．较大环境事件（Ⅲ级）

凡符合下列情形之一的，为较大环境事件：

①发生3人以上、10人以下死亡，或中毒（重伤）50人以下；

②因环境污染造成跨地级行政区域纠纷，使当地经济、社会活动受到影响。

4．一般环境事件（Ⅳ级）

凡符合下列情形之一的，为一般环境事件：

①发生 3 人以下死亡。

②因环境污染造成跨县级行政区域纠纷，引起一般群体性影响的；突发环境事件发生后，达到Ⅳ级预警标准时，由县级人民政府负责发布预警公告；达到Ⅲ级预警标准时，由市人民政府负责发布预警公告；达到Ⅱ级预警标准时，由省人民政府负责发布预警公告；达到Ⅰ级预警标准时，由省人民政府根据国务院授权负责发布预警公告。

按照突发环境事件的可控性、严重程度和影响范围，突发环境事件的应急响应分为特大（Ⅰ级响应）、重大（Ⅱ级响应）、较大（Ⅲ级响应）、一般（Ⅳ级响应）四级。超出本级应急处置能力时，应及时请求上一级应急救援指挥机构启动上一级应急预案。Ⅰ级应急响应由省应急指挥部请求全国环境保护部际联席会议启动国家突发环境事件应急预案。

（二）企业突发环境事件等级的划分

按照企业突发环境事件的严重性和紧急程度，依据其可能造成的危害程度，波及范围、影响大小，人员及财产损失的情况，将突发环境事件由高到低划分为区域级（一级）、公司级（二级）、车间级（三级）。

1．区域级（一级）环境事件

事故影响超出公司控制范围，需疏散、转移群众，统一组织、调动相关公共资源和力量进行应急处置的事件。

2．公司级（二级）环境事件

事故影响可波及公司内部其他装置或公用设施，但不会对公司区域以外的环境造成影响，并且能被公司的力量控制的事件。

3．车间级（三级）环境事件

事故影响局限在公司内部装置区或风险单元之内，且可被控制在该区域内，事故影响不会扩大到装置区或风险单元之外。

四、应急预案编制中常见问题

（1）企业主要负责人应担任指挥部总指挥。

由企业主要负责人（法人代表）任企业突发环境事件应急指挥部总指挥，办公室、环保、安全、保卫、设备、生产、医务等部门组成指挥部成员单位。

企业突发环境事件一般是由生产安全事故造成的，因此，企业突发环境事件应急预案与企业生产安全事故应急预案是相衔接的。《中华人民共和国安全生产法》第 18 条规定，生产经营单位的主要负责人负有“组织制定并实施本单位的生产安全事故应急救援预案”的职责。参考天津、江苏、浙江等省（市）的《突发环境事件应急预案编制导则》，均明确企业主要负责人为指挥部总指挥。

企业主要负责人一般是指企业营业执照中的法定代表人或负责人，而在预案编制过程中，有些企业，特别是一些合资、独资、股份制企业，往往以法定代表人不经常在企业为由，提出由总经理、厂长，甚至主管厂长等为指挥部总指挥。

（2）编制依据不充分，缺少与纵向、横向相关预案的衔接与联动。

有些企业的应急预案缺少与纵向管理部门、横向相关单位相关预案的衔接与联动，当事故发生时，制定的预案无法与其他部门联动，不利于与外部信息及时沟通，易造成各行其是的局面，错过应急的有利时机。如有些企业的应急预案没有周边风险保护目标的联系方式和联系人，尤其企业周边的居民区，没有物业或居委会的联系人和联系电话，一旦事态扩大，会造成严重后果。

（3）环境污染事件分级不具体、不切实际，预警分级和响应分级与事件分级不匹配。

在为数不算少的应急预案中，将一个中小型企业的事故分级照搬《国家突发环境事件应急预案》的分级方法，按照突发环境事件的严重性和紧急程度，将突发环境事件分为特别重大环境事件（Ⅰ级）、重大环境事件（Ⅱ级）、较大环境事件（Ⅲ级）和一般环境事件（Ⅳ级）四级。其中属于Ⅱ级的情况之一是发生30人以上死亡，或中毒（重伤）100人以上。作为各级政府的突发环境事件应急预案，这样对事件进行分级有利于政府对突发事件的统一管理，但是对于具体企业事业单位的应急预案就不一定合适了。事件分级的意义在于依据事件的严重程度分别采取不同的应急措施。依据风险评估的结论，对于可能发生的环境突发事件的预测后果及影响范围确定事件级别，对应预警级别和响应级别，不同的救援人员和救援设备投入应急救援行动。因此，事件分级应当结合企业具体情况进行分级，并针对实际情况对事件予以分级。例如，对于小型企业一般可以分为厂外级和厂内级两级，厂外级事件发生时污染物已经扩散至厂界外，厂内级事件发生时污染物虽然泄漏，但尚可控制。若事件进一步发展，事件可能升级。

（4）企业危险源辨识和风险评估不全面、不准确。

在风险评估中，对于危险源有临界量作参考的物质，需要对涉及具有临界量的环境风险物质计算Q值，将这些风险物质按Q值的大小排序。但有的风险评估未能全面识别企业的风险，忽略了生产、运输过程中的设备老化、故障、不正常运行，操作不当，极端天气下的风险识别等。对环境风险物质缺乏理化性质、毒理性质、风险特征及应对措施的内容。

（5）企业的基本情况内容不全面、有缺项。

在风险评估指南中已经明确编写应急预案需要包括的内容，但有些企业的应急预案中生产工艺及产排污分析未能全面概括工艺中所涉及的危险化学品，对“三废”的收集、处理和处置情况介绍得不清楚，缺少各种污染物产生量与排放量的说明；未明确周边环境敏感点与企业的距离、敏感点的人数、联系人与联系方式；许多内容照搬环境影响评价中未更新的陈旧内容。笔者认为，企业基本情况的介绍，不仅仅是企业注册地址、员工人数等项目，关键是企业的生产工艺、原辅材料，以及“三废”（水、气、渣）的处理。所有信息都要有数字支持。这些企业的基本情况对于风险评估分析和应急处置措施对策都是至关重要的。

（6）应急组织机构分组不明确，职责分工不够全面。

有些应急预案在组织机构的设置中，没有根据企业规模的大小和可能发生事故时的危害程度设置分级应急救援机构，没有应急组织机构图。有些企业员工人数不到20人，也分成了七八个现场应急小组，致使应急组织机构各小组成员“身兼多职”，职责不清，有交叉，未能全面合理地进行分工。如有的汽车加油站总共才不到10人，还要分成7个现场应急小组，实际每班也就两三人，根本不能完成7个现场应急小组的职责。有的小企业根本没有环境监测能力，还设有环境监测组，结果就形同虚设。应急组织机构的设置要充分考虑企业实际，要充分发挥每个人在应急状态下的作用，但不能只有职责，没有执行人，致使应急抢险工作不能正常进行。

我国应急预案体系经历了“从无到有”“从有到全”“从全到优”的发展历程，实现里程碑式的历史跨越发展。针对目前应急预案体系中存在的许多问题以及新形势下我国应急管理面临的新形势与新挑战，未来我国至少需要在以下五个方面重点改进与完善现有应急预案体系：坚持差异化原则，构建立体化的应急预案体系；树立科学的基于风险评估的应急预案编制理念；健全以情景构建为主线的应急预案流程管理；完善以应急演练检验为重点的应急预案优化机制；提高以个性化服务为特征的应急预案数字化水平。

在预案的编制过程中需要特别注意基本要素的全面描述，以及各类关键点位风险源的全面分析。应急预案需要在人员配备、各部门职责、应急设施、应急措施、应急物资及相关制度方面更为具体、细化，具有针对性、实用性和可操作性。应急响应机制要灵活，切实贴切企业级单位的实际情况。同时，需要重视环境应急培训与演练，通过实战演练真正检验应急预案的有效性，从而更好地完善应急预案，把制定的应急预案落到实处。

（7）预防措施不全面，缺乏可操作性。

管理部门可加强对突发环境事件的预警防控，认真做好对突发环境事件的预防与管理工作，从而有效地降低突发环境事件发生的可能性，同时降低其发生所造成的危害。为更好地实现突发环境事件的有效预警，需要建立健全预警防控机制。首先，在企业系统中建立全方位的监控系统，将督查督导工作落实到位，确保企业应急预案高效执行；其次，对企业中存在危险的物质等进行有效的风险防控，如化学物品等，要加强防控监管，并制定有效的管理机制；最后，在进行预警防控机制的建立过程中，还需要有针对性地对企业中存在风险的部位进行排查，建立有效的排除机制，并定期开展检查工作。另外，在环保管理部门的应急预案中，加大企业应急预案的预案演练与预案配合，让更多的企业参与到应急预案的演练中，提高企业应对事故的能力。

（8）编制方法忽视情景构建主线，预案缺乏预见性。

缺乏“重大突发事件情景构建及其向应急准备方向上的延伸”。突发事件发生的随机性和差异性通常较大，而应急预案普遍过于原则性，缺少预见性和想象力，没能通过情景分析提前对小概率突发事件及其演化机制细节提出响应措施，一旦发生就会措手不及，应对措施显得混乱无序。

（9）预案数字化程度低，终端用户使用不便利。

当前，我国各地各部门编制的应急预案基本上是文本性质的预案，数字化程度整体偏低。传统的文本式应急预案种类繁多，内容庞杂，不仅不够直观形象，不便查阅，也难以随身携带。厚厚的应急预案在编制完成以后经常被“束之高阁”，使得应急预案的实际效果大打折扣。数字化应急预案具有可视化、流程化、智能化与移动互联等优点，可以有效提高突发事件预警与响应的效率，但是目前数字预案基本上是以电子档案文件的形式保存在硬件存储设备中，没有能根据不同类型、不同层次的终端用户需求设计与应用个性化的数字化应急预案。

第三节　风险评估报告的编制

一、环境风险评估

（一）环境风险评估的目的和重点

环境风险评估的目的是对建设项目建设和运行期间发生的可预测突发性事件或事故（一般不包括人为破坏及自然灾害）因其有毒有害、易燃易爆等物质泄漏，或突发事件产生的新的有毒有害物质所造成的对人身安全与环境的影响和损害进行评估，提出防范、应急与减缓措施，以使建设项目事故率、损失和环境影响达到可接受的水平。环境风险评估的目的还在于对高风险的环境因子进行有效的管理，使其对人体健康和环境的危害降到最小。

环境风险评估是把事故引起厂（场）界外人群的伤害、环境质量恶化及对生态系统影响的预测和防护作为评估的重点。在条件允许的情况下，可利用安全评价数据开展环境风险评估。环境风险评估的结论是制定突发环境事件应急预案的主要依据，依据风险评估中企业可能发生的突发环境事件及其后果来分析制定相应的应急措施。例如，可以根据源强及扩散影响来分析确定相关人员的疏散范围。

环境风险评估与安全评价的主要区别在于，环境风险评估关注点在于事故对厂（场）界外环境的影响。环境风险评估在条件允许的情况下，可利用安全评价的数据开展环境风险评价。环境风险评估与环境影响评价的主要区别在于，环境风险评估侧重于项目运行中突发性的事故在短期内对周围环境产生的危害，而环境影响评价偏重于项目运行过程中污染物排放对环境产生长期、持续性影响的评价。

危险源主要可造成空气污染和水污染两大类（这里不考虑放射性）。爆炸事故如不进一步向环境扩散有毒有害气体，这仅是一个生产安全事故，如进一步向环境扩散有毒有害气体，则可归为空气污染型；土壤或底质的污染及生态的破坏都可看作污染物由水体或空气传播的结果。有的危险物质泄漏可能同时造成空气和水体污染，则同时属于空气污染型和水体污染型危险源，并不构成新的类别。例如，某电子企业在生产工艺过程中使用液氧，液氧储罐泄漏可能会引起火灾爆炸，对环境的影响是热辐射和冲击波，不属于有毒有害物质。因此，液氧储罐是安全生产预案中的危险源，不是突发环境事件预案中的风险源。

（二）环境风险评估是制定预案的基础

生态环境部陆续发布了《关于印发〈企业突发环境事件风险评估指南（试行）〉的通知》和《企业事业单位突发环境事件应急预案备案管理办法（试行）》。其中，《企业突发环境事件风险评估指南（试行）》中规定了企业突发环境事件风险（以下简称环境风险）评估的内容、程序和方法。其适用于对可能发生突发环境事件的（已建成投产或处于试生产阶段的）企业进行环境风险评估。评估对象为生产、使用、存储或释放涉及（包括生产原料、燃料、产品、中间产品、副产品、催化剂、辅助生产物料、“三废”污染物等）附录 B 突发环境事件风险物质及临界量清单中的化学物质（简称环境风险物质）以及其他可能引发突发环境事件的化学物质的企业。

企业的环境风险评估，要按照资料准备与环境风险识别、可能发生突发环境事件及其后果分析、现有环境风险防控和环境应急管理差距分析、制订完善环境风险防控和应急措施的实施计划、划定突发环境事件风险等级五个步骤实施。

加强风险评估是当前国内外加强应急管理的发展趋势，开展风险评估和应急资源调查既能为编制应急预案提供依据，又能确保应急响应时对资源有效、有序的调度。越是到基层和具体单位，这两项工作越重要。

（三）环境风险评估的现状及发展趋势

近年来，环境风险评估已经成为建设项目、区域开发和政策制定的环境影响评价的重要组成部分。1985 年世界银行环境和科学部颁布了关于“控制影响厂内外人员和环境重大危害事故”的导则和指南；1987 年欧盟立法规定，对有可能发生化学事故危险的工厂必须进行环境风险评估；1988 年联合国环境规划署（UNEP）制订了阿佩尔计划（APELL），以应对难以防范而可能对人类健康和生态环境造成严重危害的环境污染事故；1990 年国家环境保护总局发布《关于对重大环境污染事故隐患进行风险评价的通知》，要求对重大环境污染事故隐患进行环境风险评估。区域性综合环境风险评估在工业密集区，特别是石油化工区的环境风险评估中得到广泛的应用。

目前，环境风险评估主要包括人体健康风险评估和生态风险评估两个方面，风险评估的科学体系已经基本形成。生态风险评估在 20 世纪 90 年代后才刚刚兴起，其形成的标志性文件是 1998 年美国国家环境保护局（EPA）出台的《生态风险评价指南》，但目前大部分研究仍停留在理论框架和技术路线探讨阶段，少数有关生态风险评估的应用研究案例也多集中在对生态环境中污染物浓度的测定或简单的风险指数的计算，而无法真正消除污染的生态风险。总言之，健康风险评价的方法学已基本定型并日趋成熟，而生态风险评估仍处于总结和完善阶段。

近年来，环境风险评估研究热点由人体健康风险评估向生态风险评估转移，生态风险评估也由光考虑生物个体和群体，向兼顾群落甚至整个生态系统发展；从污染物数量来说，由单一污染物进一步考虑到多种污染物的联合作用；还要考虑到非化学因子对环境的不利影响；就评价范围而言，则由局部环境风险发展到区域环境风险，乃至全球环境风险；评估技术方面，由定性向半定量、定量的方向发展。

二、环境风险评估的方法学

环境风险评估一般采用的方法是确定建设期直接的环境影响，预测正常运行时的环境影响，分析非正常操作和灾害条件下的潜在环境影响。就建设项目的环境风险评估而言，国外有学者提出，健康风险评估需要在环境影响评价的基础上，筛选与健康影响有关的一次环境影响、识别和量化二次或三次环境影响、筛选对人体健康的显著影响、识别和量化人群暴露的环境危害、识别和量化风险、计算致死量和活性、提出风险管理措施等。

我国对建设项目进行环境风险评估主要依据两个文件：《企业突发环境事件风险评估指南（试行）》和《建设项目环境风险评价技术导则》。前者根据三个方面的比较划定企业的环境风险等级：通过定量分析企业生产、加工、使用、储存的所有环境风险物质的数量与其临界量的比值（Q）；评估工艺过程与环境风险控制水平（M）；环境风险受体敏感性

（E）。按照矩阵法对企业突发环境事件风险等级进行划分。企业的环境风险等级应划分为一般环境风险、较大环境风险和重大环境风险三个级别。后者则根据项目的物质危险性和功能单元重大危险源判定结果，以及环境敏感程度等因素，按照矩阵法将环境风险评估工作划分为一级和二级。一级评价需要对事故影响进行定量预测，说明影响的范围和程度，提出防范、减缓和应急措施；二级评价需要进行风险识别、源项分析和对事故影响进行简要分析，提出防范、减缓和应急措施。

源项分析的定性方法有类比法、加权法和因素图分析法。定量法有概率法和指数法；最大可信事故概率采用事故树、事故树分析法或类比法；对有毒有害物质在大气中的扩散采用多烟团模式或分段烟羽模式、重气体扩散模式等计算；对有毒有害物质在河流中的扩散采用地表水扩散数学模式，在湖泊中扩散采用湖泊扩散模式；油在海湾、河口的扩散采用对流扩散模式（油或乳化油），溢油的油膜扩展采用 P. C. Blockker 公式计算。大气环境风险评价首先计算浓度分布，然后按照《工作场所有害因素职业接触限值》规定的短时间接触容许浓度给出该浓度分布范围及在该范围内的人口分布；水环境风险评价以水体中污染物分布，包括面积及污染物质质点轨迹漂移等指标进行分析，浓度分布以水生生态损害阈做比较；对以生态系统损害为特征的事故风险评价，则按照损害的生态资源的价值进行比较分析，给出损害范围和损害值。风险可接受分析采用最大可信灾害事故风险值 $R_{\max}$ 与同行业可接受水平 R_L 相比较：若 $R_{\max} \leqslant R_L$，则认为本项目的建设风险水平是可以接受的；若 $R_{\max} > R_L$，则需要对该项目采取降低风险的措施，以达到可接受水平，否则项目的建设是不可接受的。

三、风险评估报告的主要内容

环境风险评估应注意以下问题：

1）环境风险评估应按照综合预案和专项预案的指南和标准编制，如《企业突发环境事件风险评估指南（试行）》《尾矿库环境风险评估技术导则（试行）》《油气管道突发环境事件风险评估》等。

2）风险分析识别首先列举所有原辅材料、中间产物、产品和副产品中的环境风险物质；说明重要环境风险物质的名称、数量（最大存在总量）、位置。环境风险物质数量大于临界量的，应辨识重要环境风险单元，说明其理化和毒理性能（用于确定环境风险物质并计算 Q 值）、危险化学品火灾危险性分类、工艺装置的火灾危险类别等（用于确定消防水量及历时）。

3）环境风险物质与临界量的比值（Q 值）。根据《企业突发环境事件风险分级方法》（HJ 941—2018）附录 A 突发环境事件风险物质及临界量清单包括 NH_4^+-N（≥2 000 mg/L 废液）、COD_{Cr}（≥10 000 mg/L），其中健康危险急性毒性物质（1、2、3 类别）、危害水环境物质（急性和慢性 1、2 类）还应查阅其他手册或工具书。

4）重点核对生产工艺、环境风险防控措施各项指标的赋值（M 值）。注意高温和高压、涉及易燃易爆等物质的工艺过程以及厂界有毒有害气体泄漏监控预警系统。

5）确定环境风险受体 E 值，大气环境受体应分别统计 5 000 m 和 500 m 范围内人口数（包括本企业和周边企业职工人数）。

6）目前环境风险等级划分的依据有《企业突发环境事件风险分级方法》（HJ 941—2018）、《粗铅冶炼企业环境风险等级划分方法》、《硫酸企业环境风险等级划分》、《氯碱企业环境风险等级划分方法》等。一般按照最高级别确定该企业的风险等级。另外，如企业在近 3 年因违法排污、非法转移危险废物等受到生态环境部门处罚的，应在已评定的风险等级基础上调高 1 级。

7）国内外同类企业突发环境事件案例收集是预案编写的重要基础，其作用有三个方面。①为企业突发环境事件分级内容提供依据；②为企业应急处置提供参考；③为企业应急物资的配备提供借鉴。案例应说明发生的时间、地点、装置和储罐规模、物料泄漏量、影响范围、采取的应急措施、损失、对环境和人造成的影响、经验教训等。在此基础上，提出可能发生突发环境事件的情景、源强分析、释放途径及产生的后果分析。

8）环境应急水池，目前应急水池容量有三种计算公式可供参考。

①《化工建设项目环境保护设计规范》是国家标准，具有权威性。其规定的最大应急事故水池容积的计算方法如下：

$$V_{总}=(V_1+V_2+V_{雨})_{max}-V_3 \tag{4-1}$$

式中：V_1——最大一个容量的设备（装置）或贮罐的物料贮存量，m;

V_2——扑灭火灾所需用水量和保护邻近设备或储罐（最少 3 个）的喷淋水量，m^3，可根据 GB 50016、GB 50160、GB 50074 等有关规定确定；

$V_{雨}$——发生事故时可能进入该废水收集系统的最大降水量，应根据 GB 50014 有关规定确定；

V_3——事故废水收集系统的装置或罐区围堰、防火堤内净空容量与事故废水导排管道容量之和，m^3。

②《水体污染防控紧急措施设计导则》是中国石油化工集团公司工程建设管理部文件，其规定的计算方法如下：

$$V_{总}=(V_1+V_2-V_3)_{max}+V_4+V_5 \tag{4-2}$$

式中：$(V_1+V_2-V_3)_{max}$——对收集系统范围内不同罐组或装置分别计算 $V_1+V_2-V_3$，取其中最大值；

V_1——收集系统范围内发生事故的一个罐组或一套装置的物料量（储存相同物料的罐组按一个最大储罐计，装置物料量按存留最大物料量的一台反应器或中间储罐计），m^3；

V_2——发生事故的储罐或装置的消防水量，m^3，$V_2=\sum Q_{消}/t_{消}$；

$Q_{消}$——发生事故的储罐或装置同时使用时的消防设施给水流量，m^3/h;

$t_{消}$——消防设施对应的设计消防历时，h;

V_3——发生事故时可以传输到其他储存或处理设施的物料量，m^3；

V_4——发生事故时仍必须进入该收集系统的生产废水量，m^3；

V_5——发生事故时可能进入该收集系统的降水量，m^3，$V_5=10qF$;

q——降水强度，mm，取平均日降水量，$Q=q_a/n$;

q_a——年平均降水量，mm;

n——年平均降水日数；

F——必须进入事故废水收集系统的雨水汇水面积，hm^2。

③《事故状态下水体污染的预防与控制技术要求》是中国石油天然气集团标准，其规定的计算方法如下：

$$V_{总}=(V_1+V_2-V_3)_{max}+V_4+V_5 \tag{4-3}$$

式（4-3）与式（4-2）一样，但是该标准明确规定石油化工企业中间事故缓冲设施按1个罐组或单套装置计，末端事故缓冲设施按1个罐组加1套装置计；石油库和石油储备库末端事故缓冲设施按1个罐组计。

9）分析差距、完善计划。通过对生产工艺分析（*M* 值）和应急资源进行调查，指出现有环境风险防控与应急措施存在的差距，制订短期（3个月以内）、中期（3～6个月）、长期（6个月以上）环境风险防控整改初步计划。

10）进一步完善风险防控整改计划。按照《企业突发环境事件隐患排查和治理工作指南（试行）》，开展企业突发环境事件隐患排查，包括企业突发环境事件应急管理、企业突发环境事件风险防控措施、确定隐患分级，并对风险防控整改计划进一步补充完善。

四、风险评估与应急预案的关系

风险评估主要是通过评估找出企业的风险源，从而辨识和评估潜在的重大危险、事故类型、发生的可能性、发生过程，根据危险化学品的种类及数量确定风险评价的等级、事故后果及影响严重程度。

应急预案是在风险评估的基础上，针对各种突发事件类型而事先制订的一套能切实迅速、有效、有序解决问题的行动计划或方案，使得企业应急管理更为程序化、制度化，做到有法可依、有据可查。

应急预案是对应急管理机构与职责、人员、技术、装备、设施设备、救援物资、救援行动及其指挥与协调等方面预先做出的具体安排。应急预案明确了在突发环境事件前、发生过程中以及结束后，谁或哪个机构负责做什么、何时做、如何做，以及相应的策略和资源准备等。对于储存量大的危险化学品，还需要考虑制定专项应急预案和应急处置方案。

企业突发环境事件应急预案体系包括环境风险评估报告、应急资源调查报告、突发环境事件应急预案、专项预案、应急处置方案等方面。建设一套多层次、多领域、动态管理的应急预案体系，坚持预防与应急相结合、常态和非常态相结合，是应急工作的需要，企业必须认真完成。

五、环境风险管理

环境风险评估是制定应急预案的基础和依据，环境风险管理又是控制环境风险的主要手段之一。环境风险管理是根据环境风险评估的结果，按照恰当的法规条例，选用有效的控制技术，进行削减风险费用和效益分析，确定可接受风险度和可接受损害水平，并进行政策分析及考虑社会经济和政治因素，决定适当的管理措施并付诸实施，以降低或消除事故风险度，保障人群健康与生态系统的安全。从根本上讲，环境风险的管理过程是决策者权衡经济、社会发展与环境保护之间的关系，根据现有经济、社会、技术发展水平和环境状况做出的综合决策过程，以达到环境效益、社会效益和经济效益的和谐统一。

控制环境风险的途径有三个：第一，减轻、转移和避免环境风险。减轻环境风险的手段是在环境风险无法避免的情况下，通过技术改进，采用更先进的生产工艺、技术和设备，提高生产的稳定性和安全性，同时提高风险管理水平，来消除或减少环境风险。这是最普遍采用的方式。应在环境容量许可的条件下，全面推行清洁生产，形成低投入、低消耗、低排放和高效率的节约型增长方式；转移环境风险可以通过两种方式来实现，即如果建设项目所具有的环境风险不被社会接受，则可以通过变更项目地点，或改变项目周围环境使其达到能够接受环境风险的程度，如迁址、疏散周边居民等。第二，还可以通过制定合理的保险费率，对环境风险进行投保，让保险公司承担环境风险的经济损失。第三，当环境风险评价结论达到了不被社会接受的程度，且没有比较好的减少环境风险的方法，可以放弃实施该项可能引起较大环境风险损失的项目。如淮河流域污染严重，小造纸厂是主要污染源，其生产所产生的环境风险已经达到了社会不可接受的程度。因此，政府采用关闭小造纸厂的手段来降低淮河水污染的环境风险。这是一种从根本上避免环境风险的措施。

环境风险评估是环境风险管理的理论基础，而环境风险管理又是环境管理的重要组成部分。环境风险管理是由环境管理部门、企业事业单位和环境科研机构运用各种管理工具，通过对环境风险分析、评价，考虑到环境的各种不确定性，提出决策方案，力求以较小的环境代价来获取较大的安全保障。

环境风险管理的对象是存在风险的特定事物和事件，环境风险管理需要遵循一定的科学程序。环境风险管理是一个连续的、循环的、动态的过程，主要包括建立环境风险管理目标、环境风险分析、环境风险决策、环境风险处理等基本步骤。针对各种环境污染事件，我国已经初步建立了包括国家总体应急预案、专项应急预案、部门应急预案、地方应急预案和企业事业应急预案五个层次的应急预案体系。应急预案旨在紧急状态发生时，能够井然有序地应对突发的环境事件，达到保护公众生命和减少财产损失的目的。管理好社会风险和环境风险是企业实现自身发展、贡献社会，以及可持续发展的重要战略任务。

第四节　其他相关内容的编制

一、环境应急资源调查

依据《环境应急资源调查指南（试行）》、《石油化工生产企业环境应急能力建设规范》（DB32/T 4261—2022）开展调查。调查报告一般包括调查概要、调查过程及数据核实、调查结果与结论，并附以环境应急资源信息清单、分布图、调配流程及调查方案等必要的文件。

重点调查可以直接使用的环境应急资源包括专职和兼职应急队伍，自储、代储、协议储备的环境应急装备和物资，应急处置场所、应急物资或装备存放场所、应急指挥场所。预案中的应急措施使用的环境应急资源与现有资源一致。通过逻辑分析、现场抽查等方式对调查数据进行查验。

二、预案编制说明

按照《企业事业单位突发环境事件应急预案评审工作指南（试行）》要求编写预案编制说明，包括成立环境应急预案编制工作组（企业法人任组长），开展环境风险评估和环境应急资源调查，征求关键岗位员工和可能受影响的居民、单位代表的意见，组织对预案内容进行推演等。明确预案技术支持单位及编写人员，以示负责。

征求意见可参考公众调查编制调查表，对企业环境风险及防范等内容进行调查并统计分析，演练暴露问题及解决措施，一般应有意见建议清单，并说明采纳情况及未采纳理由。

三、应急处置卡

针对主要情景、关键岗位、重要设施（如围堰，应急池，雨水、污水排放口闸阀等）设置相应应急处置卡片。应急处置卡片明确特定突发环境事件现场处置措施的一整套流程及相应部门，包括风险描述、报告程序、上报内容、预案启动、排查、控源截污、监测、后勤保障、后期处置、恢复和注意事项等方面内容，并在企业重要位置粘贴，如表 4-2～表 4-4 所示。

表 4-2　突发环境事件应急处置卡片（响应级别）

处置程序	应急处置措施	责任岗位	可利用应急资源
事故情景			
报警及预案启动			
断源			
截污			
消污			
监测			
后期处置			
注意事项			

表 4-3　岗位应急响应卡片

岗位名称			
姓名		联系方式	
风险因素			
可能波及范围			
信息报告流程			
应急响应要求			
可利用应急资源			
企业应急负责人电话		上级主管单位联系电话	
外部应急救援机构联系电话			
消防报警电话：119　　急救电话：120　　公安报警电话：110			

表 4-4　应急设施卡片

负责人		联系方式	
有效容积*			
主要收集范围			
日常维护要求			
应急操作流程			

注：*围堰、应急池、污水排放口闸门、雨水排放口闸门等应急防护设施需配备相应处置卡片。

四、应急预案的评估

应急预案编制完成后，应进行评估。评估由企业主要负责人组织有关部门和相关专业人员进行。预案经评估完善后，由单位主要负责人签署发布，按规定报本地生态环境部门备案。同时，明确实施的时间，抄送的部门、企业、社区等。

1）原则上较大以上突发环境事件风险（以下简称环境风险）企业评审组人员数量不少于 5 人，其中评审专家不少于 3 人（省级专家 2 人），可能受影响的居民代表、单位代表不少于 2 人；一般环境风险企业不少于 3 人（省级专家 1 人）。

2）评审可以采取会议评审、函审（企业通过邮件等方式将环境应急预案文件送至评审人分散评审）或二者相结合的方式进行。较大以上环境风险企业，一般应采取会议评审方式，并对环境风险物质及环境风险单元、应急措施、应急资源等进行查看核实。会议评审是指企业组织评审人员召开会议集中评审。

3）对评估专家的要求。环境应急专家是指入选国家环境应急专家组、生态环境部环境应急专家库及省级、市级、县级生态环境应急专家库的专家。专家人选应严格按照国家相关规定选取。

五、应急预案的修订

《企业事业单位突发环境事件应急预案备案管理办法（试行）》第 12 条规定，企业结合环境应急预案实施情况，至少每三年对环境应急预案进行一次回顾性评估。有下列情形之一的，及时修订：

①面临的环境风险发生重大变化，需要重新进行环境风险评估的；

②应急管理组织指挥体系与职责发生重大变化的；

③环境应急监测预警及报告机制、应对流程和措施、应急保障措施发生重大变化的；

④重要应急资源发生重大变化的；

⑤在突发事件实际应对和应急演练中发现问题，需要对环境应急预案做出重大调整的；

⑥其他需要修订的情况。

对环境应急预案进行重大修订的，修订工作参照环境应急预案制定步骤进行。对环境应急预案个别内容进行调整的，修订工作可适当简化。

第五节　应急预案的管理

应急预案是应急救援行动的指南性文件，为保证应急预案的有效性与实际情况的符合性，必须对预案实施有效的管理。

一、管理原则

应急预案的管理应当遵循全过程管理的原则。从预案的编制、评估、发布、备案、实施、修订等方面加以监管。生态环境部对全国环境应急预案管理工作实施统一监督管理，指导环境应急预案管理工作。县级以上生态环境主管部门负责本行政区域内环境应急预案的监督管理工作。

二、编制

应急预案编制部门或单位，应当根据突发环境事件的性质、特点和可能造成的社会危害，组织有关单位和人员，成立应急预案编制小组，开展应急预案起草工作；应急预案的编制过程必须按照应急预案编制导则的有关规定，在程序、内容上一一对应；应当征求应急预案涉及的有关单位意见，有关单位要以书面形式提出意见和建议。

三、评审

应急预案编制部门或单位应依据有关法律法规规定，组织专家和单位有关人员组成评估小组对本部门或本单位编制的应急预案进行评审；必要时，应当召开听证会，听取社会有关方面的意见。应急预案编制部门或单位应当依据评审结果，完善应急预案。

评审工作流程如图 4-1 所示。

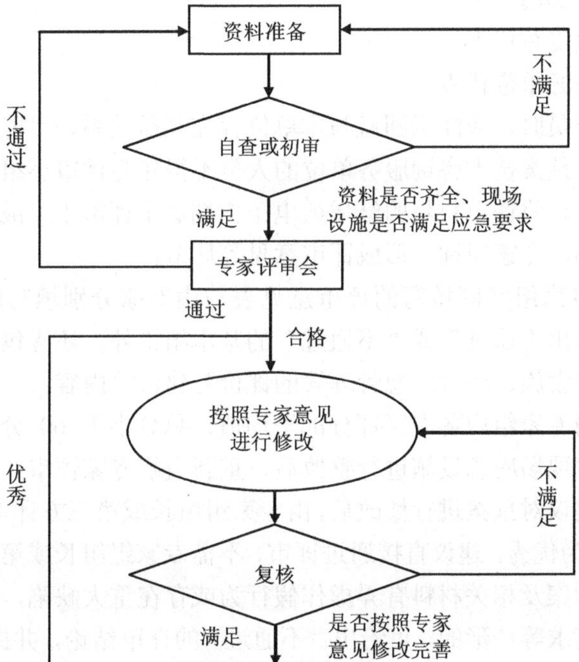

图 4-1　评审工作流程

1. 资料准备

企业事业单位完成以下预案相关评审材料，可组织召开或委托开展评审。

①环境应急预案及编制说明。

②环境风险评估报告。

③环境应急资源调查报告。

2. 自查或初审

应按照国家和地方对预案的相关要求，对预案相关材料进行自查，或委托第三方评审组织单位对预案相关材料进行初审。

自查或初审的要求为：

①预案基本要素是否齐全，整体形式是否规范，尤其是环境风险单元的识别、应急设施与措施、应急组织机构及职责、信息报告等重点内容是否全面、明晰。

②项目现场环境预防预警措施和应急设施是否满足自身应急需求，有全面专业的应急能力分析。

3. 专家评审会

预案评审小组人员应当包括：

①评审专家。评审专家应该熟悉环境应急管理工作有关法律、法规、规章和政策、标准，具有相关行业或相关专业技术经验。重大环境风险等级的企业事业单位的评审专家数量一般为 5 名或以上，其他环境风险等级的评审专家数量一般为 3 名。建议较大及以上环境风险等级企业事业单位的评审在县级或以上环境应急专家库中至少抽取 1 名专家。

②相关政府管理部门人员。

③周边环境风险受体代表。

④相邻重点风险源单位代表。

选取评审小组成员时，应注意回避与本单位存在利益关系、可能影响公正性的人员、业主单位与提供本次预案技术咨询服务单位的人员不得作为评审小组成员。

应提前 3 个工作日将评审材料的纸质或电子文档送至评审小组成员。会议议程应包含预案介绍、现场踏勘、专家质询、形成评审意见等环节。

评审意见包括专家组共同填写的评审意见表与由专家分别填写的预案评审表给出的评审意见结论，除给出“通过”或“不通过”的基本结论外，还应包括评审小组对预案及相关材料、现场应急设施、环境应急管理等的评价与建议等内容。

预案评审总分为专家组内各专家评分的平均值，总分小于 60 分为不及格，建议对预案进行重大修改或对现场应急设施进行整改后，重新组织专家评审；总分大于等于 60 分、小于 90 分为合格，建议对预案进行修改后，由专家组组长或第三方评审组织单位进行复核；总分大于等于 90 分为优秀，建议直接通过评审，不需专家组组长或第三方评审组织单位复核。评审小组认为预案及相关材料有弄虚作假行为或存在重大缺陷，应急措施不能满足突发环境事件的应急需求等情形的，可给出“不通过”的评审结论，并提出明确的整改意见。

企业事业单位或第三方编制单位应按照评审意见，对预案进行全面分析，及时修改完善。评审不通过的企业事业单位，应根据评审会议要求完善整改，并按照程序重新评审。

4. 复核

根据评审意见将预案相关材料修改完善后，列出修改清单，交由专家组组长或第三方评审组织单位进行书面或现场复核。

专家组组长或第三方评审组织单位认为修改后的预案及相关材料满足备案要求，应在评审意见表复核意见处签署复核意见并签名或盖章确认。

5. 评审要点

①预案编制整体是否符合要求。

②项目基本情况是否清晰。

③环境风险单元的识别是否准确。

④现有环境应急能力的差距分析与整改计划。

⑤应急组织机构是否健全、职责是否明确。

⑥预防与预警机制是否合理。

⑦应急处置是否及时可行。

⑧后期处置是否可行。

⑨监督管理措施是否完善。

⑩附件材料是否齐备。

四、发布与备案

依据《企业事业单位突发环境事件应急预案备案管理办法（试行)》，县级以上人民政府生态环境主管部门编制的环境应急预案应当报本级人民政府和上级人民政府生态环境主管部门备案。

企业环境应急预案应当在环境应急预案签署发布之日起 20 个工作日内，向企业所在地县级生态环境主管部门备案。县级生态环境主管部门应当在备案之日起 5 个工作日内将较大和重大环境风险企业的环境应急预案备案文件报送市级生态环境主管部门，重大的同时报送省级生态环境主管部门。

跨县级以上行政区域的企业环境应急预案，应当向沿线或跨域涉及的县级生态环境主管部门备案。县级生态环境主管部门应当将备案的跨县级以上行政区域企业的环境应急预案备案文件报送市级生态环境主管部门，跨市级以上行政区域的同时报送省级生态环境主管部门。省级生态环境主管部门可以根据实际情况，将受理部门统一调整到市级生态环境主管部门。受理部门应及时将企业环境应急预案备案文件报送有关生态环境主管部门。

企业环境应急预案首次备案，现场办理时应当提交下列文件：

①突发环境事件应急预案备案表。

②环境应急预案及编制说明的纸质文件和电子文件，环境应急预案包括环境应急预案的签署发布文件、环境应急预案文本，编制说明包括编制过程概述、重点内容说明、征求意见及采纳情况说明、评审情况说明。

③环境风险评估报告的纸质文件和电子文件。

④环境应急资源调查报告的纸质文件和电子文件。

⑤环境应急预案评审意见的纸质文件和电子文件。

提交备案文件也可以通过信函、电子数据交换等方式进行。通过电子数据交换方式提交的，可以只提交电子文件。

受理部门收到企业提交的环境应急预案备案文件后，应当在 5 个工作日内进行核对。文件齐全的，出具加盖行政机关印章的突发环境事件应急预案备案表。

提交的环境应急预案备案文件不齐全的，受理部门应当责令企业补齐相关文件，并按期再次备案。再次备案的期限，由受理部门根据实际情况确定。

受理部门应当一次性告知需要补齐的文件。

建设单位制定的环境应急预案或者修订的企业环境应急预案，应当在建设项目投入生产或者使用前，按照上述要求，向建设项目所在地受理部门备案。

受理部门应当在建设项目投入生产或者使用前，将建设项目环境应急预案或者修订的企业环境应急预案备案文件报送有关生态环境主管部门。

企业环境应急预案有重大修订的，应当在发布之日起 20 个工作日内向原受理部门变更备案。变更备案按照首次备案的要求办理。

环境应急预案个别内容进行调整、需要告知生态环境主管部门的，应当在发布之日起 20 个工作日内以文件形式告知受理部门。生态环境主管部门受理环境应急预案备案，不得收取任何费用，不得加重或者变相加重企业负担。

工程建设、影视拍摄和文化体育等群体性活动的临时环境应急预案，主办单位应当在活动开始 3 个工作日前报当地人民政府生态环境主管部门备案。

五、修订

县级以上人民政府生态环境主管部门或者企业事业单位应当按照有关法律法规和本办法的规定，根据实际需要和情势变化，依据有关预案编制指南或者编制修订框架指南修订环境应急预案。

生态环境主管部门或者企业事业单位，应当于环境应急预案修订后 30 日内将新修订的预案报备案管理部门重新备案；备案部门可以根据预案修订的具体情况要求修订预案的生态环境主管部门或者企业事业单位对修订后的预案进行评估。

复习思考题

一、企业突发环境事件应急预案编制的目的、意义及编制必要性分析。

二、应编制突发环境事件应急预案的企业类型有哪些？

三、简述应急预案编制体系的基本结构与主要编写过程。

四、简述突发环境事件等级划分的主要内容。

五、分别阐述综合预案、专项预案编写的主要内容。

六、简述风险评估报告编制的主要内容。

七、简述环境应急资源调查报告编写的主要内容。

八、简述应急预案评估与修订的主要内容。

九、简述应急预案备案与管理的主要内容。

技能实训——企业突发环境事件应急预案编制

一、实训目标

1．学会根据企业实际存在的基础资料及环境风险，依据突发环境事件应急预案编制方法、编制步骤及注意事项，编写企业突发环境事件应急预案。

2．提高学生环境风险识别能力和突发环境事件应急预案编制水平。

二、任务描述

根据本章所学突发环境应急预案编制的相关内容，以具体企业为例，开展该企业突发环境事件应急预案的编制工作。

三、任务准备

1．将学生提前分组，布置编制任务，并进行资料收集与踏勘。

2．对接预案编制企业，进行资料收集与踏勘的对接准备。

3．准备多媒体教室与电脑实训机房，进行预案编制与演示讨论。

四、知识要点

1．企业突发环境事件应急预案编制过程。

2．企业突发环境事件应急资源调查。

3．企业突发环境事件应急风险评估分析。

4．企业突发环境事件应急预案内容编制。

五、实训过程

1．在多媒体教室集中，按照先前的任务准备与分组情况，要求学生列出资料收集一览表。

2．由任课教师带队前往各小组对接企业，按学生分组情况，开展资料收集与踏勘。

3．按各小组任务分工，依据前期资料收集与踏勘情况，编制本企业突发环境事件应急预案。

4．以小组互评形式，开展应急预案备案与评审工作。

5．各组之间交流讨论，明确缺陷与不足。

6．教师总结。

六、注意事项

企业实地资料收集与踏勘过程按照教师与各企业要求进行，有疑问必须及时提出，由带队教师和企业对接人员当场解答。

七、总结与思考

1．你认为目前我国企业突发环境事件应急预案编制过程、程序与编制内容设置中存在哪些主要问题？

2．企业突发环境事件应急预案编制的重点与核心内容是什么？需要解决企业怎样的实际问题？

3．各类型企业突发环境事件应急预案编制过程及编制内容中共同点有哪些？不同点有哪些？

第五章

突发环境事件应急响应

突发环境事件影响范围广、波及面大，其应急响应工作涉及社会各个层面，包括各级人民政府及各部门、专业机构、企业事业单位、社会团体和公众，是一项复杂的系统工程。根据“以人为本，减少危害；居安思危，预防为主；统一领导，分级负责；依法规范，加强管理；快速反应，协同应对；依靠科技，提高素质”的原则，在应急响应过程中，各级人民政府履行其指挥和协调职责，各级政府有关部门、专业机构、社会团体等按照职责分工承担响应的应急任务，充分发挥各类应急救援队伍的作用，保障人民群众生命财产安全和环境安全。

第一节　应急响应概述

应急响应是指突发环境事件发生后的反应，即预防、准备、反应和恢复，是危机管理中的重要组成部分。

一、基本原则

根据国务院于2006年发布的《国家突发公共事件总体应急预案》，突发环境事件发生后应遵循“以人为本，减少危害；居安思危，预防为主；统一领导，分级负责；依法规范，加强管理；快速反应，协同应对；依靠科技，提高素质”的工作原则进行应急响应。

以人为本，减少危害：切实履行政府的社会管理和公共服务职能，把保障公众健康和生命财产安全作为首要任务，最大限度地减少突发公众事件及其造成的人员伤亡和危害。

居安思危，预防为主：高度重视公共安全工作，常抓不懈，防患于未然。增强忧患意识，坚持预防与应急相结合、常态与非常态相结合，做好应对突发公共事件的各项准备工作。

统一领导，分级负责：在党中央、国务院的统一领导下，建立健全分类管理、分级负责，条块结合、属地管理为主的应急管理体制，在各级党委领导下，实行行政领导责任制，充分发挥专业应急指挥机构的作用。

依法规范，加强管理：依据有关法律和行政法规，加强应急管理，维护公众的合法权益，使应对突发公共事件的工作规范化、制度化、法制化。

快速反应，协同应对：加强以属地管理为主的应急处置队伍建设，建立联动协调制度，充分动员和发挥乡镇、社区、企业事业单位、社会团体和志愿者队伍的作用，依靠公众力量，形成统一指挥、反应灵敏、功能齐全、协调有序、运转高效的应急管理机制。

依靠科技，提高素质：加强公共安全科学研究和技术开发，采用先进的监测、预测、预警、预防和应急处置技术及设施，充分发挥专家队伍和专业人员的作用，提高应对突发公共事件的科技水平和指挥能力，避免发生次生、衍生事件；加强宣传和培训教育工作，提高公众自救、互救和应对各类突发公共事件的综合素质。

二、响应分级

应急响应的级别，是指根据突发环境事件的性质、严重程度、影响范围等因素，对突发环境事件应急响应工作进行分级管理的一种制度。

（一）政府层面响应等级的划分

我国政府层面突发环境事件应急响应级别与其应急预案等级划分相匹配，主要分为Ⅰ级、Ⅱ级、Ⅲ级和Ⅳ级四个等级。

Ⅰ级响应：最高级别的应急响应，主要针对特别重大突发事件。这类事件对人民群众的生命安全、社会稳定和生态环境构成严重威胁，影响范围广泛。在Ⅰ级响应下，各级政府和相关部门要迅速启动应急预案，全力开展救援工作，确保人民群众的生命安全。

Ⅱ级响应：针对重大突发环境事件的应急响应。这类事件对人民群众的生命安全、社会稳定和生态环境构成较大威胁，影响范围较大。在Ⅱ级响应下，各级政府和相关部门要加强协调，全力做好救援、处置和善后工作。

Ⅲ级响应：针对较大突发环境事件的应急响应。这类事件对人民群众的生命安全、社会稳定和生态环境构成一定威胁，影响范围较大。在Ⅲ级响应下，各级政府和相关部门要按照应急预案，开展救援、处置和善后工作。

Ⅳ级响应：针对一般突发环境事件的应急响应。本级响应是低级别的应急响应。这类事件对人民群众的生命安全、应急响应级别的启动，需要根据突发事件的实际情况，由相应的应急指挥机构决定。各级政府和相关部门要按照应急响应级别，开展相应的应急工作。在突发环境事件得到有效处置后，应急响应级别可以按照实际情况进行调整或终止。

应急响应级别制度对于规范和加强我国应急管理工作具有重要意义和作用。通过分级管理，可以明确各级政府和相关部门在应急工作中的职责和任务，确保应急响应工作的高效、有序进行。同时，应急响应级别制度有助于提高全社会的应急意识，增强应对突发事件的能力。

（二）企业层面响应等级的划分

根据突发环境事件的危害程度、影响范围、周边环境敏感点、企业应急响应能力等，建立与其应急预案等级划分相匹配的企业层面分级应急响应机制，明确不同应急响应级别对应的指挥权限。

区域级（一级）响应：是指事态复杂，对本单位范围以外的财产、人身安全造成严重危害和威胁，已经或可能造成人员伤亡、财产损失或环境污染等后果，需要上级主管部门调度本区域内有关部门统一协调、指挥各方面应急资源和力量才能处理的事故。

企业级（二级）响应：是指事态较复杂，对本单位范围内的财产、人身安全造成严重危害和威胁，已经或可能造成人员伤亡、财产损失或环境污染等后果，但需要企业调度本单位有关部门就能处理的事故。

车间级（三级）响应：是指发生的事故仅在本部门范围内有可能造成较轻微的人员伤害、财产损失或环境污染等后果，只需要调度本部门力量就能处理的事故。

三、响应流程

（一）政府层面应急响应机制与程序

应对突发环境事件，生态环境部门必须遵照一定的程序，做到程序明了，过程清晰，参与工作不缺位、不越位，在处置工作中发挥生态环境部门应有的作用。

应急响应的分级机制和工作程序如图 5-1 所示，主要步骤为接报、研判、报告、预警、启动应急预案、成立应急指挥部、现场指挥、开展应急处置、应急终止。

在应急响应各个环节，信息研判和信息接报是生态环境主管部门的主要工作之一。按照规定的时限和内容接报突发环境事件有关信息，是科学应对和决策的有力保障，也是体现生态环境系统上下一致的关键所在。按照《国家突发环境事件应急预案》等有关规定，生态环境主管部门在接到突发环境事件后，向所在地县级以上人民政府报告的同时，应向上一级生态环境部门报告。原则上，较大以上级别（Ⅲ级以上）突发环境事件直接向同级人民政府和省级生态环境部门报告；重大以上（Ⅱ级以上）突发环境事件，事发地生态环境部门除向同级人民政府和上级生态环境部门报告外，还应当直接向生态环境部报告；生态环境部在接到下级人民政府生态环境主管部门重大（Ⅱ级）或者特别重大（Ⅰ级）突发环境事件以及其他有必要报告的突发环境事件信息后，应当及时向国务院总值班室和中共中央办公厅秘书局报告。

政府启动应急预案后，生态环境部门作为主要参与者，在应急指挥部的统一领导下，在应急响应的各个环节做好参与工作。在预警阶段，根据有关规定，提出预警级别建议。在政府启动突发环境事件应急预案的同时，生态环境部门应启动部门内部应急工作程序，相关人员到位，随时根据指挥部的安排进行工作。在参加政府成立的应急指挥部，与相关部门协同配合的同时，生态环境部门应积极遴选和推荐有关专家，成立专家组，发挥专家在突发环境事件中的指导作用。在现场指挥和处置过程中，生态环境部门应调动监测和监察等力量，在应急监测、污染源排查、调查取证、污染预测、事态评估等方面发挥主导作用；同时根据应急指挥部的安排，积极参与人员救护、疏散、抢险、群众防护、后勤保障等工作；并积极发挥主观能动性，根据实际情况在事件处置中随时向应急指挥部提供信息发布等方面措施的建议和方案。一般情况下，应急指挥部会根据生态环境部门提供的监测数据等有关环境状况信息做出应急终止的决定。

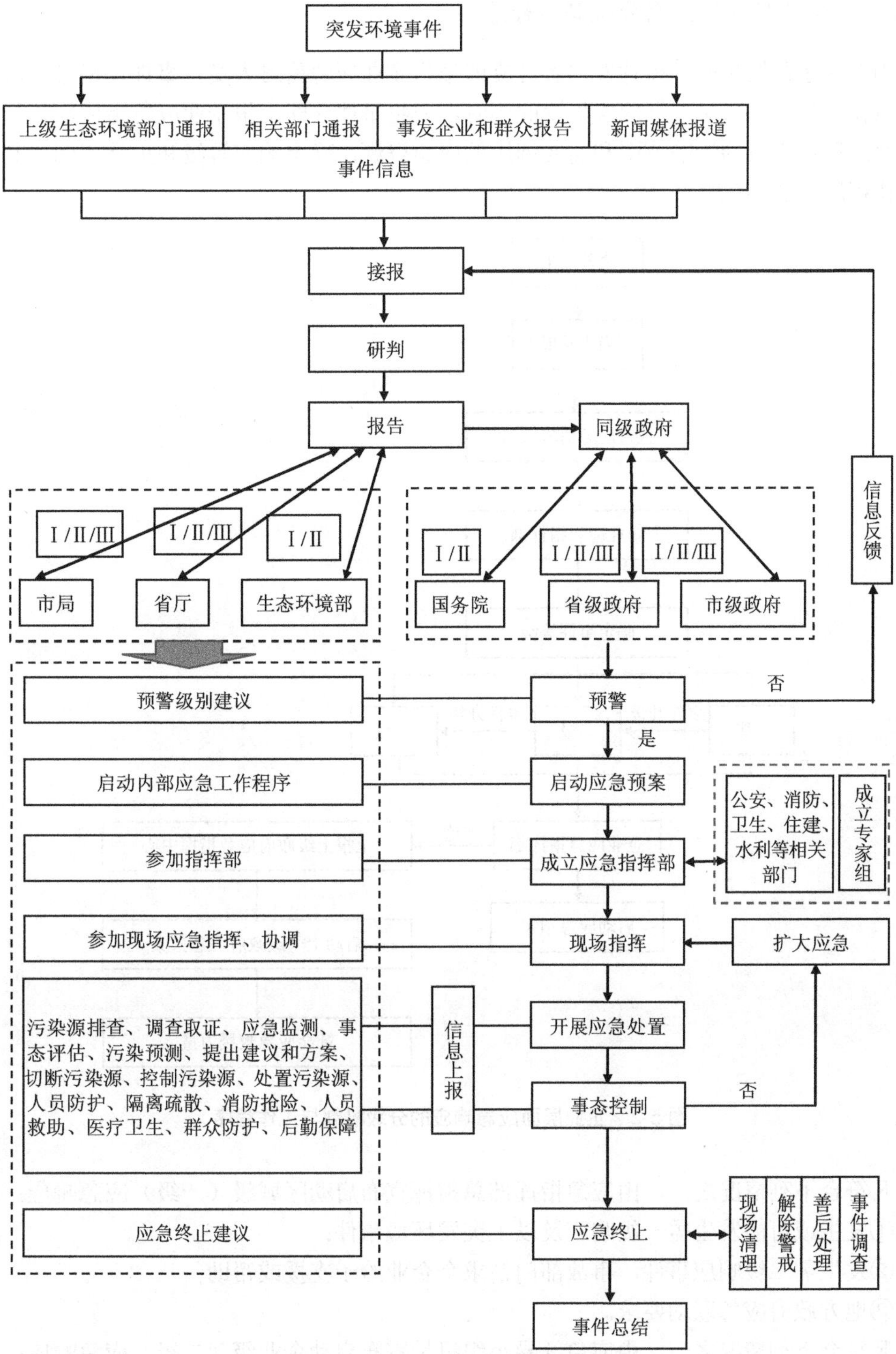

图 5-1　政府层面应急响应的分级机制和工作程序

（二）企业层面应急响应机制与程序

当企业事故发生时，事件发现者应立即报告企业应急值班人员，事件发现者与应急值班人员在积极组织人员进行应急处置的同时，应将事件立即上报企业应急指挥部，指挥部根据突发环境事故的影响范围和需要调用的应急资源，确定响应等级和报警范围，其相对应工作程序如图 5-2 所示。

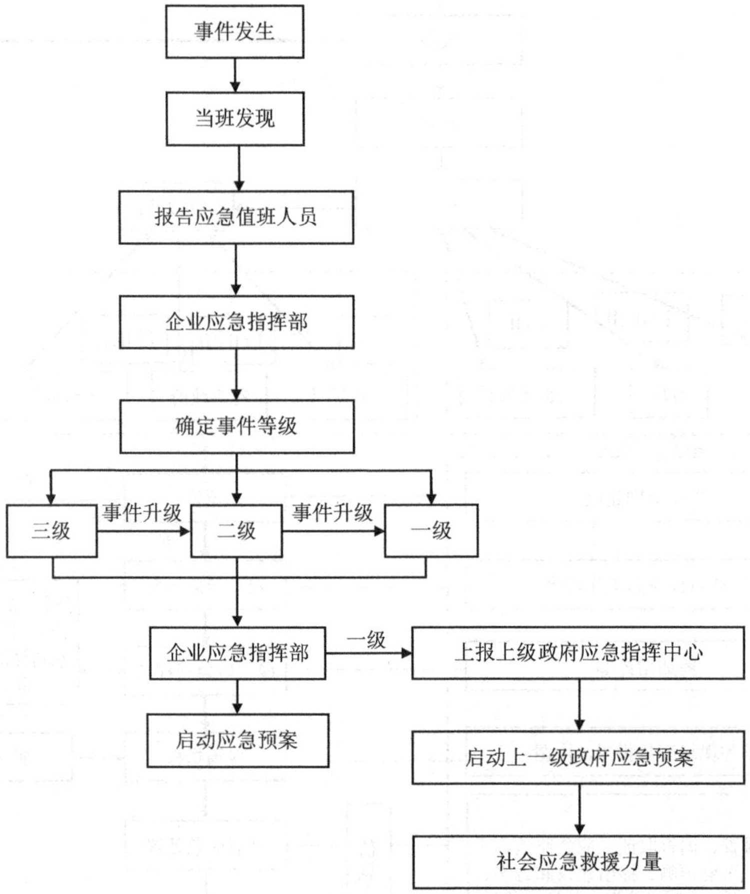

图 5-2　企业层面应急响应的分级机制与工作程序

凡符合下列情况之一，由应急指挥部总指挥宣布启动区域级（一级）应急响应：

①发生或可能发生需一级响应及以上突发环境事件；

②发生需二级响应事件，事故部门请求全企业给予支援或帮助；

③地方政府应急联动要求。

凡符合下列情况之一，由应急领导小组组长宣布启动企业级（二级）应急响应：

①发生或可能发生需二级响应及以上突发环境事件；

②发生需三级响应事件，事故部门请求全企业给予支援或帮助；

③地方政府应急联动要求。

凡符合下列情况之一，由车间主任宣布启动车间级（三级）应急响应：

①发生需三响应突发事件；

②应企业应急联动要求。

四、响应内容

突发环境事件的应急响应工作是一项复杂的系统工程，每一个环节都可能牵涉各方面的政府部门和救援力量。依据属地管理、分级负责的原则，事发地县级以上地方人民政府及其相关部门在应急工作中起主导作用，各相关部门按照职责分工承担相应的应急任务。

应急响应主要内容包括应急救援、人员疏散、应急监测、现场调查、现场应急处置、信息发布和报告、治安管制等工作。

（一）国家层面应急响应内容

1. 部门工作组应急响应

初判发生重大以上突发环境事件或事件情况特殊时，生态环境部门立即派出工作组赴现场指导督促当地开展应急处置、应急监测、原因调查等工作，并根据需要协调有关方面提供队伍、物资、技术等支持。

2. 国务院工作组应急响应

当需要国务院协调处置时，成立国务院小组。主要开展以下工作：

①了解事件情况、影响、应急处置进展及当地需求等。

②指导地方制定应急处置方案。

③根据地方请求，组织协调相关应急队伍、物资、装备等，为应急处置提供支援和技术支持。

④对跨省级行政区域突发环境事件应对工作进行协调。

⑤指导开展事件原因调查及损害评估工作。

3. 国家环境应急指挥部应急响应

根据事件应对工作需要和国务院决策部署，成立国家环境应急指挥部。主要开展以下工作：

①组织指挥部成员单位、专家组进行会商，研究分析事态，部署应急处置工作。

②根据需要赴事发现场或派出前方工作组赴事发现场协调开展应对工作。

③研究决定地方人民政府和有关部门提出的请求事项。

④统一组织信息发布和舆论引导。

⑤视情况向国际通报，必要时与相关国家和地区、国际组织领导人通电话。

⑥组织开展事件调查。

（二）政府应急响应内容

修订后的《中华人民共和国突发事件应对法》第 5 章第 72 条规定：“突发事件发生后，履行统一领导职责或者组织处置突发事件的人民政府应当针对其性质、特点、危害程度和影响范围等，立即启动应急响应，组织有关部门，调动应急救援队伍和社会力量，依照法律、法规、规章和应急预案的规定，采取应急处置措施，并向上级人民政府报告；必要时，可以设立现场指挥部，负责现场应急处置与救援，统一指挥进入突发事件现场的单位和个人。”

《突发环境事件应急管理办法》第 4 条、第 5 条、第 11 条、第 12 条、第 14 条、第 18 条、第 20 条至第 22 条、第 24 条至第 29 条、第 33 条、第 36 条分别就政府部门及生态环境主管部门突发环境事件风险控制、应急准备、应急处置与信息公开相关职责进行了规定。

第 4 条　突发环境事件应对，应当在县级以上地方人民政府的统一领导下，建立分类管理、分级负责、属地管理为主的应急管理体制。

县级以上环境保护主管部门应当在本级人民政府的统一领导下，对突发环境事件应急管理日常工作实施监督管理，指导、协助、督促下级人民政府及其有关部门做好突发环境事件应对工作。

第 5 条　县级以上地方环境保护主管部门应当按照本级人民政府的要求，会同有关部门建立健全突发环境事件应急联动机制，加强突发环境事件应急管理。

相邻区域地方环境保护主管部门应当开展跨行政区域的突发环境事件应急合作，共同防范、互通信息，协力应对突发环境事件。

第 11 条　县级以上地方环境保护主管部门应当按照本级人民政府的统一要求，开展本行政区域突发环境事件风险评估工作，分析可能发生的突发环境事件，提高区域环境风险防范能力。

第 12 条　县级以上地方环境保护主管部门应当对企业事业单位环境风险防范和环境安全隐患排查治理工作进行抽查或者突击检查，将存在重大环境安全隐患且整治不力的企业信息纳入社会诚信档案，并可以通报行业主管部门、投资主管部门、证券监督管理机构以及有关金融机构。

第 14 条　县级以上地方环境保护主管部门应当根据本级人民政府突发环境事件专项应急预案，制定本部门的应急预案，报本级人民政府和上级环境保护主管部门备案。

第 18 条　县级以上地方环境保护主管部门应当建立健全环境应急值守制度，确定应急值守负责人和应急联络员并报上级环境保护主管部门。

第 20 条　县级以上环境保护主管部门应当定期对从事突发环境事件应急管理工作的人员进行培训。

省级环境保护主管部门以及具备条件的市、县级环境保护主管部门应当设立环境应急专家库。

县级以上地方环境保护主管部门和企业事业单位应当加强环境应急处置救援能力建设。

第 21 条　县级以上地方环境保护主管部门应当加强环境应急能力标准化建设，配备应急监测仪器设备和装备，提高重点流域区域水、大气突发环境事件预警能力。

第 22 条　县级以上地方环境保护主管部门可以根据本行政区域的实际情况，建立环境应急物资储备信息库，有条件的地区可以设立环境应急物资储备库。

第 24 条　获知突发环境事件信息后，事件发生地县级以上地方环境保护主管部门应当按照《突发环境事件信息报告办法》规定的时限、程序和要求，向同级人民政府和上级环境保护主管部门报告。

第 25 条　突发环境事件已经或者可能涉及相邻行政区域的，事件发生地环境保护主管部门应当及时通报相邻区域同级环境保护主管部门，并向本级人民政府提出向相邻区域人民政府通报的建议。

第 26 条　获知突发环境事件信息后，县级以上地方环境保护主管部门应当立即组织排查污染源，初步查明事件发生的时间、地点、原因、污染物质及数量、周边环境敏感区等情况。

第 27 条 获知突发环境事件信息后，县级以上地方环境保护主管部门应当按照《突发环境事件应急监测技术规范》开展应急监测，及时向本级人民政府和上级环境保护主管部门报告监测结果。

第 28 条 应急处置期间，事发地县级以上地方环境保护主管部门应当组织开展事件信息的分析、评估，提出应急处置方案和建议报本级人民政府。

第 29 条 突发环境事件的威胁和危害得到控制或者消除后，事发地县级以上地方环境保护主管部门应当根据本级人民政府的统一部署，停止应急处置措施。

第 33 条 县级以上地方环境保护主管部门应当在本级人民政府的统一领导下，参与制定环境恢复工作方案，推动环境恢复工作。

第 36 条 县级以上环境保护主管部门应当在职责范围内向社会公开有关突发环境事件应急管理的规定和要求，以及突发环境事件应急预案及演练情况等环境信息。

由此可见，作为应对突发环境事件主要责任主体的相关政府部门，在应急响应过程中负有固定的工作职责。突发环境事件发生后，履行统一领导职责并组织处置事件的人民政府，启动本级突发环境事件应急预案，成立现场应急指挥部，立即组织有关部门，调动应急救援队伍和社会力量，依照有关规定采取应急处置措施。超出本级应急处置能力时，及时请求上一级应急指挥机构启动上一级应急预案。

政府部门应急响应主要内容包括：

①组织营救和救治受害人员，疏散、撤离并妥善安置受到威胁的人员以及采取其他救助措施。

②迅速控制危险源，探明危险区域，封锁危险场所，划定警戒区，实行交通管制以及其他控制措施。

③采取有效措施，减轻污染危害；采取必要措施，防止发生次生、衍生事件。

④启动本级人民政府设置的财政预备费和储备的应急救援物资，根据《中华人民共和国突发事件应对法》的规定调用其他急需物资、设备、设施、工具，或请求其他地方人民政府提供人力、物力、财力或者技术支援。

⑤组织机构、团体、公民参加应急救援和处置工作，要求具有特定专长的人员提供服务。

⑥要求生产、供应生活必需品和应急救援物资的企业组织生产、保证供给，要求提供医疗、交通等公共服务的组织提供相应的服务。

⑦及时向上级人民政府报告，必要时可越级上报；及时向当地居民公告；及时向毗邻和可能波及的地区政府及相关部门通报。

突发事件发生后，在当地政府统一领导下，生态环境部门需及时做好信息报告及通报、环境应急监测、污染源排查、污染事态评估、事故调查、提出信息发布建议等工作，严格执行“第一时间赶赴现场、第一时间开展监测、第一时间向社会发布信息、第一时间组织开展调查”的要求。

生态环境部门具体响应工作包括：

①启动突发环境事件应急预案，成立应急指挥部及综合、监测、处置、专家、宣传、后勤保障等小组，保障有关人员、器材、车辆到位。

②及时、准确地向同级人民政府和上级生态环境主管部门报告辖区内发生的突发环境事件。

③向涉及的相关部门及毗邻地区进行通报。

④在政府统一领导下，参与突发环境事件的应急指挥、协调、调度。

⑤尽快赶赴现场，调查了解情况，查看污染范围及程度，进行污染源排查，对事件性质及类别进行初步认定。

⑥开展环境应急监测，对数据进行分析，寻找规律，判断趋势，为应急处置工作提供决策依据。

⑦推荐有关专家，成立专家组，对应急处置工作提供技术和决策支持。

⑧根据现场调查情况及专家组意见预测事态发展趋势。

⑨向地方政府提出控制和消除污染源、防止污染扩散、人员救援与防护、信息通报与发布等方面的建议。

⑩向政府提出维护社会稳定、恢复重建等建议。对突发环境事件进行调查处理；协调处理污染损害赔偿纠纷。

（三）企业事业单位应急响应内容

根据国内外突发环境事件的分析统计，突发环境事件的发生原因绝大多数来自企业事业单位。《突发环境事件应急管理办法》第 8 条、第 9 条、第 10 条、第 13 条、第 23 条、第 34 条分别就企业事业单位突发环境事件风险控制、应急准备、应急处置与信息公开相关职责进行了规定。

第 8 条　企业事业单位应当按照国务院环境保护主管部门的有关规定开展突发环境事件风险评估，确定环境风险防范和环境安全隐患排查治理措施。

第 9 条　企业事业单位应当按照环境保护主管部门的有关要求和技术规范，完善突发环境事件风险防控措施。

前款所指的突发环境事件风险防控措施，应当包括有效防止泄漏物质、消防水、污染雨水等扩散至外环境的收集、导流、拦截、降污等措施。

第 10 条　企业事业单位应当按照有关规定建立健全环境安全隐患排查治理制度，建立隐患排查治理档案，及时发现并消除环境安全隐患。

对于发现后能够立即治理的环境安全隐患，企业事业单位应当立即采取措施，消除环境安全隐患。对于情况复杂、短期内难以完成治理，可能产生较大环境危害的环境安全隐患，应当制定隐患治理方案，落实整改措施、责任、资金、时限和现场应急预案，及时消除隐患。

第 13 条　企业事业单位应当按照国务院环境保护主管部门的规定，在开展突发环境事件风险评估和应急资源调查的基础上制定突发环境事件应急预案，并按照分类分级管理的原则，报县级以上环境保护主管部门备案。

第 23 条　企业事业单位造成或者可能造成突发环境事件时，应当立即启动突发环境事件应急预案，采取切断或者控制污染源以及其他防止危害扩大的必要措施，及时通报可能受到危害的单位和居民，并向事发地县级以上环境保护主管部门报告，接受调查处理。

应急处置期间，企业事业单位应当服从统一指挥，全面、准确地提供本单位与应急处置相关的技术资料，协助维护应急现场秩序，保护与突发环境事件相关的各项证据。

第 34 条　企业事业单位应当按照有关规定，采取便于公众知晓和查询的方式公开本单位环境风险防范工作开展情况、突发环境事件应急预案及演练情况、突发环境事件发生及处置情况，以及落实整改要求情况等环境信息。

部分企业事业单位未能彻底履行环境风险防范和突发事件应对的法律义务，影响了事件的处置工作，并导致事件影响的进一步扩大和加深。

企业事业单位对其经营范围、经营内容、生产流程、厂区环境最为熟悉，对周边环境影响受体较为了解，理应承担先期处置的角色。

企业事业单位具体应急响应内容包括：

①立即组织本单位应急救援队伍和工作人员营救受害人员，疏散、撤离、安置受到威胁的人员。

②控制危险源、标明危险区域，封锁危险场所，并采取其他防止危害扩大的必要措施。

③立即采取清除或减轻污染危害的应急措施。

④立即向当地政府和有关部门报告，及时通报可能受到危害的单位和居民。

⑤服从人民政府发布的决定、命令，积极配合人民政府组织人员参加所在地的应急救援和处置工作。

⑥接受有关部门的调查处理，并承担有关法律规定的赔偿责任。

⑦制定突发环境事件应急预案并向有关部门报告。

企业应严格执行突发环境事件应急处置“三个第一时间”原则：第一时间做好相应的响应措施；第一时间实施突发环境事件的处置和救援工作；第一时间上报本地生态环境部门。

（四）其他职能部门应急响应内容

相关部分职能部门具体应急响应工作内容如下：

①海事部门负责调查处理海港区水域内非军事船舶和港区外非渔业、非军事船舶污染事故的职责。

②交通部门负责船舶污染事故应急救援和调查处理工作；负责船舶、港口污染事件的信息报送工作。

③公安部门负责环境应急救援的治安维护、交通管制和群众疏散工作。

④水务部门负责协调生态环境部门对水污染防治实施监督管理；负责参与调查处理入海口陆源污染损害海洋事件；负责保障饮用水水源供水安全。

⑤农业部门负责调查处理农业污染事故。

⑥卫生部门负责协调生态环境部门对水污染防治实施监督管理；负责应急医疗救援工作。

⑦安监部门负责危险化学品事故应急救援工作。

⑧其他职能部门在各自职责范围、法定要求内，承担相应环境应急响应工作。

第二节 信息报告

信息报告工作是妥善处置突发环境事件的前提和基础。及时、准确、全面的信息能够为上级领导了解情况、科学决策提供重要依据，方便上级生态环境部门有针对性地予以指导，并根据实际需要及时派出工作组进行支援。信息上报越及时、越准确，应急响应就越主动、越有效。

为了规范突发环境事件信息报告工作，提高生态环境主管部门应对突发环境事件的能力，依据《中华人民共和国突发事件应对法》《国家突发公共事件总体应急预案》《国家突发环境事件应急预案》及相关法律法规的规定，制定《突发环境事件信息报告办法》。该办法明确了信息报告的程序、时限、种类和内容，以及责任追究等，对我国突发环境事件信息报告工作提出相关要求。

一、报告原则和时限

（一）政府信息报告原则和时限

根据《突发环境事件信息报告办法》，各级生态环境主管部门应当按照职责范围，做好本辖区突发环境事件的处理工作，及时、准确地向同级人民政府和上级生态环境主管部门报告辖区内发生的突发环境事件。

当突发环境事件发生初期无法按突发环境事件分级标准确认等级时，报告上应注明初步判断的可能等级。随着事态的发展，可视情况核定突发环境事件等级并报告应报送的行政主管部门。突发环境事件信息报告程序如图 5-3 所示。

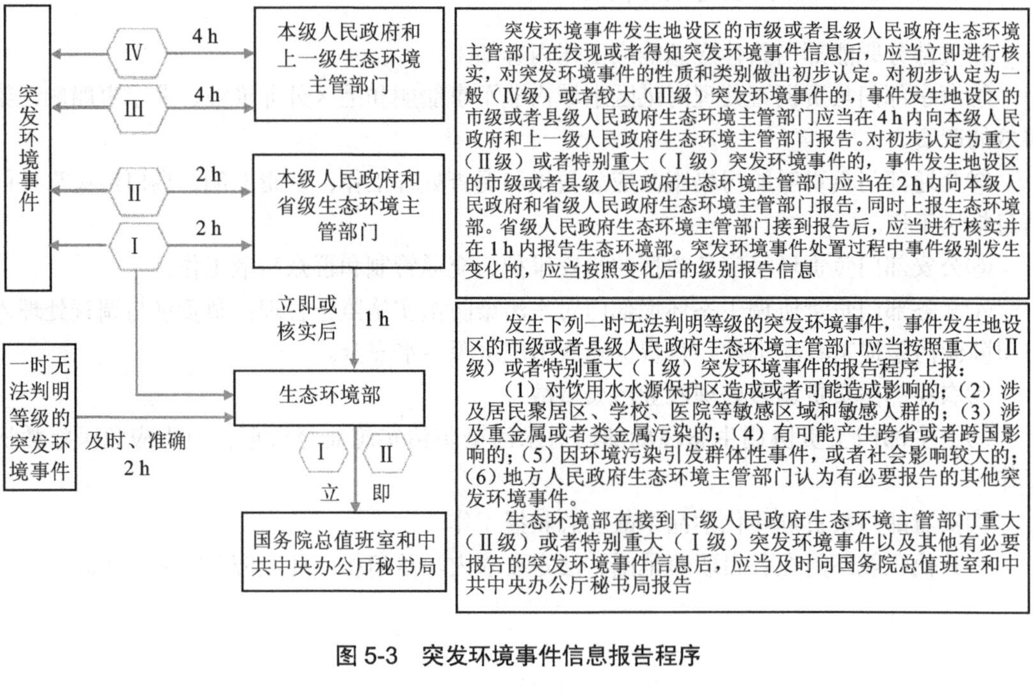

图 5-3 突发环境事件信息报告程序

（二）企业内部信息报告原则和时限

企业应设立值班室，实行 24 h 值班制度。突发环境污染事故发生后，事故发现人员应当立即报告值班人员，值班主管迅速向应急指挥部总指挥、企业相关领导及分部门领导汇报事故真实情况，由应急指挥部决定此次突发环境事件的应急启动等级。

企业内部信息报告流程如图 5-4 所示。

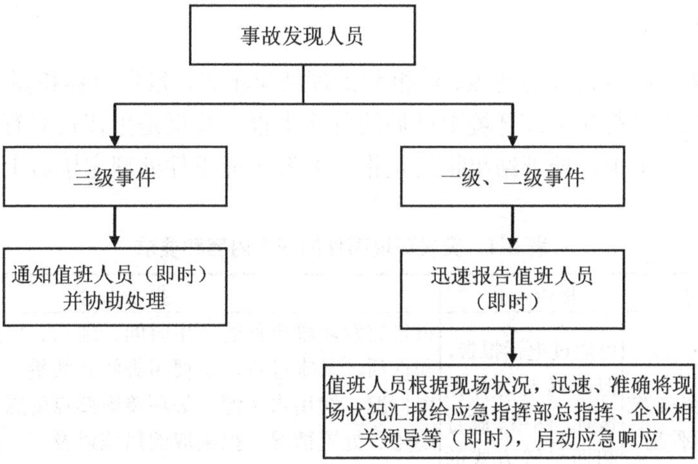

图 5-4　企业内部信息报告流程

二、接报与报告

（一）报警

报警责任单位或责任人包括突发环境事件责任单位及其主管部门、生态环境主管部门、县级以上地方人民政府及其相关部门，以及其他企业事业单位、社会团体。报警责任方可通过拨打“110”“119”“12369”等公共举报电话、网络、传真等形式向政府及其有关部门报警。

公民有义务向政府及其相关部门反映突发环境事件的有关信息。

（二）接报

1．接报责任单位

各级人民政府、生态环境主管部门及其他政府职能部门作为接报责任单位，有责任接收来自各方面的有关突发环境事件信息，并按有关规定进行处理。

2．接报责任人工作规程

接到事件信息后，接报人立即对事件信息进行核实；核实后将有关书面报告材料或电话记录内容及时复印主送分管领导，同时分送其他相关领导、应急部门负责人和相关部门。特别重大事件同时主送主要领导。

夜间及节假日期间，接报人可通过电话报告和书面信息报送。

3．接报内容

接报人接到文字报告材料或电话报告后，必须核实后立即上报。电话报告，必须如实记录报告内容、信息来源、报告时间、报告人、电话号码等信息。

突发环境事件发生地设区的市级或者县级人民政府生态环境主管部门在发现或者得知突发环境事件信息后，应当立即进行核实，对突发环境事件的性质和类别做出初步认定。突发环境事件处置过程中事件级别发生变化的，应当按照变化后的级别报告信息。

（三）报告

突发环境事件的报告分为初报、续报和处理结果报告，报告内容和要求如表 5-1 所示。初报是指在发现或者得知突发环境事件后的首次上报。续报是指在查清有关基本情况、事件发展情况后随时上报。处理结果报告是指在突发环境事件处理完毕后上报。

表 5-1　突发环境事件的报告内容和要求

类别	报告时间	报告方式	报告内容
初报	发现或得知突发环境事件后	可通过电话报告，但应当及时补充传真、网络、邮寄和面呈等方式的书面报告	报告突发环境事件的发生时间、地点、信息来源、事件起因和性质、基本过程、主要污染物和数量、监测数据、人员受害情况、饮用水水源地等环境敏感点受影响情况、事件发展趋势、处置情况、拟采取的措施以及下一步工作建议等初步情况，并提供可能受到突发环境事件影响的环境敏感点的分布示意图
续报	查清有关基本情况后	传真、网络、邮寄和面呈等方式的书面报告	在初报的基础上，报告有关处置进展情况。例如环境监测数据及相关数据（气象）、原因、过程、进展状况、趋势、采取的措施、社会舆论等
处理结果报告	突发环境事件处理完毕后	传真、网络、邮寄和面呈等方式的书面报告	在初报和续报的基础上，报告处理突发环境事件的措施、过程和结果，突发环境事件潜在或者间接危害以及损失、社会影响，处理后的遗留问题、责任追究等详细情况

（四）信息通报与发布

1．信息通报

首先，发生突发环境事件责任方，应及时向受影响和可能波及范围内的环境敏感区域通报，并向毗邻和可能波及的省（区、市）相关部门通报突发环境事件的情况。

发生跨界突发环境事件，当地人民政府及相关部门，在应急响应的同时，应当及时向毗邻和可能波及的地区人民政府及相关部门通报突发环境事件的情况。

发生跨国界突发环境事件，国务院有关部门向毗邻和可能波及的国家通报。

其次，接到通报的人民政府及相关部门，应当视情况及时通知本行政区域有关部门采取必要措施，当地政府向上级人民政府及相关部门报告，相关部门向本级人民政府和上级部门报告。

2．信息发布

根据时间报告的相关规定，及时向上级续报进展情况，并向可能受影响地区和单位通报进展情况。

应急指挥部（政府）负责突发环境事件信息的统一发布工作。按照有关规定，通过政府公报、政府网站、新闻发布会以及报刊、广播、电视等多种方式和途径，统一、及时、准确地发布突发环境事件应急的有关信息，及时、准确地向社会公布应急处置情况，正确引导社会舆论。对于较复杂的事件，可分阶段发布。

第三节　预警响应

一、发布预警

接到投诉举报、上级交办、下级报告、相关部门通报、媒体报道等突发环境事件信息后，应详细了解、询问并准确记录事件发生的时间、地点、影响范围及可能造成或已造成的环境污染危害与人员伤亡、财产损失等情况。

接报的有关政府和部门准备进入预警期。相关职能部门和专业机构加强环境信息监测、预测和预警工作，迅速布置现场调查。

政府层面预警级别相应地由高到低依次用红色、橙色、黄色和蓝色预警，如表 5-2 所示。根据事态的发展和采取措施的效果，预警可以升级、降级或解除。企业层面预警级别相应地由高到低依次用红色、橙色和黄色预警，如表 5-3 所示。同样根据事态的发展和采取措施的效果，预警可以升级、降级或解除。

表 5-2　政府层面突发环境事件的预警发布

事件等级	预警信号	发布单位
Ⅰ级（特别重大）	红色	事发地省级人民政府根据国务院授权发布
Ⅱ级（重大）	橙色	省级人民政府
Ⅲ级（较大）	黄色	市（地）级人民政府
Ⅳ级（一般）	蓝色	县级人民政府

表 5-3　企业层面突发环境事件的预警发布

事件等级	预警信号	发布单位
一级	红色	应急指挥部在明确预警信息后，由应急办公室将指令信息及时传达至各相关职能部门，发布预警，并采取行动对事态进行控制
二级	橙色	
三级	黄色	

二、启动应急预案

及时向信息来源核实情况，必要时组织人员进行现场核实，对未发生突发环境事件的，可解除警报；对于可能或已发生突发环境事件的，组织事件初期调查与评估，初步对突发环境事件的性质和类别做出认定、建议和发布预警，进入预警期，启动突发环境事件应急预案，启动条件和方式如表 5-4 所示。

表 5-4 突发环境事件应急预案的启动条件和方式

预案类别	启动条件	启动单位
国家突发环境事件应急预案	当发布红色预警或确认发生特别重大突发环境事件以及跨省界、国界突发环境事件	生态环境部
	当认定为重大或有可能发展为重大突发环境事件，发生或有可能发生跨省界、国界污染问题或有国务院领导批示的突发环境事件	
省级突发环境事件应急预案	当发布橙色、红色预警或确认发生重大以上级别突发环境事件以及较大突发环境事件产生跨市级行政区域影响或有国务院批示的突发环境事件	当地省级政府
市级突发环境事件应急预案	当发布黄色以上级别预警或确认发生较大以上级别突发环境事件以及产生跨县级行政区域影响的一般突发环境事件	当地市级政府
县级突发环境事件应急预案	当发布蓝色预警或确认发生一般级别以上突发环境事件	当地县级政府

1．政府层面

当发布红色预警或确认发生特别重大突发环境事件以及跨省界、国界突发环境事件时，应启动国家突发环境事件应急预案。

当发布橙色、红色预警或确认发生重大以上级别突发环境事件以及较大突发环境事件产生跨市级行政区域影响或有国务院批示的突发环境事件时，省级政府应启动省级突发环境事件应急预案。

当发布黄色以上级别预警或确认发生较大以上级别突发环境事件以及一般突发环境事件产生跨县级行政区域影响时，当地市级政府应启动市级突发环境事件应急预案。

当发布蓝色预警或确认发生一般级别以上突发环境事件后，当地县级政府应当启动县级突发环境事件应急预案。

2．企业层面

当发布红色预警或确认发生社会级及以上突发环境事件时，应急指挥部总指挥启动区域级（一级）应急预案。

当发布橙色预警或确认发生企业级突发环境事件时，由应急领导小组组长宣布启动企业级（二级）应急预案。

当发布黄色预警或确认发生车间级突发环境事件时，由车间主任宣布启动车间级（三级）应急预案。

三、成立应急指挥部

1．政府层面

突发环境事件应急指挥部是突发环境事件处置的领导机构指挥部，由县级以上人民政府主要领导担任总指挥，成员由各相关人民政府、政府有关部门、企业负责人及专家组成。主要负责政府层面突发环境事件应急工作的组织、协调、指挥和调度。

应急指挥部负责组织指挥各成员单位开展突发环境事件的应急处置工作；设置应急处置现场指挥部；组织有关专家对突发环境事件应急处置工作提供技术和决策支持；负责确定向公众发布事件信息的时间和内容；事件终止认定及宣布事件影响解除，同时将有关情况向上级报告。

应急指挥部可根据污染事件的类型，下设综合协调组、专家组、应急监测组、信息新闻组、污染控制组、现场处置组、现场救治组、后勤保障组、治安保障组、文件资料组等。

综合协调组：负责事件信息收集、研判，提出预警或响应建议；调度各小组开展应急处置，协调专家组按突发环境事件应急指挥部的指示适时调整应急处置方案，做好与其他部门和单位的协调工作，传达或落实上级有关环境应急处置指令和意见；协调环境应急力量处置突发环境事件；组织供应环境应急处置物资；按规定组织报送突发环境事件应急处置信息；参与事件调查、损害评估和舆情应对等工作。

专家组：对污染处置、应急监测等提供技术指导，收集汇总相关数据，组织技术研判，开展污染源、污染途径、处置措施、工程实施等相关分析，制定现场应急处置方案，为突发环境事件的科学处置提供决策建议；指导事发地人民政府及时制定环境恢复方案，做好现场危险废物清理转移处置工作，评估处置效果等。

应急监测组：负责制定应急监测方案，组织开展现场应急监测，提供事故现场污染物监测数据；确定污染物，分析研判污染影响范围、程度和扩散趋势；负责及时提供监测和分析研判报告；参与事件调查、损害评估和舆情应对等工作。

信息新闻组：负责收集、分析和研判突发环境事件相关信访、网络舆情和群体性事件信息，及时向应急指挥部报告；负责与媒体沟通，编写事件新闻通稿，组织协调与应急信息新闻发布，向媒体通报相关的突发环境事件信息；协助政府宣传部门开展宣传和舆论引导工作，做好信息公开等。

污染控制组：负责清查污染源，督促落实污染源整治措施，对违法排污单位依法查处。

现场处置组：负责根据应急处置方案实施突发环境事件现场处置工作，确定污染物来源及责任主体，指导事发地开展环境应急现场处置工作；及时报告环境污染事件应急现场动态；组织开展污染事件相关环境违法行为调查取证；参与事件调查、损害评估和舆情应对等工作。

现场救治组：为现场救治提供医疗保障，实施现场救治。

后勤保障组：提供应急响应处置有关人员交通车辆、办公和生活后勤保障；负责政务值班人员管理及政务值班室接收的突发环境事件信息转报工作。

治安保障组：负责现场的警戒、交通管制及周边人员的疏散与撤离。

文件资料组：负责资料的发放与接收等。

2. 企业层面

突发环境事件应急指挥部是企业突发环境事件处置的领导机构指挥部，由总经理担任总指挥，副总经理担任副总指挥，小组组长及组员由各相关部门负责人及员工组成。应急指挥部主要负责企业层面突发环境事件应急工作的组织、协调、指挥和调度。

应急指挥部可根据污染事件的类型，下设应急救援办公室、抢修抢险组、安全救护组、物资供应组、引导疏散组、通信联络组、应急监测组等。

应急指挥部主要职责：贯彻执行国家、当地政府、上级有关部门关于环境安全的方针、政策及规定；组织制定突发环境事件应急预案；组建突发环境事件应急救援队伍；负责应急防范设施（备）的建设，以及应急救援物资，特别是处理泄漏物和吸收污染物的化学品物资的储备；检查、督促做好突发环境事件的预防措施和应急救援的各项准备工作，督促、协助有关部门及时消除有毒有害物质的跑、冒、滴、漏；负责组织预案的审批与更新；负责组织预案外部评审；批准本预案的启动与终止；确定现场指挥人员；协调事件现场有关工作；负责应急队伍的调动和资源配置；突发环境事件信息的上报及可能受影响区域的通报工作；负责应急状态下请求外部救援力量的决策；接受上级应急救援指挥机构的指令和调动，协助事件的处理，配合有关部门对环境进行修复、事件调查、经验教训总结；负责保护事件现场及相关数据；有计划地组织实施突发环境事件应急救援的培训，根据应急预案进行演练等相关工作。

应急救援办公室主要职责：协助抢修人员将受伤人员带离事故现场，负责对其进行简单现场救护；负责对受伤人员进行统计，登记；协助医疗机构人员将伤员送往医院进行救治，并跟踪后续伤员治疗、康复等工作；负责对事故现场转移出来的伤员实施紧急救护工作，协助医疗救护部门将伤员护送到相关单位进行抢救和安置。

抢修抢险组主要职责：负责应急状态下雨水排孔封堵；负责切断事故源，有效控制事故，以防扩大；在专业消防队伍到来前，负责现场消防抢险工作；在专业消防队伍到来后，按专业消防队伍的指挥员要求，配合进行应急消防；负责将事故现场的伤员转移出来；对环境污染等突发事故影响范围内的危险化学品等高危、敏感设施实施预警监视；参与制定和实施环境事故应急预案，为应急领导小组决策提供技术支持和保障，提供有关紧急保护公众环境的防护措施和应急技术咨询；为开展环境污染和生态破坏事故应急处置、应急监测提供技术支持；事故后尽快组织力量抢修公司供电、供水等重要设施，尽快恢复功能；发生重大污染事故时，组织厂区人员安全撤离现场；协助领导小组做好善后工作；负责现场警戒疏散工作。

安全救护组主要职责：组织建立卫生救援队伍，做好医学救护准备及紧急救援药品的管理；抢救伤病人员，并及时救护与转送；如有需要进行防化防毒处理；制定、发布治安保卫方案，维护应急、加强重点部位的保卫；指挥治安管理队伍，必要时对事故区域进行封闭，实施交通管制。

物资供应组主要职责：负责应急设施或装备的购置和妥善存放保管，做好日常检查，确保在紧急情况时物资供应，在事故发生时及时将有关应急装备、安全防护品、现场应急处置材料等应急物资运送到事故现场；对突发环境事件产生的污染物进行认真收集、清理；应急事故结束后，及时将损耗的救援物资补充到位；事故后对受伤人员给予关心，安定受伤者的情绪，对受伤人员进行补偿等。

引导疏散组主要职责：负责人群疏散；维护安全区或安置区的秩序和治安。

通信联络组主要职责：确保各专业队与调度和指挥部之间通信畅通；负责外部通信联络工作；联络并协助医疗救护部门将伤员护送到相关单位进行抢救和安置，辅助事故现场的伤员转移、救助工作；负责应急情况下厂内车辆及装备的调度；负责现场人员的疏散及警戒，防止无关人员进入现场；事故发生后，由事故责任部门、当事人将事故原因、经过、主要责任人、经济损失、人员伤亡等情况上报指挥部；负责清点离开事故区域的人数，并进行登记。

应急监测组主要职责：负责联系环境监测单位，并协助其进行应急监测工作；负责事故状态下的污水收集、处理、转移等协调工作；负责日常的事故应急宣传教育，向厂内外职工、群众和各友邻单位发布重大污染源和事故应急的有关信息；及时、有效地了解本企业事故对外界环境的影响，便于上级部门的指挥和调度；发生较大污染事故时，配合当地环境监测站点开展环境监测。

第四节　应急监测

一、应急监测概述

突发性环境事故的应急监测，是指在环境应急情况下，为发现和查明环境污染情况和污染范围而进行的环境监测；是环境监测人员在事故现场，用小型、便携、简易、快速的监测仪器或装置，在尽可能短的时间内对污染物质的种类、污染物质的浓度、污染的范围、可能的危害等做出判断的过程。实施应急监测是做好突发性环境污染事故处置的前提和关键，只有对环境污染事故的类型及污染状况做出准确的判断，才能为污染事故及时、正确地进行处理、处置和制定恢复措施与善后处理提供一定的基础。

环境应急监测分为事件中现场监测和事件后追踪监测。事件中现场监测主要是按照应急监测预案的要求，利用快速监测方法确定污染物浓度与影响范围，以便于有针对性地采取现场处置措施，控制事态发展；事件后追踪监测是对环境事件造成中长期影响进行跟踪监测分析，并为事件评价提供数据。环境应急监测是环境应急体系中的重要组成部分，是突发环境事件处置中的重要环节，是对污染事故及时、正确地进行应急处理，减轻事故危害和制定恢复措施的根本依据。其作用主要有：

①对污染物进行现场快速定性监测，及时判明污染物与污染类型，为现场应急救援和疏散工作提供快速的科学依据。

②对污染物和相关环境进行快速定量监测，对环境污染物的性质、污染范围、污染变化趋势、受影响的范围、危害程度做出准确的认定，为污染事故的应急处理与环境保护提供技术保障。

③对污染物扩散和短期内不能消除、降解的污染物进行跟踪监测，为环境污染的预防、环境恢复、生态修复提出建议措施等。

④对污染事件的相关污染源和相关生态环境进行监控监测，为污染事故的原因分析与事故处理提供技术支持。

⑤避免突发事故后果被人为夸大，以致造成经济损失，造成紧张气氛，甚至影响社会稳定。通过环境应急监测，可以及时发布信息，以正视听，让人民群众满意，让政府放心。因此，环境应急监测也是一项严肃的、特殊的、重要的政治任务。

二、应急监测的内容和工作程序

应急监测的基本内容应包括编写应急监测预案、应急监测启动、应急监测准备、监测范围、监测布点、现场采样、监测项目、确定监测分析方法、监测结果与数据处理、监测过程质量控制、监测过程总结、跟踪监测等。其中，确定监测项目是应急监测中关键技术之一。

（一）编写应急监测预案

编写应急监测预案是为了在环境污染事故发生的紧急状态下，按照既定的程序快速实施应急监测。预案中需要落实不同类型污染的仪器配置、防护装备，明确规定工作程序、责任人和监测人员。在预案中，至少应提供获得各种需要的基础资料的途径，如区域内其他监测机构、危险源基本资料、专家支持系统（如当地气象条件下危险品基本特性数据库、处理处置技术等），同时对应急监测的时效性应有原则要求。

应急监测预案的基本要求如下：

①科学性。应急监测是一项科学性很强的工作，它既要求科学的组织机构，又要求科学的监测手段和方法，所以制定应急监测方案应以科学的态度，在全面调查研究的基础上，开展分析和论证，制定出严密、统一、完整的应急监测方案。

②实用性。应急监测预案必须符合当地的客观环境条件，符合事件应急监测的实际需要，具有针对性和可操作性。

③协调性。应急监测是一种紧急状态下的应急工作，所制定的应急监测方案应明确应急监测的组织机构及其职责，确保事件发生后应急监测工作快速、协调、有序地进行。

④完整性。应急监测方案是一个完整的体系，编制时要周全地考虑各方面的因素，既要做到内容完整，又要做到简洁明了。

（二）应急监测启动

接到环境应急下达的应急监测任务后，应急监测组应立即启动应急监测预案及相应的工作程序，下达应急监测预先号令，集合人员待命。通知相关的环境监测机构协助做好应急监测工作。

（三）应急监测准备

现场监测组应完成现场应急监测仪器、防护器材等准备工作。质量保证组完成现场质量保证等准备工作。仪器设备组完成现场供电设备、通信照明设备器材等准备。后勤保障组完成应急指挥车、应急监测车等准备工作。实验室留守人员做好应急实验室准备工作，随时对现场采集的样品进行分析。

现场调查组根据严重事故发生的信息和应急监测信息查询系统（危险源地理信息库和危险化学品信息库），以及突发环境事件所产生或排放污染物的类型，确定采取不同的应急处理处置方案：若环境污染事故所产生或排放的污染物为已知污染物，则可以立即根据该污染物的特点采取相应的应急监测方案和应急处理处置对策；若环境污染事故所产生或排放的污染物为未知污染物，则首先根据环境污染事故发生单位的生产、贮存或运输情况判断该污染物为有机污染物或无机污染物，然后赴现场采取相应的技术手段进行定性分析来确定该污染物。

（四）监测范围

监测范围的确定原则是尽量涵盖环境污染事故的污染范围。如果监测能力达不到这样的要求，按照人群密度大、影响人口多优先，环境敏感点或生态脆弱点优先，社会关注点优先，损失额度大优先的原则，确定监测范围。如果环境污染事故有衍生影响，则距离环境污染事故发生时间越长，监测范围越大。

（五）监测布点

应急监测阶段采样点的设置一般以环境污染事故发生地点为中心或源头，结合气象和水文条件，在其扩散方向合理布点。其中，环境敏感点、生态脆弱点和社会关注点应布设采样点，应急监测不但应对环境污染事故的污染区域进行采样，同时应在不会被污染的区域布设对照布点，作为环境背景参照；在尚未受到污染的区域布设控制点位，对污染带移动过程形成动态监测。

（六）现场采样

现场采样应制订计划，采样人员必须是专业人员。采样量应同时满足快速监测和实验室监测需要。采样频次主要根据污染状况确定，一般而言，应争取在最短的时间内采集有代表性的样品。距离环境污染事故发生时间越短，采样频次应越高。如果环境污染事故有衍生影响，则采样频次应根据水文、气象条件变化和迁移状况形成规律，以增加样品随时空变化的代表性。

应急监测人员进入事故警戒区域内，必须根据现场情况进行必要的自身保护，质量保证组根据现场情况在最短的时间内进行初步监测方案审核，根据应急监测技术规范的要求确认监测对象、监测点位、监测项目、监测频次等，由监测组组长审批。当事故现场污染物不明或难以查清时，质量保证组和现场调查组在进行现场调查的同时，需通过技术系统查询，尽快确定应急监测方案，必要时进行专家咨询。

现场监测组按应急监测方案和技术规范的要求对可能被污染的空气、水体、土壤以及生态等进行应急监测和全过程动态监控，随时掌控污染事故的变化情况。

无法进行现场监测的污染物，应将现场采集的样品快速送到实验室进行分析。样品送交分析人员后，现场人员应说明有关情况，分析人员对照原始记录采样进行核对，以最快的速度分析样品。样品分析结束后，剩余的样品应在污染事故处置妥当之前按技术规范要求予以保存。

（七）监测项目

监测项目应根据污染物特性确定。在没有掌握污染源性质的情况下，应寻求应急监测技术支持系统中的数据支持。在没有建立技术支持系统的情况下，可采用咨询专家意见等方法确定监测项目。确定监测项目是应急监测中的技术关键，对环境污染事故处置有举足轻重的作用。

（八）确定监测分析方法

根据污染物的性质，首先采用便携的现场快速检测方法进行测定，然后按照国家标准或行业标准方法进行测定对比，优先采用国家标准分析方法、行业统一分析方法，也可以等效采用 ISO、EPA、日本工业标准（JIS）等其他方法进行监测。当上述方法都不能满足应急的需要时，采用咨询专家、查找文献等方式确定分析方法，但必须在报出的数据中说明。

（九）监测结果与数据处理

数据处理应参照相应的监测技术规范进行，数据修约按照《数据修约规则与极限数值的表示和判定》（GB/T 8170—2008）执行。应急监测的结果可用定性、半定量或定量的方法报出。定性监测只能报出是否检出，同时提供检测限；半定量监测可以提供测定结果或测定结果范围；定量监测则应提供测定结果。监测结果按照《国家突发环境事件应急预案》中的规定报告，可采用电话、传真、快报、简报、监测报告等形式。

（十）监测过程质量控制

如果有必要，现场采集的样品要做统一标识，采样人员应在现场填写采样原始记录表。现场采样应尽可能在事故责任方、受害方及当地生态环境部门均有代表在场的情况下进行。三方代表均应在采样原始记录表上签字。

应急监测过程应实施质量控制，原始样品采集、接样分样、现场分析监测、实验室分析、数据统计等过程都应有相应的质量保证。应急监测报告实行三级审核。

（十一）监测过程总结

监测分析结束后，应对监测数据进行汇总分析，编写应急监测报告，形成过程总结报告，总结经验和教训，持续提高应急监测水平。应急监测报告要对应急监测结果、污染事故发生地、发生时间、污染范围、污染程度进行必要的分析评价和说明。根据监测结果报告，综合分析突发事件的变化趋势及其污染和危险程度，并通过专家咨询和讨论的方式，预测突发事件的发展情况和污染物的变化情况，并提出削减污染危害的措施和建议。以报告的方式将以上信息报领导小组，可作为应急决策的依据。

（十二）跟踪监测

对于环境污染事故发生后，滞留在水体、土壤、作物等环境中短期内不易消除、降解的污染物，要进行必要的跟踪监测。

三、应急监测布点原则

在制定环境污染事故应急监测方案时，应遵循的基本原则是：现场应急监测与实验室分析相结合，应急监测的技术先进性和现实可行性相结合，定性与定量、快速与准确相结合，环境要素的优先顺序为空气、地表水、地下水、土壤。

（一）点位布设原则

环境污染事故发生时，污染物的分布极不均匀，对各环境要素的污染程度各不相同，因此采样点位置的选择对于准确判断污染物的浓度分布、污染范围与程度等极为重要。一般地，应急监测的布点原则有以下两个：

①采样断面（点）的设置一般以突发性环境化学污染事故发生地点及其附近为主，同时必须注重人群和生活环境，考虑对饮用水水源地、居民住宅区空气、农田土壤等区域的影响，合理设置参照点，以掌握污染发生地点状况、反映事故发生区域环境的污染程度和

污染范围为目的。

②对被突发性环境化学污染事故污染的地表水、地下水、大气和土壤进行监测时，均应设置对照断面（点）、控制断面（点），对地表水和地下水还应设置削减断面，尽可能以最少的断面（点）获取足够的有代表性的信息，同时需考虑采样的可行性和方便性。

（二）布点采样方法

1．大气环境污染事故

①应尽可能在事故发生地就近采样（往往污染物浓度越大，该值对于采用模型预测污染物范围和变化趋势越有用），并以事故地点为中心，根据事故发生地的地理特点、盛行风向及其他自然条件，在事故发生地下风向（污染物漂移云团经过的路径）影响区域、掩体、低洼地等位置，按一定间隔的圆形布点采样，并根据污染物的特性在不同高度采样，同时在事故点上风向的适当位置布设对照点。应在距事故发生地最近的居民住宅区或其他敏感区域布设采样布点。采样过程中应注意风向的变化，及时调整采样点位置。

②对于应急监测用采样器（流量计、温度计、气压表），应经常予以校正，以免情况紧急时没有时间进行校正。

③利用检气管快速监测污染物的种类和浓度范围，现场确定采样流量和采样时间。采样时，应同时记录气温、气压、风向和风速，采样总体积应换算为标准状态下的体积。

2．地表水环境污染事故

①监测点位以事故发生地为主，根据水流方向、扩散速度（或流速）和现场具体情况（如地形、地貌等）进行布点采样，同时应测定流量。采样器具应洁净并避免交叉污染，现场可平行采样，一份供现场快速测定，另一份在现场立刻加入保护剂，尽快送至实验室进行分析。若需要，可同时用专用采泥器（深水处）或塑料铲（浅水区）采集事故发生地的沉积物样品，并密封入塑料光口瓶中。

②对江、河的监测应在事故发生地、事故发生地的下游布设若干点位，同时在事故发生地的上游一定距离布设对照断面（点）。如江、河水流的流速很小或基本静止，采样断面（点）可根据污染物的特性在不同水层采样。在事故影响区域内饮用水和农灌区取水口必须设置采样断面（点）。根据污染物的特性，必要时应同时布设沉积物采样断面（点）。当采样断面（点）水宽小于等于 10 m 时，在主流中心采样；当采样断面（点）水宽大于 10 m 时，在左、中、右三点采样后混合。

③对湖（库）的监测应在事故发生地、以事故发生地为中心的水流方向的出水处，按一定间隔的扇形或圆形布点，并根据污染物的特性在不同水层采样，多点样品可混合成一个样品。同时根据水流流向，在其上游适当距离布设对照断面（点）。必要时，在湖（库）出水口和饮用水取水口处设置采样断面（点）。

④在沿海和海上布设监测点位时，应考虑海域位置的特点、地形、水文条件、盛行风向及其他自然条件。多点采样后可混合成一个样品。

3．地下水环境污染事故

①应以事故发生地为中心，根据本地区地下水流向，采用网格法或辐射法在周围 2 km 内布设监测井采样。同时，根据地下水主要补给来源，在垂直于地下水流的上方向设置对照监测井采样。在以地下水为饮用水水源的取水处，必须设置采样点。

②采样应避开井壁，采样瓶以均匀的速度沉入水中，使整个垂直断面的各层水样均匀进入采样瓶。

③若用泵或直接从取水管采集水样时，应先排尽管内的积水再采集水样。同时，要在事故发生地的上游采集一个对照样品。

4．土壤环境污染事故

①应以事故地点为中心，在事故发生地及周围一定距离内的区域按一定间隔圆形布点采样，并根据污染物的特性在不同深度采样，同时采集未受污染区域的样品作为对照样品。必要时，还应采集事故地附近的作物样品。

②在相对开阔的污染区域采取垂直深 10 cm 的表层土。一般在 10 m×10 m 范围内，采用梅花形布点方法或根据地形采用蛇形布点方法（采样点不少于 5 个）。

③将多点采集的土壤样品除去石块、草根等杂草，现场混合后取 1～2 kg 样品装在塑料袋内密封。

5．固定污染源和流动污染源

对于固定污染源和流动污染源，应根据现场的具体情况，在产生污染物的不同工况下（部位）或不同容器内分别布设采样点。

6．环境化学污染事故

对于化学品仓库火灾、爆炸、有害废物非法丢弃等造成的环境化学污染事故，由于样品基本往往极其复杂，因此需要采用合适的样品预处理方法。

对所有采集的样品应分类保存，以防止交叉污染。对现场无法测定的项目，应立即将样品送至实验室分析。样品必须保存到应急行动结束，之后才能废弃。

四、应急监测关键技术

应急监测的技术包括气体监测技术、水质监测技术、固体物监测技术、噪声监测技术、核辐射监测技术等。

（一）气体监测技术

气体污染物可分为有机和无机两类。常见无机有毒气体主要为 CO、NO_x、SO_2、H_2S、Cl_2、HCl、HCN、O_3、NH_3 等；有机气体有 300 多种，其中苯系物气体都是对人体有害的。

气体的监测主要有三种方式：①通过常规监测仪器对局部地区气体进行测定分析；②生物监测；③通过遥感技术对较大区域范围的大气进行监测。

在实际监测和检测中，常用的是光谱法、色谱法和化学分析法等结合的方法，表 5-5 给出了空气中主要污染物监测分析方法。

大气污染的生物监测手段主要有：①利用指示植物监测大气污染，主要是根据各种植物在大气污染的环境中叶片上出现的伤害症状，对大气污染做出定性和定量的判断；②测定植物体内污染物的含量，估测大气污染状况；③观察植物的生理生化反应，如酶系统的变化、发芽率的降低等，对大气污染的长期效应做出判断；④测定树木的生长率和年轮等，估测大气污染的现状和历史；⑤利用某些敏感植物（如地衣、苔藓）制成大气污染植物监测器，进行定点观测；⑥利用生物传感器测定大气中 CO_2、NO_x、NH_3 及 CH_4 等物质的含量。

表 5-5　空气中主要污染物监测分析方法

序号	污染物项目	手工分析方法		自动分析方法
		分析方法	标准编号	
1	二氧化硫（SO_2）	《环境空气　二氧化硫的测定　甲醛吸收-副玫瑰苯胺分光光度法》	HJ 482	紫外荧光法、差分吸收光谱分析法
		《环境空气　二氧化硫的测定　四氯汞盐吸收-副玫瑰苯胺分光光度法》	HJ 483	
2	二氧化氮（NO_2）	《环境空气　氮氧化物（一氧化氮和二氧化氮）的测定　盐酸萘乙二胺分光光度法》	HJ 479	化学发光法、差分吸收光谱分析法
3	一氧化碳（CO）	《环境空气　一氧化碳的测定　非分散红外法》	GB 9801	气体滤波相关红外吸收法、非分散红外吸收法
4	臭氧（O_3）	《环境空气　臭氧的测定　靛蓝二硫酸钠分光光度法》	HJ 504	紫外荧光法、差分吸收光谱分析法
		《环境空气　臭氧的测定　紫外光度法》	HJ 590	
5	颗粒物（粒径小于等于 10 μm）	《环境空气　PM_{10} 和 $PM_{2.5}$ 的测定　重量法》	HJ 618	微量振荡天平法、β射线法
6	颗粒物（粒径小于等于 2.5 μm）	《环境空气　PM_{10} 和 $PM_{2.5}$ 的测定　重量法》	HJ 618	微量振荡天平法、β射线法
7	总悬浮颗粒物（TSP）	《环境空气　总悬浮颗粒物的测定　重量法》	GB/T 15432	—
8	氮氧化物（NO_x）	《环境空气　氮氧化物（一氧化氮和二氧化氮）的测定　盐酸萘乙二胺分光光度法》	HJ 479	化学发光法、差分吸收光谱分析法
9	铅（Pb）	《环境空气　铅的测定　石墨炉原子吸收分光光度法（暂行）》	HJ 539	—
		《环境空气　铅的测定　火焰原子吸收分光光度法》	GB/T 15264	—
10	苯并[*a*]芘（B*a*P）	《空气质量　飘尘中苯并[*a*]芘的测定　乙酰化滤纸层析荧光分光光度法》	GB 8971	—
		《环境空气　苯并[*a*]芘的测定　高效液相色谱法》	GB/T 15439	—

利用遥感技术对大气进行监测能发现有时用常规方法难以揭示的污染源及其扩散的状态。它最重要的作用是不需要采样而直接可以进行区域性的跟踪测量，快速进行污染源的定点定位，污染范围的核定，污染物在大气中的分布、扩散等，从而获得全面的综合信息。

（二）水质监测技术

水质监测的方式主要有常规监测、生物毒性监测和遥感监测三大类。常规监测是用于水质基本状况的了解，并作为预警的辅助信息；生物毒性监测用于检测水样对生物的危害程度；遥感监测适用于大面积水体污染情况。

1. 常规监测

水质常规监测可以运用自动监测与常规检测相结合的方式。自动监测可以实时地在线监测水体情况，更及时地获得信息，但能够实现自动监测的项目比较少；常规检测的方式时间长，步骤复杂，但可以更全面地掌握水体情况。表 5-6、表 5-7 分别列出了地表水、地下水常规监测项目和自动监测项目。

表 5-6　地表水常规监测项目

水体	必测项目	选测项目	特定项目
河流	水温、pH、溶解氧、高锰酸盐指数、电导率、五日生化需氧量、氨氮、汞、铅、挥发酚、石油类（共 11 项）	化学需氧量、总磷、铜、锌、氟化物、硒、砷、镉、铬（六价）、氰化物、阴离子表面活性剂、硫化物、粪大肠菌群（共 13 项）	三氯甲烷、四氯化碳、三溴甲烷、二氯甲烷、1,2-二氯乙烷、环氧氯丙烷、氯乙烯、1,1 二氯乙烯、1,2 二氯乙烯，三氯乙烯、四氯乙烯、氯丁二烯、六氯丁二烯、苯乙烯、甲醛、乙醛、丙烯醛、三氯乙醛、苯、甲苯、乙苯、二甲苯、异丙苯、氯苯、邻二氯苯、对二氯苯、三氯苯等共 80 项
湖泊水库	水温、pH、溶解氧、高锰酸盐指数、电导率、五日生化需氧量、氨氮、汞、铅、挥发酚、石油类、总氮、总磷、叶绿素 a、透明度（共 15 项）	化学需氧量、铜、锌、氟化物、硒、砷、镉、铬（六价）、氰化物、阴离子表面活性剂、硫化物、粪大肠菌群、微囊藻毒素-LR（共 13 项）	
饮用水水源地	水温、pH、总磷、溶解氧、高锰酸盐指数、氟化物、氨氮、挥发酚、石油类、粪大肠菌群（共 10 项）	硫酸盐、总氮、五日生化需氧量、氯化物、铁、锰、硝酸盐氮、铜、锌、硒、砷、镉、铬（六价）、铅、汞、氰化物、阴离子表面活性剂、硫化物（共 18 项）	

表 5-7　地表水自动监测项目

项目分类	项目名称
必测项目	水温、pH、溶解氧、高锰酸盐指数、电导率、浊度、氨氮
选测项目	化学需氧量、TOC（干法）、UV 吸收值、总磷、总氮、氰化物、氟化物、酚、硝酸盐、氯离子、砷、汞、水位、流量等

2. 生物毒性监测

生物毒性监测的主要方法有：利用指示生物来监测和检测；利用水生生物群落结构的变化来监测和检测；水污染的生物测试；生物传感器监测等。

3. 遥感监测

被污染水体具有独特的有别于清洁水体的光谱特征，这些光谱特征体现在其对特定波长的光的吸收或反射上，而且这些光谱特征能够为遥感器所捕获并在遥感图像中体现出来。用遥感监测到的水质数据大致可以分为浑浊度、浮游植物、溶解性有机物、化学性水质指标四类。水质遥感监测常用的遥感数据有多光谱遥感数据、高光谱遥感数据、非成像光谱仪数据和新型卫星遥感数据等。

（三）固体物监测技术

固体物的监测与检测对象分为两类，一类是对危险废物和固体废物的监测与检测；另一类是对土壤的监测与检测。

1. 危险废物和固体废物的监测与检测

对危险废物和固体废物的监测与检测主要有两种方法：一种方法是运用毒性鉴别试验与分析测试技术，对危险废物和生活垃圾等固体废物进行检测；另一种方法是通过遥感技术对危险废物和固体废物的分布和堆放点情况进行监测。

危险废物主要是对以下特性进行检测：易燃性、腐蚀性、反应性、浸出毒性、急性毒性、放射性等，选测项目包括爆炸性、生物蓄积性、刺激性、感染性、遗传变异性、水生生物毒性等。

2. 土壤监测与检测

土壤监测与检测主要是对农田土壤进行的监测和检测，尤其是针对污灌农田和有机食品基地等受污染的土壤进行监测检测，包括常规检测、遥感监测和地质雷达监测三类方法，如表 5-8 所示。

表 5-8　常用土壤检测项目与仪器分析方法

项目类别		检测项目	仪器分析方法
必测项目	基本项目	pH、阳离子交换量	pH 计
	重点项目	镉、铬、汞、砷、镍、锌、铜	原子吸收仪、测汞仪
选测项目	影响产量项目	全盐量、硼、氟	分光光度计
	污水灌溉项目	氰化物、硫化物、挥发酚、苯并[α]芘、石油类等	分光光度计、气象色谱仪、液相色谱仪及测油仪
	农药残留项目	有机氯农药、有机磷农药及其他农药	气象色谱仪
	其他污染项目	硒、氟等	分光光度计

遥感监测主要是指通过高光谱遥感等遥感技术监测土壤重金属污染物。高光谱遥感可以准确实时地区分出具有诊断性光谱特征的地表物质，使本来在宽波段不可探测的物质在高光谱遥感中能被探测。当土壤受到重金属污染时，土壤上的植物亦受到污染，植物的光谱信息会出现差异，在遥感图像上呈现特殊的异常色彩。

（四）噪声监测技术

噪声监测是采用声级计、噪声数据采集器、环境噪声自动监测仪器等设备，对噪声污染进行监测。噪声监测可以及时、准确地掌握噪声现状，分析其变化趋势和规律，了解各类噪声源的污染程度和范围，为噪声管理、治理和科学研究提供系统的监测资料。

噪声监测可以采用自动监测的方式，也可以采用人工监测的方式。噪声监测得到的数据要进行分析，常用的分析方法有能力平均法、长度加权法、面积加权法等。

（五）核辐射监测技术

核辐射监测是采用辐射监测仪等技术，测定样品中的辐射物质含量。样品主要包括气体、液体、固体和生物样品，如表 5-9 所示。

表 5-9 辐射环境质量监测项目

监测对象	监测项目
空气	辐射空气吸收剂量率
	累积剂量（或剂量率）
	氡浓度
气溶胶	总 α、总 β、γ 能谱分析
沉降物	能谱分析
降水	^{3}H、^{210}Po、^{20}Pb
水体	U、Th、^{226}Ra、总 α、^{40}K、总 β、^{90}Sr、^{137}Cs
土壤和底泥	U、Th、^{226}Ra、^{90}Sr、^{137}Cs
生物	^{90}Sr、^{137}Cs

第五节 现场处置

应急处置技术是应对突发环境事件的“硬核心”，在突发环境事件应对过程中选择适宜的环境应急处置技术，对提高事件的应急处置效率、效果具有决定性作用。目前，突发环境事件现场处置的内容主要包括污染源排查、切断与控制污染源、减轻与消除污染三个方面内容。

一、环境污染事故发生源的表现特征

环境污染事故可以由不同类型的危险源、不同的原因、在不同的地点、以不同的方式形成，针对事故源的处置技术有共性的地方，更有各自的不同，应根据危险源的性质和事故的类型及其危害特性适当选用。

环境污染事故发生源从其运动状态的角度可分为固定源和移动源两大类；从事故危害方式的角度可分为易燃易爆类、有毒有害类、有害生物类三大类。不同运动状态和危害方式的危险源发生事故的原因和特点及危害不同，因此对应的处置方法也有所区别。

1. 固定源

固定源主要是生产、储存、使用、处置污染性危险物质的企业、装置、设施和场所。其事故一般为生产性事故，以化工行业为多。事故发生原因如下：

①工业生产装置、设备、场所因技术工艺缺陷，设备及相关公共设施故障，人为不安全行为，自然灾害，安全管理不到位等因素发生重大火灾、爆炸、泄漏导致毒物泄漏扩散至环境。

②工业原料、中间体、产品储存装置，设施或场所设施故障，人为不安全行为，自然灾害，安全管理不到位等因素发生重大火灾、爆炸、泄漏导致毒物泄漏扩散至环境。

③废弃污染物质未经安全处置或处置不当发生泄漏，人为或事故性因素导致的废物不当排放，如农药等化工企业废水未经处理直接排放等。

④其他使用、加工危险物质的企业、场所因管理、操作、设施故障等原因发生上述事故。

2．移动源

重大环境污染事故的另一发生源是移动源，即发生于危险物质的装卸、运输过程，包括危险性化工原料、产品或危险废物等在装卸、运输过程中因燃烧、爆炸及泄漏导致的有毒有害物质扩散。

3．易燃易爆类

易燃易爆危险物质产生的事故主要有：

①火灾事故。包括易燃液体火灾、易燃固体火灾、自然物品火灾、遇湿易燃物品火灾。

②爆炸事故。主要指易燃易爆品发生化学反应的爆炸事故或液化气体和压缩气体的物理爆炸事故。

4．有毒有害类

有毒有害物质造成的环境污染是环境污染事故最主要的类型。主要是有毒化学品、农药等在生产、使用、管理、处置过程中造成泄漏所致，也有的是发生燃烧、爆炸导致有毒物质大量泄漏。

二、污染事故处置主要环节

（一）相关信息源

国内外有一系列出版物和网站推荐了针对不同物质的污染处置技术。

1．国家环境保护总局环境监察办公室《环境应急手册》

《环境应急手册》选择性地收录了在我国生产、运输、储存、使用量大，污染事故发生频率高、危害严重的51种有毒有害化学品，并着重从环境污染事故应急处理的角度，侧重介绍这些化学品的理化特性、稳定性和危险性、环境行为、环境标准、毒理学资料、安全防护措施、应急措施（急救措施、泄漏处理、消解方法）、环境监测方法等，同时提供了相关的法律法规和基础知识。

2．江苏省环境监测中心《突发性污染事故中危险品档案库》

《突发性污染事故中危险品档案库》收录了有毒有害物质共1 361种，对每种物质所列内容和数据为6项，主要包括物质的理化特性、对环境的影响、现场应急监测方法、实验室监测方法、应急处理处置方法。可以根据物质的中文名称、英文名称进行查询，也可以根据化学品分类进行查询，还可以根据化学品的中文名称或CAS号进行模糊检索。

3．中国石化出版社《常用危险化学品应急速查手册》

《常用危险化学品应急速查手册》提供了100余种常用危险化学品事故现场处置基本程序、危险化学品危害、事故处置方案、泄漏时的隔离、撤离和防护距离、有毒化学品中毒现场急救等资料。手册中还介绍了危险化学品（气体类、液体类、固体类）泄漏、爆炸燃烧事故现场处置基本程序，其基本程序包括防护、询情、侦检、警戒、救生、控险、堵漏（灭火）、输转、救护、洗消、清理、警示等。

4．美国交通部（应急响应指南）

该指南共收录危险化学品4 000余种，按照国际危险品分级制分为九等，对每种危险品均编有识别号码，并将该种危险品的危险性、公共安全性和事故的应急处理办法分门别类归纳为62种。在每种中分别说明危险性（对健康的危险性、火灾和爆炸危险性）、公共安全性（一般性保护措施、防护服、在泄漏或火灾情况下的搬离）、应急措施（火灾、溢出或泄漏的急救方法）。

同时，该指南对200余种化学物质发生事故后事故区隔离和人员防护最低距离提出了建议。还列出了遇水产生反应的90种危险化学品。

5. 化学工业出版社《化学事故应急救援》

该书详细地介绍了泄漏处置的基本方法，如堵漏、围堤堵截、挖掘沟槽收容泄漏物、覆盖、稀释、收容、用吸附法处理泄漏物、中和泄漏物、用固化法处理泄漏物等，以及扑救不同类型火灾的基本对策，包括压缩或液化气体、易燃气体、爆炸物品、遇湿易燃物品、毒害品和腐蚀品、放射性物品等引起的火灾。

（二）重大事故处理处置的主要环节

事故应急首先要对火灾、爆炸危险实施控制，制止危险物质的进一步泄漏，在对危险源实施控制之后，针对已散落至环境中的污染源、污染物再进行清理以消除污染。事故污染处置的主要环节应包括对污染源的危害识别、处置方案制定及实施、环境监测方案的制定与实施，以及处置后环境恢复措施的制定与实施等。

1. 污染源的危害识别

无论是事故影响还是事后污染处置，对污染源的危害识别是污染处置的关键与基础。

（1）污染源分析

①事故发生源基本情况：发生事故单位的名称、地址、规模，生产（储存、使用）危害品种类及其危害特性，工艺流程及技术要求等。

②环境状况：危害区域内事故源附近地域地形、地貌、水源、气象等条件，环境敏感目标分布，事故源周围其他危险源分布情况。

（2）污染物认定

①调查分析事故概况，对污染物进行初步认定，包括事故类型（燃烧、爆炸、有毒物质大量泄漏等），发生原因、装置、引发物，过程生成物（反应物），环境转化物等。

②通过危害、中毒症状初步认定污染物。

③通过侦检及已散落至环境中的主要危险（污染）物质的种类、成分、数量（浓度）、形态（气、液、固）。

化学性污染：以工业为主的污染如造纸、电镀厂等集中排污，冶炼废渣浸泡后突发排放。农业污染为主的如突发农药、沉船造成的河水污染，农田施农药后暴雨入河污染。化学性污染健康危害多为急性化学性中毒。

生物性污染：以生活污染为主的污染和医院污水排污污染，其健康危害多为急性肠道传染病。

化学性与生物性混合污染：健康危害大，同时包括急性中毒和急性传染病等。

（3）危害辨识（事故后果）

①危害特性：主要污染物性质（易燃、易爆、毒害、腐蚀等），危险物质相互反应性，主、次危害性，直接与潜在的危害性；主要的危险性装置/污染源。

②危害对象：环境介质、生物、环境敏感目标。

③危害范围：有毒有害物品源高、可能释放的源强，超标情况，危害区域划分，事故对周边其他危险源波及的可能性与后果。

2．处置方案制定及实施

针对不同事故特点，对事故处置程序、技术方法及处置装备、人员防护要求做出规定，并对处置中产生的废弃物处理及处置过程二次污染防治等做出要求。应在对污染源、污染物危害辨识的基础上，根据危害物性质、危害范围、程度及所处环境、气象、周边环境敏感目标等具体情况，以及相应的消毒、堵漏、防护、监测等技术方面的要求，制定整体处置方案。

（1）污染处置方案

①泄漏、燃烧等产生的污染物处置：根据不同污染物性质、形态选择确定不同环境介质中污染物处置方法与技术要求，包括堵漏、拦截、回收、稀释、中和、覆盖、泄压、转移、收集等，收集物转移及最终处置等措施，处置的场地、设施要求。

②处置过程废弃物处理：处置过程中可能出现的撒落、泄漏、处置不当等二次污染，处置过程中使用、产生、废弃的污染性物质（包括废弃包装物等）的处理方法与技术要求。

③现场清理和洗消：对污染区域作业人员、服装、器材装备、车辆、建筑和地面等多种染毒对象进行清洗、消毒，消除污染物对人体和器材装备的侵害。根据不同污染物性质选择确定洗消方法和洗消残液处理方法。

（2）技术安全要求

技术安全要求包括回收，处置需要的装备、材料及安全、防护、急救、灭火等措施，储存、包装、转运运输安全与技术要求。

3．环境质量监测方案制定及实施

（1）待处置污染物的定性检测

①已知或可推断污染物（包括混合型污染物）的检测方法。

②未知污染物（包括混合型污染物）的定性检测。

（2）事故现场与影响区域环境状况监测

根据事故环境危害现状和可能存在的长期环境影响确定环境监测方案，包括：

①监测的指标、环境标准、监测方法。

②监测方案：监测点布置、频次、取样方法。

③监测所需器材设备。

（3）环境与生态修复方案制定与实施

①各类污染物的环境标准。

②必要的环境治理与生态破坏修复措施。

③其他环境污染隐患消除措施。

④处置后环境质量恢复目标。

三、污染事故处置技术要点

（一）泄漏物污染处置常见方法

1. 控制泄漏源

（1）强行止漏法

无论是火灾还是泄漏，必须采取强行的手段止漏，能关阀的要强行关阀止漏，不能关阀的要设法堵漏，首先要从源头上控制住。

（2）强行疏散法

当泄漏后引起燃烧或产生有毒有害气体，必须优先考虑强行疏散，即将不燃、不泄漏的物品和容器实行强行疏散，以建立安全隔离带，阻止灾情进一步扩大，然后再处置燃烧或泄漏的物质。

（3）强行窒息吸附法

危险物质一旦泄漏，大多数情况是燃烧与有毒物质并存。此时应使用干粉、水泥粉强行实施窒息灭火或吸附的方法，将燃烧的火焰先予以窒息或将泄漏的物质予以吸附，待灾情控制后，再将未破损的物品疏散转移。

2. 处置泄漏物

处置污染物的基本原则是将剧毒、有毒、有害的物品尽可能处理成无毒、无害或毒性较低、危害较小的物质，尽量减少和降低危险化学品泄漏事故所造成的危害，并避免造成二次污染。现场可通过物理的（如收容、覆盖、稀释、吸附、沉淀）、化学的（如中和反应、氧化还原反应）等多种方法进行处置。在可能的情况下，用于处置的物质应易得、价格低廉、低毒、不造成二次污染，或易于消除。同时，应确保处置人员及周围群众的人身安全，按规定穿戴防护服、防毒面具等必需的防护装备。

（1）收容泄漏物

如果化学品为液体，泄漏到地面上时会四处蔓延扩散，难以收集处理。为此需筑堤堵截或者挖掘沟槽引流、收容泄漏物到安全地点。储罐区发生液体泄漏时，要及时关闭雨水阀，防止物料沿明沟外流。

通常根据泄漏物流动情况修筑围堤栏或挖掘沟槽堵截、收容泄漏物。常见的围堤有环形、直线形、V 形等。如果泄漏发生在平地上，则在泄漏点的周围修筑环形堤。泄漏发生在斜坡沟槽，如果泄漏物是四散而流，则在泄漏点周围挖掘环形沟槽。

修筑围堤、挖掘沟槽的地点既要离泄漏点足够远，保证有足够的时间在泄漏物到达前修好围堤、挖好沟槽，又要避免离泄漏点太远，使污染区域扩大。如泄漏物是易燃物，操作时应注意避免发生火灾。

对于大型贮罐液体泄漏，收容后可选择用防爆泵将泄漏出的物料抽入容器内或槽车内待进一步处置。

如果泄漏物排入雨水、污水或清净水排放系统，应及时采取封堵措施，导入应急池，防止泄漏物排出厂外，对地表水造成污染。泄漏物经封堵导入应急池后应做安全处置。

（2）覆盖

对于液体泄漏，为降低物料向大气中的蒸发速度，可用泡沫或其他覆盖物品覆盖外泄的物料，在其表面形成覆盖层，抑制其蒸发，或者采用低温冷却来降低泄漏物的蒸发。

1）泡沫覆盖

使用泡沫覆盖阻止泄漏物的挥发，降低对大气的危害和泄漏物的燃烧性。泡沫覆盖必须和其他的收容措施（如围堤、沟槽等）配合使用。通常泡沫覆盖只适用于陆地泄漏物。

根据泄漏物的特性选择合适的泡沫。常用的普通泡沫只适用于无极性和基本上呈中性的物质；对于低沸点，与水发生反应，具有强腐蚀性、放射性和爆炸性的物质，只能使用专用泡沫；对于极性物质，只能使用属于硅酸盐类的抗醇泡沫；用纯柠檬果胶配置的果胶泡沫对许多极性和无极性的化合物均有效。

对于所有类型的泡沫，使用时建议每隔 30～60 min 再覆盖一次，以便有效地抑制泄漏物的挥发。如需要，将该过程一直持续到泄漏物处理完毕。

2）低温冷却降低泄漏物的蒸发

将冷冻剂散布于整个泄漏物的表面，减少有害泄漏物的挥发。在许多情况下，冷冻剂不仅降低有害泄漏物的蒸气压，而且能通过冷冻将泄漏物固定住。

影响低温冷却效果的因素有冷冻剂的供应、泄漏物的物理特性及环境因素。冷冻剂的供应直接影响冷却效果，喷洒出的冷冻剂不可避免地要向可能的扩散区域分散，并且速度很快，需要及时补充。泄漏物的物理特性如黏度、蒸气压及挥发率，对冷却效果的影响有限。环境因素如雨、风、洪水等将干扰、破坏形成的惰性气体膜，严重影响冷却效果。

常用的冷冻剂有二氧化碳、液氮和冰。选用何种冷冻剂取决于冷冻剂对泄漏物的冷冻效果和环境因素。应用低温冷却时必须考虑冷冻剂对随后采取的处理措施的影响。

二氧化碳：二氧化碳冷冻剂有液态和固态两种形式。液态二氧化碳通常装于钢瓶中或带冷冻系统的大槽罐中，冷冻系统用来将槽罐内蒸发的二氧化碳再液化。固态二氧化碳又称干冰，是块状固体，因为不能贮存于密闭容器中，所以在运输中损耗很大。应用液态二氧化碳时，先使用膨胀喷嘴将其转化为固态二氧化碳，再用雪片鼓风机将固态二氧化碳播撒至泄漏物表面。应用干冰时，先将其进行破碎，然后用雪片播撒器将破碎好的干冰播撒至泄漏物表面。播撒设备必须选用能耐低温的特殊材质。液态二氧化碳与液氮相比，有以下几大优点：二氧化碳槽罐装备了气体循环冷冻系统，所以是无损耗贮存；二氧化碳罐是单层壁罐，液氨罐是中间带真空绝缘夹套的双层壁罐，这使得二氧化碳罐的制造成本低；二氧化碳更易散逸。二氧化碳虽然无毒，但是大量使用，可使大气中缺氧，从而对人产生危害，随着二氧化碳浓度的增大，危害也就逐步加大。二氧化碳溶于水后，水中 pH 降低，会对水中生物产生危害。

液氮：液氮温度比干冰低得多，几乎所有的易挥发性有害物（氢除外）在液氮温度下皆能被冷冻，且蒸气压降至无害水平。液氮也不像二氧化碳那样，对水中生存环境产生危害。要将液氮有效地应用起来是很困难的。若用喷嘴喷射，则液氮一离开喷嘴就全部挥发为气态；若将液氮直接倾倒在泄漏物表面上，则局部形成冰面，冰面上的液氮立即沸腾挥发，冷能损耗很大。因此，液氮的冷冻效果大大低于二氧化碳，尤其是固态二氧化碳。液氮在使用过程中产生沸腾挥发，有导致物理性爆炸的潜在危险。

湿冰：在某些有害物的泄漏处理中，湿冰也可用作冷冻剂。湿冰的主要优点是成本低、易于制备、易播撒。主要缺点是湿冰不是挥发而是融化成水，从而增加了需要处理的污染物的量。

低温冷却的方法因冷冻剂的来源不易且成本较高，在实际的环境应急处置行动中很少应用。

3）泥土覆盖

泥土覆盖适用于大多数液体泄漏物，一是可以有效吸附液体污染物，防止污染面积扩大；二是取材方便，并能减少向大气中挥发。

（3）稀释

毒气泄漏事故或一些遇水反应化学品会产生大量的有毒有害气体且溶于水，事故地周围人员一时难以疏散。为减少大气污染，应在下风、侧下风以及人员较多方向采用水枪或消防水带向有害物蒸气云喷射雾状水或设置水幕水带，也可在上风方向设置直流水枪垂直喷射，形成大范围水雾覆盖区域，稀释、吸收有毒有害气体，加速气体向高空扩散。在使用这一技术时，将产生大量的被污染水，因此应疏通污水排放系统。对于可燃物，也可以在现场施放大量水蒸气或氮气，破坏燃烧条件。

（4）吸附、中和、固化

泄漏量小时，可用沙子、吸附材料、中和材料等吸收中和，或者用固化法处理泄漏物。

1）吸附泄漏物

所有的陆地泄漏和某些有机物的水中泄漏都可用吸附法处理。吸附法处理泄漏物的关键是选择合适的吸附剂。常见的吸附剂有活性炭、天然有机吸附剂、天然无机吸附剂、合成吸附剂。

①活性炭：活性炭是从水中除去不溶性漂浮物（有机物、某些无机物）最有效的吸附剂，有颗粒状和粉状两种状态。清除水中泄漏物用的是颗粒状活性炭。被吸附的泄漏物可以通过解吸再生回收使用，解吸后的活性炭可以重复使用。影响吸附效率的关键因素是被吸附物分子的大小和极性。吸附速率随着温度的上升和污染物浓度的下降而降低。所以，必须通过试验确定吸附某一物质所需的炭量。试验应模拟泄漏发生时的条件进行。

活性炭是无毒物质，除非大量使用，一般不会对人或水中生物产生危害。由于活性炭易得且实用，所以它是目前处理水中低浓度泄漏物最常用的吸附剂。

②天然有机吸附剂：天然有机吸附剂由天然产品如木纤维、玉米秆、稻草、木屑、树皮、花生皮等纤维素和橡胶组成，可以从水中除去油类和与油相似的有机物。天然有机吸附剂具有价廉、无毒、易得等优点，但再生困难。

③天然无机吸附剂：天然无机吸附剂是由天然无机材料制成的，常用的天然无机材料有黏土、珍珠岩、蛭石、膨胀页岩和天然沸石。根据制作材料分为矿物吸附剂（如珍珠岩）和黏土类吸附剂（如沸石）。

矿物吸附剂可用来吸附各种类型的烃、酸及其衍生物，醇、醛、酮、酯和硝基化合物；黏土类吸附剂能吸附分子或离子，并且能有选择地吸附不同大小的分子或不同极性的离子。黏土类吸附剂只适用于陆地泄漏物，对于水体泄漏物，只能清除酚。由天然无机材料制成的吸附剂主要是粒状的，其使用受刮风、降雨、降雪等自然条件的影响。

④合成吸附剂：合成吸附剂是专门为纯的有机液体研制，能有效地清除陆地泄漏物和水体的不溶性漂浮物。对于有极性且在水中能溶解或能与水互溶的物质，不能使用合成吸附剂清除。能再生是合成吸附剂的一大优点。常用的合成吸附剂有聚氨酯、聚丙烯和有大量网眼的树脂。

聚氨酯有外表面敞开式多孔状、外表面封闭式多孔状及非多孔状等形式。所有形式的聚氨酯都能从水溶液中吸附泄漏物，但外表面敞开式多孔状聚氨酯能像海绵体一样吸附液体。吸附状况取决于吸附剂气孔结构的敞开度、连通性和被吸附物的黏度、湿润力，但聚氨酯不能用来吸附处理大泄漏或高毒性泄漏物。

聚丙烯是线性烃类聚合物，能吸附无机液体或溶液。分子量及结晶度较高的聚丙烯具有更好的溶解性和化学阻抗，但其生产难度和成本费用更高，不能用来吸附处理大泄漏或高毒性泄漏物。

最常用的两种树脂是聚苯乙烯和聚甲基丙烯酸甲酯。这些树脂能与离子类化合物发生反应，不仅具有吸附特性，还表现出离子交换特性。

2）中和泄漏物

中和法要求最终 pH 控制为 6～9，反应期间必须监测 pH 变化。遇水与危险化学品反应生成的有毒有害气体大多数呈酸性，可在消防车中加入碱液，使用雾状水予以中和。当碱液一时难以找到时，可在水箱内加入干粉、洗衣粉等，同样可起到中和效果。

对于泄入水体的酸、碱或泄入水体后能生成酸、碱的物质，也可考虑用中和法处理。对于陆地泄漏物，如果反应能控制，常用强酸、强碱中和，这样比较经济；对于水体泄漏物，建议使用弱酸、弱碱中和。

常用的弱酸有醋酸、磷酸二氢钠，有时可用气态二氧化碳。磷酸二氢钠几乎能用于所有的碱泄漏，当氨泄入水中时，可以用气态二氧化碳处理。

常用的强碱有氢氧化钠水溶液，也可用来中和泄漏的氯。有时也用石灰、固体碳酸钠、苏打灰中和酸性泄漏物。常用的弱碱有碳酸氢钠、碳酸钠和碳酸钙。碳酸氢钠是缓冲盐，即使过量，反应后的 pH 也只有 8.3。碳酸钠溶于水后，碱性和氢氧化钠一样强，若过量，pH 可达 11.4。碳酸钙与酸的反应速度虽然比钠盐慢，但因其不向环境加入任何毒性元素，反应后的最终 pH 总是低于 9.4，因此被广泛采用。

对于水体泄漏物，如果中和过程中可能产生金属离子，必须用沉淀剂清除。中和反应常常是剧烈的，由于放热和生成气体产生沸腾和飞溅，所以应急人员必须穿防酸碱工作服、戴防烟雾呼吸器。可以通过降低反应温度和稀释反应物来控制飞溅。

如果非常弱的酸和非常弱的碱泄入水体 pH 能维持在 6～9，建议不使用中和法处理。

现场使用中和法处理泄漏物受下列因素限制：泄漏物的量、中和反应的剧烈程度、反应生成潜在有毒气体的可能性、溶液的最终 pH 能否控制在要求范围内。

3）固化泄漏物

通过加入能与泄漏物发生化学反应的固化剂或稳定剂使泄漏物转化成稳定形式，以便处理、运输和处置。有的泄漏物变成稳定形式后，由原来的有害变成了无害，可原地堆放无须进一步处理，有的泄漏物变成稳定形式后仍然有害，必须运至废物处理场所进一步处理或在专用废弃场所掩埋。常见的固化剂有水泥、凝胶、石灰。

①水泥固化：通常使用普通硅酸盐水泥固化泄漏物。对于含高浓度重金属的场合，使用水泥固化非常有效。许多化合物会干扰固化过程，如锰、锡、铜和铅等的可溶性盐类会延长凝固时间，并大幅降低其物理强度，特别是高浓度硫酸盐对水泥有不利影响，有高浓度硫酸盐存在的场合一般使用低铝水泥。酸性泄漏物固化前应先中和，避免浪费更多的水泥。相对不溶的金属氢氧化物，固化前必须防止溶性金属从固体产物中析出。

水泥固化的优点：有的泄漏物变成稳定形式后，由原来的有害变成了无害，可原地堆放无须进一步处理。

水泥固化的缺点：大多数固化过程需要大量水泥，必须有进入现场的通道，有的泄漏物变成稳定形式后仍然有害，必须运至废物处理场所进一步处理或在专用废弃场所掩埋。

②凝胶固化：凝胶可以使泄漏物形成固体凝胶体。凝胶必须与泄漏物相容。凝胶材料是有害物，使用时应加倍小心，防止接触皮肤和吸入。形成的凝胶体仍是有害物，必须进一步处置。

③石灰固化：使用石灰固化剂时，加入石灰的同时需加入适量的细粒硬凝性材料如加入煤灰、研碎了的高炉渣或水泥窑灰等。用石灰作固化剂的缺点是形成的大块产物必须转移，石灰本身对皮肤和肺有腐蚀性。

（5）泄漏物包装

危险化学品泄漏物属于危险废物，应对其进行安全的包装和转移。根据泄漏物性质和形态的不同，应采用不同形状和不同材质的容器进行包装收集：

①带塞钢圆桶或钢圆罐，盛装废油和废溶剂。

②带卡箍盖钢圆桶，盛装固态或半固态有机物。

③塑料桶或聚乙烯罐，盛装无机盐液。

④带卡箍盖钢圆桶或塑料桶，散装固态或半固态危险物质。

⑤贮罐，适宜于储存可通过管线、皮带等输送方式送进或输出的散装液态危险物质。

此外，将正在泄漏的矿物油或有机溶剂等液态危险化学品转移至救援的空罐中，是常用方法。污染物收集后，应该安全转移至持有危险废物经营许可证的单位，杜绝二次污染。

（二）毒气污染常用处置对策

1. 处置前救援与准备工作

相关部门接到毒气事故报警后，必须携带足够的氧气、空气呼吸器及其他特种防毒器具，并为人员、车辆、个人防护等各方面提供有力的保障，在救援的同时应该迅速查明毒源，划定警戒区域，遵循“救人第一”的原则，积极抢救已中毒人员，疏散受毒气威胁的群众。

2. 消除毒气源及泄漏的毒气

大多数的毒气事故是因为毒气泄漏而造成的。消防人员可与事故单位的专业技术人员密切配合，采用关闭阀门、修补容器、管道等方法，阻止毒气从管道、容器、设备的裂缝处继续外泄。同时对已泄漏出来的毒气必须及时进行洗消，常用的消除方法有以下四种。

（1）控制污染源

抢修设备与消除污染相结合，抢修设备时控制污染源，抢修越早受污染面积越小。在抢修区域，直接对泄漏点或泄漏部位洗消，构成空间除污网，为抢修设备起到掩护作用。

（2）确定污染范围

做好事故现场的应急监测，及时查明泄漏源的种类、数量和扩散区域。明确污染边界，确定洗消量。

（3）严防污染扩散

利用就便器材与消防专业器材相结合。对毒气事故的污染进行清除，专业器材具有效率高、处理快的明显优势，但目前装备数量有限，难以满足实际应用，所以必须充分发挥企业救援体系，采取有效措施防止污染扩散。通常采用的方法有四种。

①堵。用针对性的材料封闭下水道，截断有毒物质外流造成的污染。

②散。用具有中和作用的酸性和碱性粉末抛撒在泄漏地点的周围，使之发生中和反应，降低危害程度。

③喷。用酸碱中和原理，将稀酸（碱）喷洒在泄漏部位，形成隔离区域。

④稀。利用大量的水对污染物进行稀释，以降低污染浓度。

（4）污染洗消

利用喷洒洗消液、抛撒粉状消毒剂等方式消除毒气污染。一般在毒气事故救援现场可采用三种洗消方式。

①源头洗消：在事故发生初期，对事故发生点、设备或厂房洗消，将污染源严密控制在最小范围内。

②隔离洗消：当污染蔓延时，对下风向暴露的设备、厂房，特别是高大建筑物喷洒洗消液，抛撒粉状消毒剂，形成保护层，污染降落物流经时即可产生反应，降低甚至消除危害。

③延伸洗消：在控制住污染源后从事故发生地开始向下风方向对污染区逐次推进，进行全面而彻底的洗消。

四、常见突发环境事件现场处置措施

（一）危险化学品泄漏事故处置

在危险化学品泄漏事故中，必须及时做好周边人员及居民的紧急疏散工作。如何根据不同化学物质的理化特性和毒性，结合气象条件，迅速确定疏散距离是应急工作的一项重要内容。

1．基本处置原则

危险化学品泄漏事故中的基本处置原则为控制危险化学品的泄漏规模，减少污染物的扩散污染，同时确保泄漏区域的人民财产安全。

2．处置措施

（1）疏散距离要求

紧急隔离带是以紧急隔离距离为半径的圆，非事故处理人员不得入内。

下风向疏散距离是指必须采取保护措施的范围，即该范围内的居民处于有害接触的危险之中，根据泄漏危险化学品的毒性，可以采取撤离、密闭住所窗户等有效措施，并保持通信畅通以听从指挥。

由于夜间气象条件对毒气云的混合作用要比白天小，毒气云不易散开，因而下风向疏散距离相对比白天的远。夜间和白天的区分以太阳升起和降落为准。

白天气温逆转或在有雪覆盖的地区，或者在日落时发生泄漏，如伴有稳定的风，也需要增加疏散距离。因为在这类气象条件下污染物的大气混合与扩散比较缓慢（毒气云不易被空气稀释），会顺风向下飘得较远。

对于液态化学品泄漏，如果物料温度或室外气温超过30℃，疏散距离也应增加。

（2）人员疏散

当危险化学品发生泄漏后，现场应急救援指挥部应迅速判明污染物性状及危害，掌握气象条件、地形地貌和周边环境基本情况，根据现场情况认真做好群众疏散工作。

依据危险化学品特性及泄漏量，结合现场气象条件（风向、风速、气温等），借助污染扩散模型科学确定污染范围、明确疏散区域：

应急指挥部下达人员疏散命令，由相关部门组织实施；

封锁污染区域，将污染区域内人员撤离至安全区域；

在污染区域和可能污染区域立即进行布点监测，根据监测数据及时调整疏散范围；

在保障被转移群众基本生活的同时及时向社会发布污染事故权威公告，做好社会稳定工作；

根据现场处置情况和应急监测数据，在确保群众安全的情况下，由应急救援指挥部发布公告，被疏散人员返回。

（3）现场急救

皮肤接触：立即脱去污染的衣着，用肥皂水及清水彻底冲洗。

眼睛接触：立即提起眼睑，用大量流动清水或生理盐水冲洗。

吸入：迅速离开现场至空气新鲜处，注意保暖，呼吸困难时给输氧。呼吸及心跳停止者立即进行人工呼吸和心脏按压术，并及时就医。

食入：给误服者漱口、饮水、催吐，立即送医院。

3．处置要点

在所有可能产生液态污染物和洗消废水的应急处置过程中，都必须修筑围堰、封闭雨水排口，收集污染物送污水处理系统进行无害化处理。大量产生和使用危险化学品的企业应该有应急池和应急处理装置，一旦发生事故，尽量将污染范围控制在厂区内，减少影响。

控制污染物泄漏及泄漏污染物处置措施见本节三（一）相关内容。

（二）饮用水水源突发环境事件应急处置

1．基本处置原则

（1）确认污染物危害与毒性

通过初步判断与监测分析，确认污染物及其危害与毒性，按照污染源排查程序，确定与切断污染源并对同类污染源进行限排、禁排。

（2）确定饮用水水源取水口基本情况

确认下游供水设施服务区及服务人口、设计规模及日供水量、设施管理部门联系方式，取水口名称、地点及距离、地理位置（经纬度）等。

（3）确认地下水取水情况

确认地下水服务范围内灌溉面积、基本农田保护区情况。

（4）通知

立即通知下游可能受到突发水污染事件影响的对象，特别是可能受到影响的取水口，以便及时采取防护措施。

（5）监测与扩散规律分析

根据各断面污染物监测浓度值、水流速度，各水段水体库容量、流域河道地形，上游输入、支流汇入水量，污染物降解速率等，计算水体中污染的总量及各断面通量，建立水质动态预报模型，预测预报出污染带前峰到达时间、污染峰值及出现时间、可能超标天数等，以及污染态势，以便采取各种应急措施。

2．处置措施

污染物的分段阻隔、削减、逐渐稀释，同时，启动自来水厂应急工程或备用水源。

（三）跨界流域突发水环境事件应急处置基本制度

跨界流域突发水环境事件应急处置基本制度包括：

1．联合通报机制

上下游水质变化异常要通报，突发环境事件要通报，查处成效要通报，应急效果要通报。

2．联合监测制度

事件发生后，上下游应同时实现联合监测，并互通监测结果，同时监控污染物的迁移速率、浓度变化趋势等，为应急防范措施提供依据。

3．联合防控制度

同时实施同类污染源禁排、限排措施，实施污染物的削减措施，同时实施自来水厂和水井保护措施。

（四）交通事故引发突发环境事件应急处置

据统计，近几年由交通事故引发的环境污染事故约占危险化学品泄漏事故总次数的30%。由于危险化学品运输车辆的流动性、运输危险化学品的不确定性，给应急处置工作带来很大难度。

1．基本处置原则

（1）划定紧急隔离带

一旦发生危险化学品运输车辆泄漏事故，首先应由交警部门对道路进行戒严，在未判明危险化学品种类、性状、危害程度的情况下，严禁半幅通车。

（2）判明危险化学品种类

立即进行现场勘查，通过向当事人询问、查看运载记录、利用应急监测设备等方法迅速判明危险化学品种类、危害程度、扩散方式。根据事故点地形地貌、气象条件，依据污染扩散模型，确定合理警戒区域。

（3）迅速查明敏感目标

在现场勘查的同时，迅速查明事故点周围敏感的目标，包括 1 km 范围内的居民区（村庄）、公共场所、河流、水库、水源、交通要道等，以防止污染物进入水体造成次生污染，并为群众转移做好前期准备工作。

（4）应急监测

根据现场情况，制定应急布点方案。通过应急监测数据，确定污染范围。

（5）群众转移

根据现场危险化学品泄漏量、扩散方式、危害程度，决定是否进行群众转移工作。

（6）生态修复

根据污染事故对周围生态环境的影响，确定生态修复方案。

2. 处置措施

（1）气态污染物

修筑围堰后，由消防部门在消防水中加入适当比例的洗消药剂，在下风向喷水雾洗消，消防水收集后进行无害化处理。

（2）液态污染物

修筑围堰，防止进入水体和下水管道，利用消防泡沫覆盖或就近取用黄土覆盖，收集污染物进行无害化处理。在有条件的情况下，利用防爆泵进行倒灌处理。

（3）固态污染物

易爆品：水浸湿后，用不产生火花的木质工具小心扫起，进行无害化处理。

剧毒品：穿着全密闭防化服并佩戴正压式空气呼吸器（氧气呼吸器），避免扬尘，小心扫起收集后做无害化处理。常见毒气与可使用的中和剂如表 5-10 所示。

表 5-10 常见毒气与可使用的中和剂

毒气名称	中和剂
氨气	水
一氧化碳	苏打等碱性溶液
氯气	消石灰及其溶液、苏打等碱性溶液
氯化氢	水、苏打等碱性溶液
氯甲烷	氨水
液化石油气	大量的水
氰化氢	苏打等碱性溶液
硫化氢	苏打等碱性溶液、水
光气	苏打、碳酸钙等碱性溶液
氟	水

第六节　应急资源

一、应急资源的概念

应急资源主要指应急物资、资金、人员、场所、设施、设备等应急处置中需要使用到的各项资源。

应急资源是突发事件有效应对的重要保障，通过对应急资源事先的合理配置、有效整合，避免资源缺乏、不足或存放不合理、管理混乱等问题。一方面能够确保资源在需要时尽快投入使用，保证突发事件的快速与高效处置；另一方面，从经济角度出发，也能够实现资源使用的最优化。

针对应急资源的准备，《中华人民共和国突发事件应对法》对应急救援队伍、资金、物资、装备、通信及技术保障均做出明确要求。各项应急资源应该合理储备、便利调用，实现应急利益与经济利益的双赢。对此，应充分利用现有资源，按照条块结合、资源整合和降低行政成本原则，构建社会共建共享体系。提倡政府主导、社会参与的方式，在政府的统一领导下，动员全社会的力量，调动各种社会资源共同应对，形成社会整体性应对网络，努力让有限的社会和政府资源发挥最大作用，最终达到分解政府压力、集中社会资源、节约处置成本、提高应急效率的效果。

二、应急资源调查

应急资源调查就是对本单位及其他可能用到的应急资源的情况进行调查，以便于应急预案在客观存在的资源情况下发挥最大的作用。各类应急资源调查明细表分别如表 5-11～表 5-15 所示。

首先应该调查单位内部的应急物资、应急队伍、装备、场所等内容，以及针对自己存在风险的检测、监控和报警手段。其次是调查上级单位、地方政府和周边企业可提供的应急资源。最后是调查专业机构的情况，比如医疗机构、消防机构、专业的救援队伍等。

表 5-11　应急资源调查明细表（应急队伍）

队伍名称	救援类型	成立时间	地址	总人数	负责人	值班电话	擅长处置事故类型
备注							

注：成立时间一栏请按年-月-日格式填写，如 2016-01-01；救援类型一栏填写救援、救护、掘进、通风、堵漏、其他等。

调查人员（签字）：　　　　　　　　　　　　　　　　　　　　　调查日期：

表 5-12　应急资源调查明细表（应急专家）

姓名	性别	年龄	专业	专家类别	工作单位	住址	擅长事故类型	联系方式	
								办公电话	手机
备注									

注：专家类别一栏填写综合类、煤矿类、危险化学品类、烟花爆竹类、非煤矿山类、冶金类、石油开采类、应急通信信息类、其他类。

调查人员（签字）：　　　　　　　　　　　　　　　　　　　　　调查日期：

表 5-13　应急资源调查明细表（应急装备）

类型	物资名称	规格型号	数量	来源	完好情况或有效期	主要功能	存放场所	负责人	联系电话
车辆类									
防护类									
监测类									
侦检类									
警戒类									
救生类									
抢险类									
洗消类									
通信类									
照明类									
其他									
备注									

注：来源一栏填写政府投资、企业自筹。

调查人员（签字）：　　　　　　　　　　　　　　　　　　调查日期：

表 5-14　应急资源调查明细表（应急物资）

类型	物资名称	规格型号	数量	来源	完好情况或有效期	主要功能	存放场所	负责人	联系电话
生活类									
医疗救助类									
应急保障类									
其他									
备注									

注：来源一栏填写政府投资、企业自筹。

调查人员（签字）：　　　　　　　　　　　　　　　　　　　调查日期：

表 5-15　应急资源调查明细表（社会资源）

类型	名称	地址	联系电话	备注
应急管理机构				
消防部队				
医疗卫生机构				
避难场所				
其他				

注：不涉及相应栏目的可不填，如避难场所没有联系电话。

调查人员（签字）：　　　　　　　　　　　　　　　　　　　调查日期：

三、应急资源分类

应急物资泛指突发事件应急工作中使用的各类物资，广义上包含救援物品和应急设备两类，狭义上仅指救援物品与材料。发生突发事件时，应急物资的及时到位、准确足量，对于最大限度控制事态发展、保护人民群众生命财产安全意义重大，因此应急物资不同于一般物资，具有需求数量大且不确定性等特点。根据优先等级划分，应急物资一般分为生命救助类、工程保障类、工程建设类与灾后重建类；根据其用途划分，包含防护用品类、生命救助类、生命支持类、污染清理类、动力燃料类、工程材料类等。

四、资源配置的基本要求与规范

（一）现状

针对应急物资的储备管理，《中华人民共和国突发事件应对法》第 45 条明确规定，国家按照集中管理、统一调拨、平时服务、灾时应急、采储结合、节约高效的原则，建立健全应急物资储备保障制度，动态更新应急物资储备品种目录，完善重要应急物资的监管、生产、采购、储备、调拨和紧急配送体系，促进安全应急产业发展，优化产业布局。国家储备物资品种目录、总体发展规划，由国务院发展改革部门会同国务院有关部门拟订。国务院应急管理等部门依据职责制定应急物资储备规划、品种目录，并组织实施。应急物资储备规划应当纳入国家储备总体发展规划。设区的市级以上人民政府和突发事件易发、多发地区的县级人民政府应当建立应急救援物资、生活必需品和应急处置装备的储备保障制度。县级以上地方人民政府应当根据本地区的实际情况和突发事件应对工作的需要，依法与有条件的企业签订协议，保障应急救援物资、生活必需品和应急处置装备的生产、供给。有关企业应当根据协议，按照县级以上地方人民政府要求，进行应急救援物资、生活必需品和应急处置装备的生产、供给，并确保符合国家有关产品质量的标准和要求。国家鼓励公民、法人和其他组织储备基本的应急自救物资和生活必需品。有关部门可以向社会公布相关物资、物品的储备指南和建议清单。目前，环境应急管理实践中普遍存在各级政府及生态环境部门环境应急物资储备和各相关企业环境应急物资储备两种情形。各级政府及生态环境部门环境应急物资储备侧重于常用现场应急防护与处置装备储备，相关企业则侧重于各种常用中和剂、吸附物资以及处置设备等储备，两类储备各自独立开展，未能进行有效整合。环境应急物资储存的种类和数量明显不足，储存方式过于单一，均采用实物储存方式。当然，由于应急物资管理目前正处于研究阶段，尚未构建起完整的管理体系，缺乏完善的应急物资储备制度和管理体制等，应急物资的调用难还是一个普遍现象。

（二）发展

为达到“物资储备齐全，调拨工作高效”的目的，环境应急物资储备应采取政府及生态环境部门储备与企业储备相结合的社会化储备模式，建立完善各级政府及生态环境部门环境应急物资储备库，利用相关企业产品、原料及设施等构建社会化物资储备网络。同时，结合突发环境事件特点与两类储备的特点，以利用企业储备模式为主。

（1）构建模式

根据风险源密度和运输半径等因素，坚持统筹规划、节约投资和资源整合的原则，社会化和专业化相结合，按照“合理布局，适量储备，便利调运”的要求，依托大型企业事业单位和园区力量，建立“全覆盖，代储备”的应急物资储备体系，初步形成社会化环境应急物资储备网络。

环境应急物资储备应实现实物储备和生产能力储备相结合，建立充足、灵活、持续的物资供应系统，根据不同类型的突发环境事件，在应急物资的品种、数量、规格、储备地点以及生产、运输、储存、调用、配送、监管等各个管理环节上统筹规划，科学地储备应急物资，制定合理的调配方案。

（2）构建方式

要构建社会化环境应急物资储备网络，各地应结合实际，开展调研，掌握区域内的环境风险源，敏感目标分布和环境应急物资市场供应，相关企业储备、生产等情况。充分调动有关企业事业单位的积极性，利用其物资储备及生产的优势建立环境应急设备、材料的应急物资储备库。探索建立应急资源储备金制度，政府及生态环境部门可对相关企业给予一定的补贴或优惠政策，对于物资可实行先征用后补偿的办法；或与企业签订合同或协议，明确双方应急物资储备与调用的权利与义务。

在厘清社会化环境应急物资储备网络的基础上，各地应及时建立环境应急物资信息化管理系统，构建环境应急物资储备数据库。依托数据库对环境风险源密度和环境敏感点分布进行分析，依托现代物流业的发展科学合理调拨物资。在环境应急时第一时间对企业名称、地址，储备物资名称、种类、数量，运输路线等进行调阅，根据突发环境事件发生地点与影响范围等情况，制定灵活、有效的物资调运方案，供决策部门参考，确保突发环境事件高效应对和有效处置。

同时，应对环境应急物资储备进行规范化管理，出台环境应急物资储备管理相关制度，明确环境应急物资储备经费来源、储备主体、储备方式和调拨程序等内容。针对区域性突发环境事件，还可逐步实现区域间的应急驰援互助，形成环境应急物资大保障制度。通过应急物资储备的制度规范，进一步加强区域范围内应急物资的整合、合理分布与高效调用。

五、环境应急资源调查

（一）环境应急资源定义

环境应急资源是指采取紧急措施应对突发环境事件时所需要的物资和装备。开展环境应急资源调查，可以将应急管理、技术支持、处置救援等环境应急队伍和应急指挥、应急拦截与储存、应急疏散与临时安置、物资存放等环境应急场所同步纳入调查范围。

（二）调查目的

开展环境应急资源调查，收集和掌握本地区、本单位第一时间可以调用的环境应急资源状况，建立健全重点环境应急资源信息库，加强环境应急资源储备管理，促进环境应急预案质量和环境应急能力提升。

（三）调查原则

环境应急资源调查应遵循客观、专业、可靠的原则。“客观”是指针对已经储备的资源和已经掌握的资源信息进行调查。“专业”是指重点针对环境应急时的专用资源进行调查。“可靠”是指调查过程科学、调查结论可信、资源调集可保障。

（四）调查主体

调查主体为生态环境部门或企业事业单位。

（五）调查内容

发生或可能发生突发环境事件时，第一时间可以调用的环境应急资源情况，包括可以直接使用或可以协调使用的环境应急资源，并对环境应急资源的管理、维护、获得方式与保存时限等进行调查。

1. 生态环境部门的调查

以本级行政区域内为主，必要时可以对区域、流域周边环境应急资源信息进行调查。优先调查政府及生态环境等相关部门应急物资库的环境应急资源，同时将重点联系的企业事业单位尤其是大型企业的物资库纳入调查范围。根据风险情况和应急需求，还可以将生产、供应环境应急资源的单位，产品、原料、辅料可以用作环境应急资源的单位等其他有必要调查的单位纳入调查范围。

2. 企业事业单位的调查

以企业事业单位内部为主，包括自储、代储、协议储备的环境应急资源。必要时可以把能够用于环境应急的产品、原料、辅料纳入调查范围。

3. 污染处置类应急资源调查

（1）污染源切断类

沙包沙袋、快速膨胀袋、溢漏围堤、下水道阻流袋、排水井保护垫、沟渠密封袋、充气式堵水气囊。

（2）污染物控制

围油栏（如常规围油栏、橡胶围油栏、PVC 围油栏、防火围油栏）、浮桶（如聚乙烯浮桶、拦污浮桶、管道浮桶、泡沫浮桶、警示浮球）、水工材料（如土工布、土工膜、彩条布、钢丝格栅、导流管件）。

（3）污染物收集

收油机、潜水泵（包括防爆潜水泵）；吸油毡、吸油棉、吸污卷、吸污袋；吨桶、油囊、储罐。

（4）污染物降解

溶药装置如搅拌机、搅拌桨；加药装置如水泵、阀门、流量计、加药管；水污染、大气污染、固体废物处理一体化装置；吸附剂如活性炭、硅胶、矾土、白土、膨润土、沸石；中和剂如硫酸、盐酸、硝酸，碳酸钠、碳酸氢钠、氢氧化钙、氢氧化钠、氧化钙；絮凝剂如聚丙烯酰胺、三氯化铁、聚合氯化铝、聚合硫酸铁；氧化还原剂如双氧水、高锰酸钾、次氯酸钠，焦亚硫酸钠、亚硫酸氢钠、硫酸亚铁；沉淀剂如硫化钠。

4．安全防护类应急资源调查

用于突发环境事件现场指挥、处置人员个体防护的装备，如预警装置；防毒面具、防化服、防化靴、防化手套、防化护目镜、防辐射服；氧气（空气）呼吸器、呼吸面具；安全帽、手套、安全鞋、工作服、安全警示背心、安全绳；碘片等。环境应急防护装备应分类存放，加强检查和维护保养，定期进行穿戴演习，确保有效保护现场指挥和处置人员的生命安全与健康。

5．环境监测类应急资源调查

用于突发环境事件现场污染因子和周边环境质量的监测装备，如采样设备、便携式监测设备（如便携式水质检测仪、便携式流速流量测定仪、便携式余氯测定仪、便携式有毒气体检测仪、PID 检测仪、简易快速检测管等）、应急监测车（船）、无人机（船）等。加强维护保养，时刻处于待用状态，确保第一时间到达事发地，根据现场污染物特性，有针对性地开展各项环境应急监测工作，为现场指挥决策提供数据。

6．交通通信和生活保障类资源调查

（1）通信器材

通信器材包括有线通信器材和无线通信器材两类。在环境应急处置工作中，通常采用无线和有线两套装置配合使用。移动电话和固定电话是通信中常用的工具，在近距离（3～5 km 范围内）的通信联系中，使用对讲机较方便。对讲机的优势是适用于移动电话信号弱或没有信号的区域，还可以将指令同步传达至各应急小组。

（2）交通工具

便利的交通工具是实施快速处置的可靠保障。目前，我国的应急处置主要以汽车为交通工具，但在一些大城市，由于交通堵塞问题日益严重，直升机可作为应急处置交通工具的发展方向。在发达国家，直升机已成为应急处置的常用工具。此外，对于河流和海上发生的灾难性环境事件，汽艇等专用船舶无疑是必不可少的交通工具。

（3）照明器材

对于夜间突发的环境事件，在处置时需要良好的照明。因此，配备必要的照明工具和器材，有利于应急处置工作的顺利进行。照明装置的种类较多，在配备照明工具时除了考虑照明的亮度外，还应根据事件类型及其现场情况，注意其安全性和可靠性。如处置油气泄漏事件时所用的照明灯应为防爆型。

（4）发电装备

突发环境等灾难性事件时，会出现正常供电中断或无法利用等情况，需配备便携式轻型发电机，以保障电力供应。

（5）应急指挥装备

包括应急指挥车、GPS 定位仪、对讲机、笔记本电脑等。加强环境应急指挥装备的日常维护保养，保持装备良好状态，确保遇突发环境事件时，现场指挥人员能正确决策，顺利组织实施处置工作。

（六）调查程序

一般按以下程序组织开展调查，调查主体可根据调查规模适当简化。

1. 制定调查方案

收集分析环境风险评估、应急预案、演练记录、事件处置记录和历史调查、日常管理资料，确定本次调查的目标、对象、范围、方式、计划等，设计调查表格，明确人员和任务。

2. 安排部署调查

通过印发通知、组织培训、召开会议等形式，安排部署调查任务，使调查人员了解调查内容和时间安排，掌握调查技术路线和调查技术重点。

3. 信息采集审核

调查人员按照调查方案，采取填表调查、问卷调查、实地调查等相结合的方式收集有关信息，填写调查表格。汇总收集到的信息，通过逻辑分析、人员访谈、现场抽查等方式，查验数据的完备性、真实性、有效性。重点环境应急资源应进行现场勘查。

4. 编写调查报告

调查报告一般包括调查概要、调查过程及数据核实、调查结果与结论，并附以环境应急资源信息清单、分布图、调配流程及调查方案等必要的文件。

5. 建立信息档案

汇总整理调查成果，建立包括资源清单、调查报告、管理制度在内的调查信息档案。逐步实现调查信息的结构化、数据化、信息化。

6. 调查数据更新

调查主体应当加强对环境应急资源信息的动态管理，及时更新环境应急资源信息。在评估修订环境应急预案时，应对环境应急资源情况一并进行更新。调查数据更新可参照以上调查程序适当简化。

（七）调查表示例

1. 环境应急资源调查

依据《环境应急资源调查指南试行》（环办应急〔2019〕17 号）绘制的环境应急资源调查表如表 5-16 所示。

表 5-16 环境应急资源调查表

主要作业方式或资源功能	重点应急资源名称	备注
污染源切断		
污染物控制		
污染物收集		
污染物降解		
安全防护		
应急通信和指挥		
环境监测		

2. 生态环境部门环境应急资源调查

（1）政府（部门）建设的应急物资库调查表

政府（部门）建设的应急物资库调查表如表 5-17 所示。

表 5-17　政府（部门）建设的应急物资库调查表

调查人及联系方式：　　　　　　　　　　　　　　　　审核人及联系方式：

<table>
<tr><td colspan="8">应急物资库基本信息</td></tr>
<tr><td>物资库名称</td><td colspan="7"></td></tr>
<tr><td colspan="2">所在地</td><td colspan="3"></td><td>经纬度</td><td colspan="2"></td></tr>
<tr><td>所属单位</td><td colspan="7"></td></tr>
<tr><td rowspan="2">负责人</td><td>姓名</td><td colspan="2"></td><td rowspan="2">联系人</td><td>姓名</td><td colspan="2"></td></tr>
<tr><td>联系方式</td><td colspan="2"></td><td>联系方式</td><td colspan="2"></td></tr>
<tr><td colspan="8">环境应急资源信息</td></tr>
<tr><td>序号</td><td>名称</td><td>品牌</td><td>型号/规格</td><td>储备量</td><td>报废日期</td><td>主要功能</td><td>备注</td></tr>
<tr><td></td><td></td><td></td><td></td><td></td><td></td><td></td><td></td></tr>
<tr><td></td><td></td><td></td><td></td><td></td><td></td><td></td><td></td></tr>
</table>

（2）重点联系企业应急物资库调查表

重点联系企业应急物资库调查表如表 5-18 所示。

表 5-18　重点联系企业应急物资库调查表

调查人及联系方式：　　　　　　　　　　　　　　　　审核人及联系方式：

<table>
<tr><td colspan="8">重点联系企业基本信息</td></tr>
<tr><td>企业名称</td><td colspan="7"></td></tr>
<tr><td colspan="2">物资库位置</td><td colspan="3"></td><td>经纬度</td><td colspan="2"></td></tr>
<tr><td>所属单位</td><td colspan="7"></td></tr>
<tr><td rowspan="2">负责人</td><td>姓名</td><td colspan="2"></td><td rowspan="2">联系人</td><td>姓名</td><td colspan="2"></td></tr>
<tr><td>联系方式</td><td colspan="2"></td><td>联系方式</td><td colspan="2"></td></tr>
<tr><td colspan="8">环境应急资源信息</td></tr>
<tr><td>序号</td><td>名称</td><td>品牌</td><td>型号/规格</td><td>储备量</td><td>报废日期</td><td>主要功能</td><td>备注</td></tr>
<tr><td></td><td></td><td></td><td></td><td></td><td></td><td></td><td></td></tr>
<tr><td></td><td></td><td></td><td></td><td></td><td></td><td></td><td></td></tr>
</table>

（3）环境应急资源生产企业信息调查表

环境应急资源生产企业信息调查表如表 5-19 所示。

表 5-19　环境应急资源生产企业信息调查表

调查人及联系方式：　　　　　　　　　　　　　　　　审核人及联系方式：

<table>
<tr><td colspan="10">环境应急资源生产企业信息</td></tr>
<tr><td rowspan="2">序号</td><td rowspan="2">资源名称</td><td rowspan="2">数量</td><td rowspan="2">型号/规格</td><td colspan="5">企业信息</td><td rowspan="2">备注</td></tr>
<tr><td>单位名称</td><td>地址</td><td>经纬度</td><td>联系人</td><td>联系方式</td></tr>
<tr><td></td><td></td><td></td><td></td><td></td><td></td><td></td><td></td><td></td><td></td></tr>
<tr><td></td><td></td><td></td><td></td><td></td><td></td><td></td><td></td><td></td><td></td></tr>
</table>

（4）环境应急支持单位和应急场所信息调查表

环境应急支持单位和应急场所信息调查表如表 5-20 所示。

表 5-20　环境应急支持单位和应急场所信息调查表

调查人及联系方式：　　　　　　　　审核人及联系方式：

序号	类别	单位名称	主要能力	备注
	应急救援单位			
	应急监测单位			
	应急指挥所			

3. 企业事业单位环境应急资源调查

企业事业单位环境应急资源调查表如表 5-21 所示。

表 5-21　企业事业单位环境应急资源调查表

调查人及联系方式：　　　　　　　　审核人及联系方式：

<table>
<tr><td colspan="8">企业事业单位基本信息</td></tr>
<tr><td colspan="2">单位名称</td><td colspan="6"></td></tr>
<tr><td colspan="2">物资库位置</td><td colspan="3"></td><td>经纬度</td><td colspan="2"></td></tr>
<tr><td colspan="2">所属单位</td><td colspan="6"></td></tr>
<tr><td colspan="2" rowspan="2">负责人</td><td>姓名</td><td></td><td rowspan="2">联系人</td><td>姓名</td><td colspan="2"></td></tr>
<tr><td>联系方式</td><td></td><td>联系方式</td><td colspan="2"></td></tr>
<tr><td colspan="8">环境应急资源信息</td></tr>
<tr><td>序号</td><td>名称</td><td>品牌</td><td>型号/规格</td><td>储备量</td><td>报废日期</td><td>主要功能</td><td>备注</td></tr>
<tr><td></td><td></td><td></td><td></td><td></td><td></td><td></td><td></td></tr>
<tr><td></td><td></td><td></td><td></td><td></td><td></td><td></td><td></td></tr>
<tr><td>序号</td><td colspan="2">类别</td><td>单位名称</td><td colspan="4">主要能力</td></tr>
<tr><td></td><td colspan="2">应急救援单位</td><td></td><td colspan="4"></td></tr>
<tr><td></td><td colspan="2">应急监测单位</td><td></td><td colspan="4"></td></tr>
<tr><td></td><td colspan="2"></td><td></td><td colspan="4"></td></tr>
</table>

注：本表适用于企业自行开展环境应急资源调查时参照使用。

复习思考题

一、突发环境事件应急响应的基本原则有哪些？

二、简述突发环境事件应急响应事件分级的主要内容。

三、简化突发环境事件应急响应流程。

四、突发环境事件应急响应的主要内容有哪些？

五、突发环境事件应急响应过程中信息报告的主要内容有哪些？

六、突发环境事件应急响应过程中预警响应的主要内容有哪些？

七、简述突发环境事件应急响应过程中应急监测的原则、目的、方法与手段。

八、突发环境事件应急响应过程中现场处置的技术要求与处置措施有哪些？

九、简述突发环境事件应急响应过程中应急资源的分类方法及主要类型。

技能实训——突发环境事件应急响应模拟操作

一、实训目标

1．掌握各类突发环境事件的基本应急响应全流程。

2．熟悉突发环境事件应急监测方法与布点监测的主要内容。

3．掌握突发环境事件现场应急处置方法与应急资源的合理使用。

二、任务描述

火灾、爆炸或污染物泄漏突发环境事件任选一个，假如你是突发环境事件应急响应管理人员，应该如何进行响应？假如你是突发环境事件的现场企业救灾人员，又该如何进行响应？

三、任务准备

1．实训场地、事故模拟设施设备。

2．任务布置和学生分组工作。

3．熟悉突发环境事件应急响应全流程操作规范。

四、知识要点

1．突发环境事件发生的原因。

2．事件分级。

3．分级响应流程。

4．信息报告程序及内容。

5．预警分级响应。

6．现场应急监测主要内容。

7．现场处置方法与处置相关规范。

8．应急物资准备与操作规范。

五、实训过程

1．由任课教师在教室讲解实训要求和任务布置。

2．在突发环境事件模拟实训场地集合，开展实训实地布置。

3．按照学生分组进行实际操作实践演练。

4．教师现场解答指导、答疑，完善演练过程。

5．实训指导总结。

六、注意事项

实训过程需按照指导教师要求进行，服从指挥、爱护实训设备、保护自身安全、维护他人安全，有疑问必须及时提出。

七、总结与思考

1．突发环境事件应急响应演练实训过程中哪些情况提前没有预见到？

2．响应演练实训流程是否规范？

3．信息报告是否畅通、符合规范要求？
4．预警响应是否及时、恰当？
5．应急监测方案是否可行？
6．现场处置技术与处置措施是否得当？
7．应急资源配备是否完善？

第六章 突发环境事件事后恢复与损害评估

突发环境事件处理包括应急处置和事后恢复两个过程。当经过应急处置已达到下列三个条件：①根据应急指挥部的建议，确信污染事故已经得到控制，事故装置已处于安全状态；②有关部门已采取并继续采取保护公众免受污染的有效措施；③已责成或通过了有关部门制订和实施环境恢复计划，环境质量正处于恢复之中，这时就可由应急指挥部宣布应急状态结束，进入善后处理阶段。

第一节 事后恢复

一、善后处置

善后处置工作是事后恢复工作中最重要的一个环节，它的圆满处理与否关系到是否会引发新的社会矛盾，关系到能否巩固突发环境事件的应对成果。

环保人员不仅要从突发环境事件现场处置过程中取得实战经验，还需结合事后恢复工作形成学习制度，深入地分析事件发生的原因，找出现场处置及事后恢复的不足，并提出改进措施。通过典型案例分析和现场工作经验总结，提高环保人员的应急管理能力与水平；督促责任企业、责任人从突发环境事件中吸取经验教训，采取必要的防控措施，加强日常的环境风险管理，最大限度地杜绝和减少类似的事件再次发生；结合实际发生的突发环境事件的案例，进社区、学校等居民集中区进行宣传，通过发传单、贴海报、办培训班等形式，讲解化学品的简单防护、处置要点，提高社会公众自我保护意识和应急处置能力。

二、人员安置

（一）人员疏散

人群疏散是减少人员伤亡扩大的关键，也是最彻底的应急响应。事故的大小、强度、爆发速度、持续时间及其后果严重程度，是实施人群疏散应予考虑的一个重要因素，它将决定撤退人群的数量、疏散的可用时间及确保安全的疏散距离。

对人群疏散所作的规定和准备应包括：

①明确谁有权发布疏散命令；

②明确需要进行人群疏散的紧急情况和通知疏散的方法；

③列举有可能需要疏散的位置；

④对疏散人群数量及疏散时间的估测；

⑤对疏散路线的规定；

⑥对需要特殊援助群体的考虑，如学校、幼儿园、医院、养老院、监管所，以及老人、残疾人等。

（二）现场安全避难

当人员受到威胁且疏散不可行时，短期安全避难可给人员提供临时保护。短期避难所通常是具有空气供给的密封室，空气可由瓶装压缩空气提供。一般控制室设计为短期避难所，使操作人员在紧急时安全使用。有些控制室如果为保证有序停车防止发生更大事故，需要设计为能够防止有毒气体的渗入。选择短期避难所的另一个原因是人员到达可长期避难场所的距离过远，或因缺少替代疏散路线而不能安全疏散。

指挥者根据事故区域大小、相对距离的远近和主导风向，为其员工选择短期避难所。避难所不应过远，以免人员不能及时到达。在选定某建筑作为短期避难所前，指挥者应考虑一下其设计是否具有以下特点：

①结构良好，没有明显的洞、裂口或其他可能使危险气体进入内部的结构弱点；

②门窗有良好的密封；

③通风系统可控制。

短期避难所不能长期驻留。如果需要长期避难设施，在计划和设计时必须保证安全的室内空气供给和其他支持系统。避难场所应该能提供限定人员足够呼吸的空气量和足够长的时间下的有效保护。大多数情况下，临时避难所是窗户和门都关闭的一个封闭空间。在许多情况下（如快速、短暂的气体泄漏等），采取安全避难是一个很有效的方法，特别是与疏散相比具有实施所需时间少的优点。

（三）企业外疏散和安全避难

在紧急情况下，尤其是发生毒物泄漏时，应急指挥者的首要任务是向外报警，并建议政府主管部门采取行动保护公众。

接到企业通报，地方政府主管部门应决定是否启动企业外应急行动，协调并接管应急总指挥的职责。

企业外疏散与避难疏散虽然由政府进行，但企业必须事先做好准备，包括向政府提出疏散的建议。所以，企业管理层应积极与地方政府主管部门合作，制定应急预案，保护公众免受紧急事故危害。

三、污染物后续处置

事后恢复的过程中，若发现仍存在未处置完全、有毒有害的污染物质，该类物质的处置方法、处置对策与处置措施见第五章第五节现场处置相关内容，此处不再累述。

四、设施、设备与场所维护

应急结束后，企业应急总指挥应委派恢复人员进入事故现场，清理重大破坏设施，恢复被损坏的设备和设施。根据危险的性质和事故大小，恢复人员一般包括以下全部或部分人员：应急人员、工程人员、维修人员、生产人员、采购人员、环境人员、健康和安全人员、法律人员等。

损失状况评估是恢复工作的另一个内容，评估工作主要集中在紧急事故后企业如何进行修复工作等问题。可参考以下项目来进行评估：

①重要设备：如贮罐、工艺容器、精馏塔、热交换器、工艺仪表、化学管线、泵、车辆、基础设施等；

②紧急设备：如灭火设备、个人防护设备、急救设备、传感器等；

③电力系统：如电源开关、电源插座、电力线路、变压器、发电机、应急灯、室外照明设施等；

④警报系统：如传感器、电线、警报器、电台、计算机等；

⑤通信系统：电话、电池、电线、扬声器、无线电、无线电发送装置等；

⑥一般性机械：动力电缆、紧急开关、进出接线、进出管道、设备传感器或检测器、移动备件、机器基础装置、污染控制装置等。

完成损失评估后，每个需要立即修理或恢复的项目都应分派专人或专门部门负责。在进行设备处理前，要确保事故调查组对设备的查验及记录存档。

水、电供应的恢复只有在对企业彻底检查之后才能开始，以保证不会产生新的危险。

第二节　损害评估

一、概述

《中华人民共和国突发事件应对法》规定，突发事件应急处置工作结束后，应当立即组织对突发事件造成的影响和损失进行调查评估，组织受影响地区尽快恢复生产、生活、工作和社会秩序，制订恢复重建计划。2017 年 12 月，中共中央办公厅、国务院办公厅印发了《生态环境损害赔偿制度改革方案》，明确指出生态环境损害赔偿制度是生态文明制度体系的重要组成部分。2018 年 5 月，依据《中华人民共和国突发事件应对法》《中华人民共和国环境保护法》《国家突发环境事件应急预案》《生态环境损害赔偿制度改革方案》《突发环境事件应急管理办法》等法律法规和有关文件，生态环境部办公厅组织编制了《突发环境事件环境影响和损失评估管理办法（征求意见稿）》，用以规范突发环境事件环境影响和损失评估工作，提升突发环境事件应急处置水平，维护人民群众权益，保障生态环境安全。

突发环境事件环境影响和损失评估，是指对突发环境事件造成的生态环境损害（环境质量与生态服务水平下降）的范围和程度、事件造成的人身损害和财产损害以及生态环境损害数额、应急处置费用等直接经济损失进行评估的活动。

突发环境事件环境影响和损失评估分为应急处置阶段评估和中长期阶段评估。应急处置阶段评估是指对突发环境事件发生后至应急处置结束期间的环境影响和损失开展的评估，包括对应急处置过程的梳理、评估事件造成的短期生态环境等影响，核定事件造成的直接经济损失。中长期阶段评估是指在应急处置结束后至生态环境恢复至事发前水平期间开展的评估工作，包括评估事件造成的长期生态环境等影响、制定以消除事件生态环境影响为主要目标的环境修复或恢复方案，以及评估生态环境修复或者恢复的效果。

二、流程

突发环境事件环境影响和损失评估的工作内容为组织完成突发环境事件应急处置阶段和中长期阶段事件评估的相关任务。突发环境事件环境影响和损失评估、应急处置阶段和中长期阶段事件评估流程依据《突发环境事件环境影响和损失评估管理办法（征求意见稿）》确定。

（一）环境影响和损害评估流程

环境影响和损害评估主要工作流程为调查、评估、信息公开、结论应用与汇总分析五个步骤。

1. 调查

调查工作以现场调查为主。调查人员主要包括人民政府及生态环境部门工作人员、评估机构评估人员、环境监测人员、企业员工、受影响公众及其他与事件相关人员。

调查过程中所需资料包括环境监测报告、视听资料、当事人陈述、鉴定意见、图件、调查表、调查笔录、研究报告、引用文献等材料。各类材料应确保其合法性、有效性和科学性。

各级生态环境主管部门需在本级人民政府的统一部署下，组织开展突发环境事件环境影响和损失评估工作。跨行政区域的突发环境事件环境影响和损失评估工作，由共同上级人民政府生态环境主管部门组织开展。生态环境主管部门可以组织突发环境事件的责任方、受影响方等相关单位开展环境影响和损失评估工作，做好相关协调和监管工作。

组织开展突发环境事件环境影响和损失评估工作的各级生态环境主管部门可以委托原环境保护部推荐的环境损害鉴定评估机构、司法鉴定机构以及其他有技术能力的第三方机构开展突发事件环境影响和损失评估工作。接受委托的评估机构对环境影响和损失评估结论负责。

2. 评估

根据相关的法律法规、技术标准，对照现场调查损失的情况，由有资质的评估机构运用统计、计算等方法对突发环境事件造成的生态环境损害（环境质量与生态服务水平下降）的范围和程度、事件造成的人身损害和财产损害以及生态环境损害数额、应急处置费用等直接经济损失进行评估。

3. 信息公开

组织开展突发环境事件环境影响和损失评估工作的生态环境主管部门经报请本级人民政府批准后，应当向社会公开环境影响和损失评估工作的组织单位、评估机构、主要评估内容和方法、环境影响评估结论和直接经济损失核定结果等内容。公开方式主要包括政府公报、政府网站、新闻发布会以及报刊、广播、电视、网站和微信公众号。

4. 结论应用

突发环境事件环境影响和损失评估结论可以作为确定突发环境事件等级、行政处罚、生态环境损害赔偿、司法诉讼以及实施环境治理、修复和恢复等措施的依据。

5. 汇总分析

省级生态环境主管部门应当每年对当年突发环境事件环境影响和损失评估工作开展情况进行整理，并于次年 1 月底前将相关结果报送国务院生态环境主管部门。

（二）应急处置阶段评估流程

应急处置阶段评估流程如图 6-1 所示。

1. 数据资料收集

各级生态环境主管部门应当在突发环境事件发生后及时组织开展环境影响和损失评估相关资料和数据收集等前期工作，并在应急处置工作结束后及时组织开展环境影响和损失评估工作。

2. 应急过程梳理

评估机构应当对突发环境事件的污染控制和清理等应急处置措施进行梳理，分析应急措施的成本、效果和潜在环境风险等情况，并提出相关改进建议。

3. 环境影响评估

应急处置阶段的环境影响评估应当按照相关标准和规范，综合利用现场调查、环境监测和快速模型模拟等手段，判断污染物的迁移扩散范围、生态环境影响的趋势与程度。评估内容包括：

（1）突发大气环境事件

分析污染排放源和特征污染物，核定大气污染物排放量和排放强度；分析大气污染物的迁移扩散轨迹、污染物浓度空间分布、沉降情况和污染物通量归趋，评估对大气环境质量的影响，判断大气污染对人体健康、经济作物等财产、生态系统和其他环境介质是否造成损害。

（2）突发水环境事件

分析污染排放源和特征污染物，核定排放进入水环境的污染物总量和排放强度；计算污染物在水环境中的扩散情况与进入河道和湖库底泥的吸附情况，评估对水体和沉积物环境质量的影响，判断对人体健康、养殖渔业等财产、生态系统和其他环境介质是否造成损害。

（3）突发土壤和地下水环境事件

分析污染来源和特征污染物，核定污染物的排放强度以及排放进入土壤和地下水的污染物总量，分析污染物的空间分布情况，评估对土壤和地下水环境质量的影响，判断对人体健康、经济作物等财产、生态系统和其他环境介质是否造成损害。

（4）突发海洋环境事件

分析污染排放源和特征污染物，核定排放进入海洋环境的污染物总量和排放强度；分析污染物在海洋环境中的扩散和进入大气、海岸带等其他环境介质的情况，评估对海洋环境质量的影响，判断对养殖渔业等财产、海洋生态系统和其他环境介质是否造成损害。

4. 直接经济损失核定

突发环境事件应急处置阶段直接经济损失评估，是指事件发生后至应急处置结束期间，对应急处置过程进行梳理，以及对事件造成的人身损害和财产损害、生态环境损害数额、应急处置费用以及其他可以确定的直接经济损失进行评估的活动。

评估机构需依据《突发生态环境事件应急处置阶段直接经济损失评估工作程序规定》《突发生态环境事件应急处置阶段直接经济损失核定细则》及其他相关技术标准和文件对突发环境事件造成的人身损害和财产损害、生态环境损害数额、应急处置费用以及应急处置阶段可以确定的其他直接经济损失进行核定。人身损害数额核定突发环境事件导致人的生命、健康遭受侵害，包括造成疾病、伤残、死亡的治疗与丧葬抚养费等损失。财产损害数额核定突发环境事件直接造成的财产损毁或价值减少，以及为保护财产免受损失而支出的必要、合理的费用。生态环境损害数额主要利用等值分析方法核定突发环境事件造成环境影响修复所需费用，以及环境质量与生态服务水平下降无法提供生态系统服务所造成的损失。应急处置费用核定突发环境事件应急处置期间为减轻或消除对公众健康、公私财产和生态环境造成的危害，各级政府与除责任方以外的相关单位针对可能或已经发生的突发环境事件而采取的行动和措施所发生的费用。

（三）中长期评估流程

中长期评估流程如图 6-2 所示。

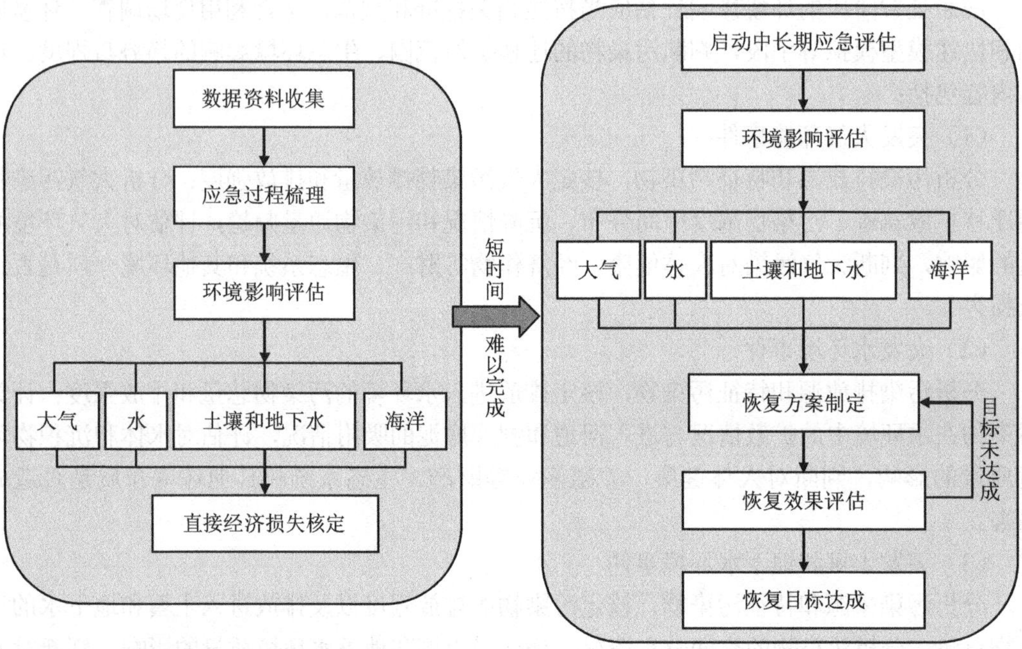

图 6-1　应急处置阶段评估流程　　**图 6-2　中长期评估流程**

1. 启动中长期评估的意见

各级生态环境部门根据应急处置阶段环境影响评估结论，以及应急处置措施可能产生的次生生态环境影响分析结果，对突发环境事件影响短时间内难以全部显现、污染物和损害之间因果关系难以判定、环境损害在短时间难以修复的情况，继续组织开展中长期评估。

2. 环境影响评估

中长期环境影响评估阶段应当按照相关技术规范，辅助适当的实验研究，根据主要污染物的物理化学性质，全面分析突发环境事件发生前后的环境空气、地表水和沉积物、土壤和地下水等环境质量状况的变化，以及生物种类、数量、密度与质量的变化，确定污染程度和范围。

（1）突发大气环境事件

分析大气污染物在大气、水、海洋和土壤环境中的迁移转化情况，判断污染对环境质量、人体健康、生物受体造成的损害。

（2）突发水环境事件

分析污染物向沉积物、河湖岸滩土壤和地下水以及相关生物受体的迁移转化情况与累积影响，判断对环境质量、人体健康、包括农作物和水产品在内的生物受体、岸滩和水生态系统造成的损害。

（3）突发土壤和地下水环境事件

分析污染物在土壤和地下水环境中的迁移转化情况和敏感受体的暴露情况，判断对环境质量、人体健康、农作物和土壤微生物等生物受体和土壤地下水生态系统造成的损害。

3．恢复方案制定

对于需要开展环境修复或恢复的突发环境事件，应当按照相关技术导则并结合实际情况制定恢复方案。环境恢复方案制定过程中应当充分听取受突发环境事件影响和依法应当承担法律责任的公民、法人和其他组织的意见。

4．恢复效果评估

对于开展环境修复或恢复的突发环境事件，应当制订恢复效果评估计划，定期跟踪环境恢复情况，全面评估恢复效果是否达到阶段性恢复目标；如果未达到阶段性恢复目标，应进一步采取相应措施，直到达到阶段性修复目标为止。

（四）其他相关评估流程

其他相关评估流程主要依据《突发生态环境事件处置阶段直接经济损失评估工作程序规定》以及《生态环境损害鉴定评估技术指南　总纲和关键环节　第1部分：总纲》（GB/T 39791.1—2020）、《生态环境损害鉴定评估技术指南　总纲和关键环节　第2部分：损害调查》（GB/T 39791.2—2020）、《生态环境损害鉴定评估技术指南　环境要素　第2部分：地表水和沉积物》（GB/T 39792.2—2020）、《生态环境损害鉴定评估技术指南　环境要素　第1部分：土壤和地下水》（GB/T 39792.1—2020）、《生态环境损害鉴定评估技术指南　基础方法　第2部分：水污染虚拟治理成本法》（GB/T 39793.2—2020）、《生态环境损害鉴定评估技术指南　基础方法　第1部分：大气污染虚拟治理成本法》（GB/T 39793.1—2020）、《生态环境损害鉴定评估技术指南　生态系统　第1部分：农田生态系统》（GB/T 43871.1—2024）、《生态环境损害鉴定评估技术指南　总纲和关键环节　第3部分：恢复效果评估》（GB/T 39791.3—2024）、《生态环境损害鉴定评估技术指南　总纲和关键环节　第4部分：土壤生态环境基线调查与确定》（GB/T 39791.4—2024）等制定。

1．直接经济损失核定评估

直接经济损失核定工作流程包括基础数据资料收集、数据审核、确定核定结果三个主要阶段，如图6-3所示。基础数据资料收集是对各项费用产生情况、费用数额、合同票据等资料进行统一收集的过程；数据审核是对收集的数据资料进行初审、确认、复审等一系列审查，确定有效数据，并进行整理分析的过程；确定核定结果是将审定的数据整理分析后，给出明确的核定结论的过程。

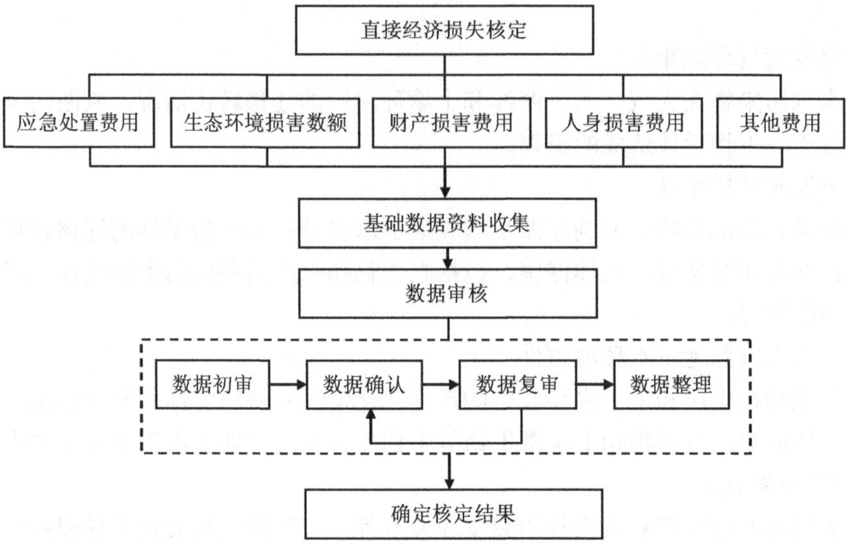

图 6-3 直接经济损失核定工作流程

2. 生态环境损害调查评估

生态环境损害调查评估分为初步调查和系统调查两个阶段，如图 6-4 所示。初步调查主要开展资料收集与分析、现场踏勘和人员访谈，对生态环境损害范围和程度进行初步的判断和分析。系统调查在初步调查的基础上，对生态环境损害开展针对性调查，为损害确认和损害量化提供支撑。生态环境恢复费用中的污染清理费用相关资料原则上由委托方提供。鉴定评估机构可根据委托方的委托进行相关资料的收集。初步调查和系统调查阶段应分别制定调查工作方案，包括调查对象、调查内容、调查方法、调查方式和质量控制等内容。

3. 生态环境损害鉴定评估

生态环境损害鉴定评估工作流程如图 6-5 所示。

（1）工作方案制定

通过收集分析资料、现场踏勘、座谈走访、查阅文献、遥感影像分析等方式，掌握污染环境或破坏生态行为以及生态环境的基本情况，确定生态环境损害鉴定评估的目的、对象、范围、内容、方法、质量控制和质量保证措施等，编制鉴定评估工作方案。

（2）损害调查确认

掌握污染环境或破坏生态行为的事实，调查并对比生态环境及其服务功能现状和基线，确定生态环境损害的事实及其类型。

（3）因果关系分析

根据污染环境或破坏生态行为和生态环境损害的调查结果，分析污染环境或破坏生态行为与生态环境损害的因果关系。

（4）损害实物量化

明确不同生态环境损害类型的量化指标，量化生态环境损害的时空范围和程度；分析恢复受损生态环境的可行性；明确生态环境恢复的目标，制定生态环境恢复备选方案，筛选确定最佳恢复方案。

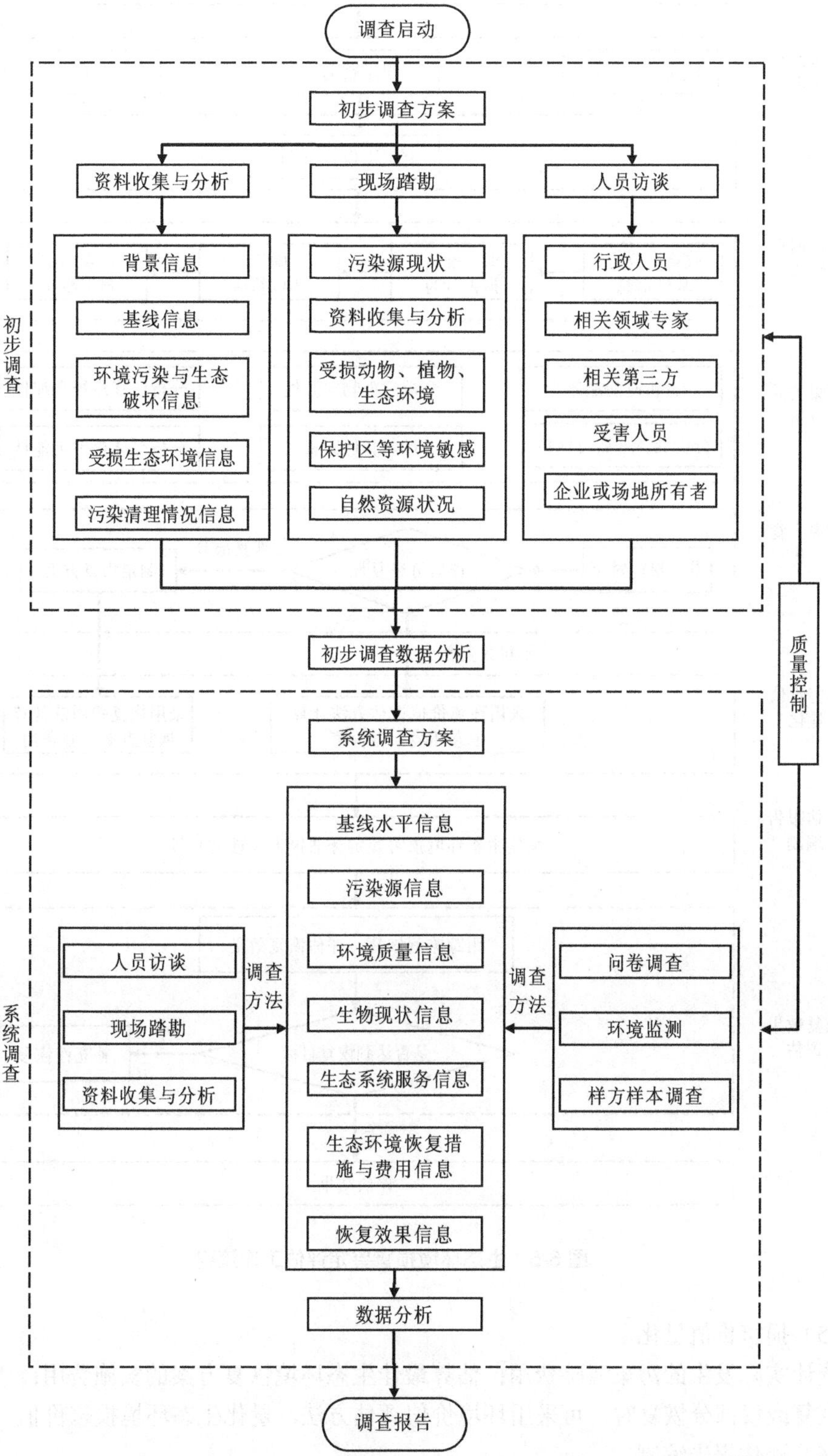

图 6-4　生态环境损害调查评估工作流程

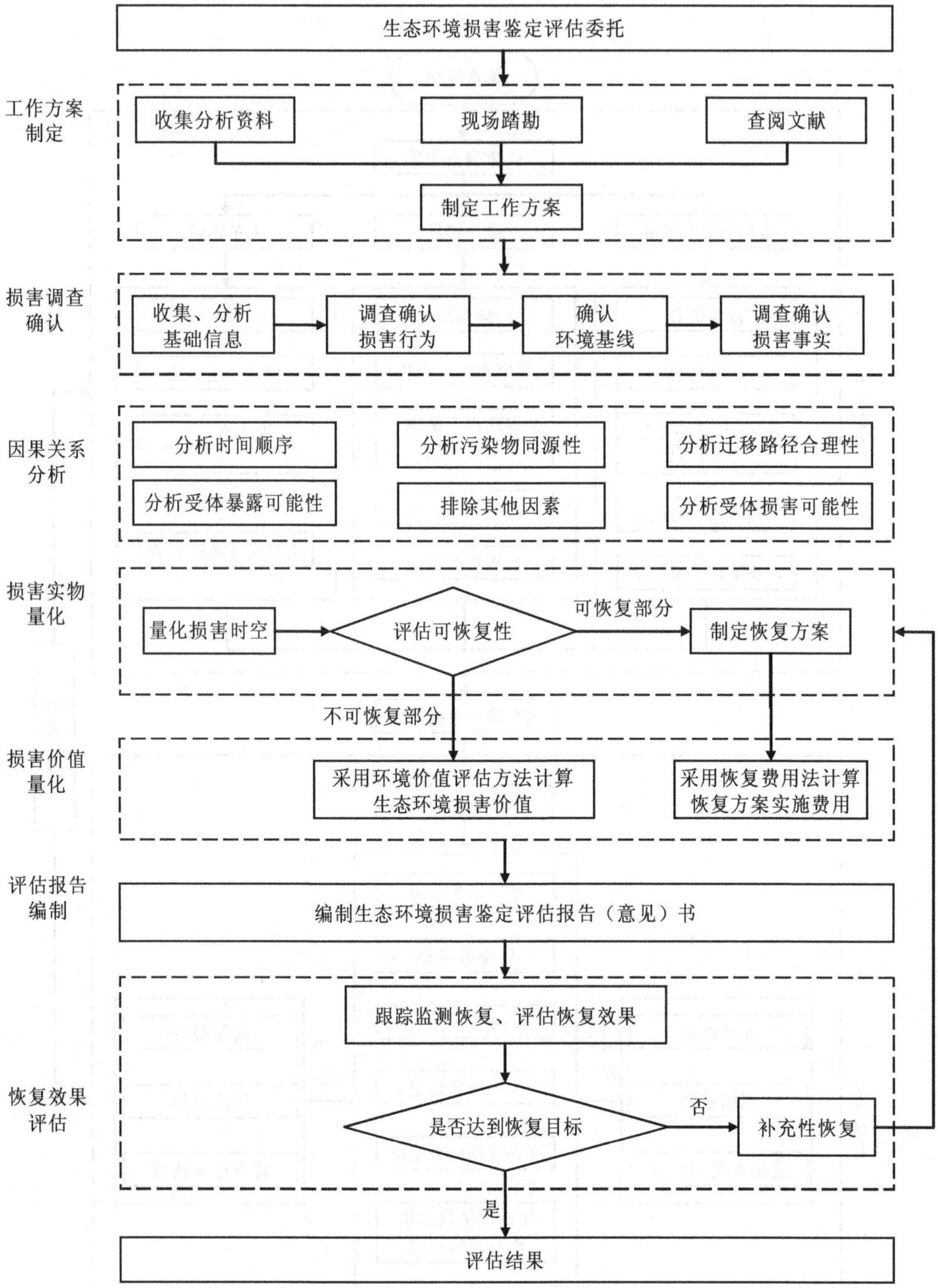

图 6-5　生态环境损害鉴定评估工作流程

（5）损害价值量化

统计实际发生的污染清除费用；估算最佳生态环境恢复方案的实施费用；当生态环境无法恢复或仅部分恢复时，可采用环境价值评估方法，量化生态环境损害价值。

（6）评估报告编制

编制生态环境损害鉴定评估报告（意见）书，同时建立完整的鉴定评估工作档案。

（7）恢复效果评估

跟踪生态环境损害基本恢复和补偿恢复方案的实施情况，开展必要的调查和监测，评估生态环境恢复的效果，必要时开展补充性恢复。

4. 土壤及地下水生态环境损害鉴定评估

涉及土壤与地下水的生态环境损害鉴定评估工作流程如图 6-6 所示。

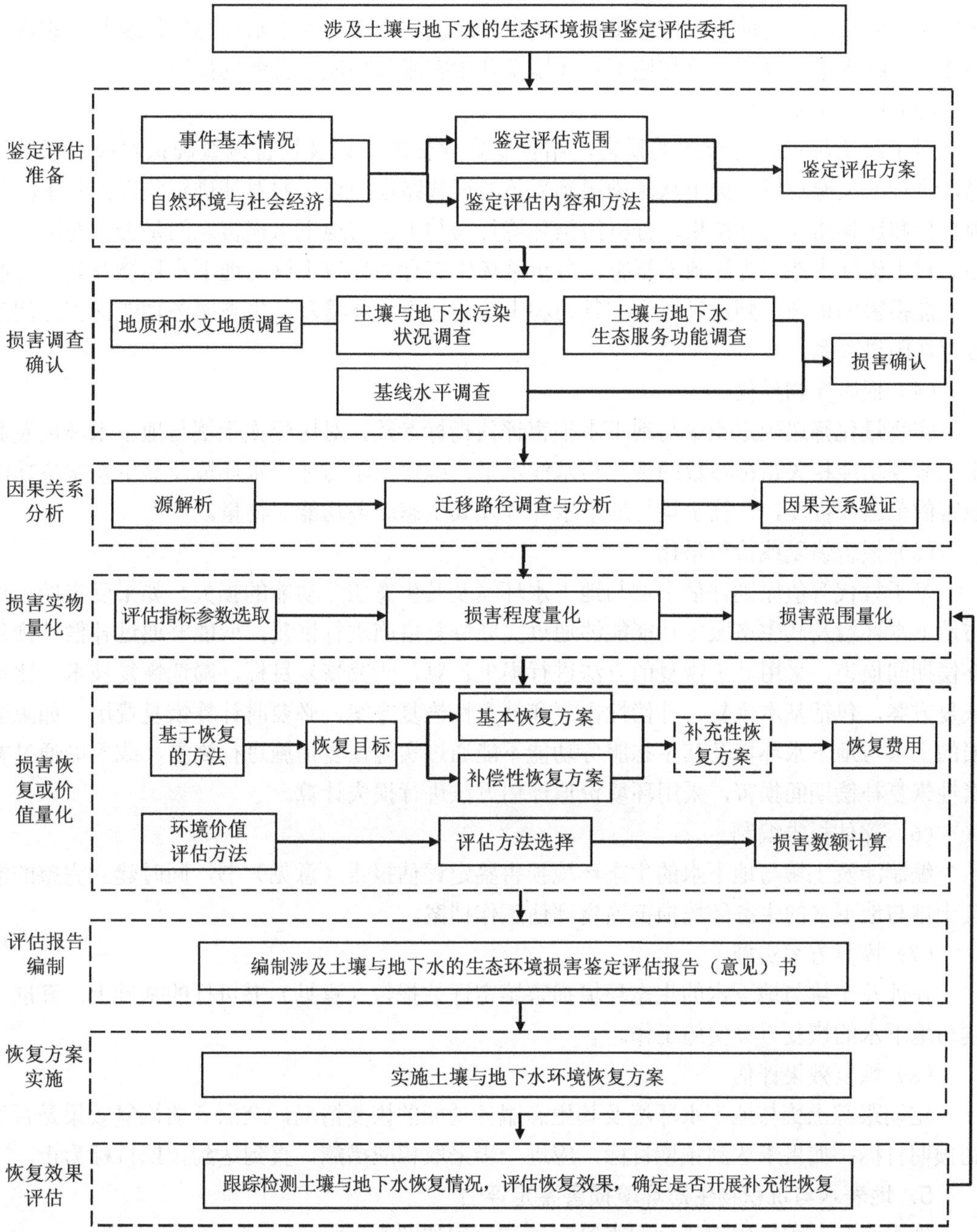

图 6-6　土壤及地下水的生态环境损害鉴定评估工作流程

（1）鉴定评估准备

掌握涉及土壤与地下水的生态环境损害的基本情况；了解评估区的自然环境与社会状况；初步判断土壤与地下水的受损范围，明确涉及土壤与地下水的生态环境损害鉴定评估的内容，确定鉴定评估方法，编制鉴定评估工作方案。

（2）损害调查确认

通过开展地质和水文地质调查，明确污染物的迁移扩散条件；开展土壤与地下水污染状况调查以及土壤与地下水生态服务功能调查；确定土壤与地下水环境质量及其生态服务功能的基线水平；判断土壤与地下水环境及其生态服务功能是否受到损害。

（3）因果关系分析

对于污染环境行为导致的损害，结合鉴定评估准备以及损害调查确认阶段获取的信息，进行污染源解析；提出从污染源到受体的迁移路径假设，并对其进行验证；基于污染源解析和迁移路径验证结果，分析污染环境行为与土壤与地下水损害之间是否存在因果关系。对于破坏生态行为导致的损害，分析破坏生态行为导致土壤与地下水环境及其生态服务功能损害的机理，判定破坏生态行为和土壤与地下水环境及其生态服务功能损害之间是否存在因果关系。

（4）损害实物量化

实物量化筛选确定土壤与地下水损害评估指标参数，对比受损土壤与地下水环境及其生态服务功能相关指标参数的现状与基线水平，确定土壤与地下水环境及其生态服务功能损害的范围和程度，计算土壤与地下水环境及其生态服务功能实物量。

（5）损害恢复或价值量化

基于替代等值原则评估土壤与地下水环境及其生态服务功能的损失。如果受损的土壤与地下水环境及其生态服务功能能够通过实施恢复措施进行恢复，或能够通过补偿性恢复补偿期间损害，采用基于恢复的方法进行损失计算，研究恢复目标，筛选恢复技术，比选恢复方案，包括基本恢复、补偿性恢复和补充性恢复方案，必要时计算恢复费用。如果受损的土壤与地下水环境及其生态服务功能不能通过实施恢复措施进行恢复，或不能通过补偿性恢复补偿期间损害，采用环境价值评估方法进行损失计算。

（6）评估报告编制

编制涉及土壤与地下水的生态环境损害鉴定评估报告（意见）书，同时建立完整的涉及土壤与地下水的生态环境损害鉴定评估工作档案。

（7）恢复方案实施

在涉及土壤与地下水的生态环境损害鉴定评估报告（意见）书可行的基础上，开展土壤与地下水的恢复方案实施工作。

（8）恢复效果评估

定期跟踪土壤与地下水环境及其生态服务功能的恢复情况，全面评估恢复效果是否达到预期目标；如果未达到预期目标，应进一步采取相应措施，直到达到预期目标为止。

5. 地表水与沉积物生态环境损害鉴定评估

地表水与沉积物生态环境损害鉴定评估流程如图 6-7 所示。

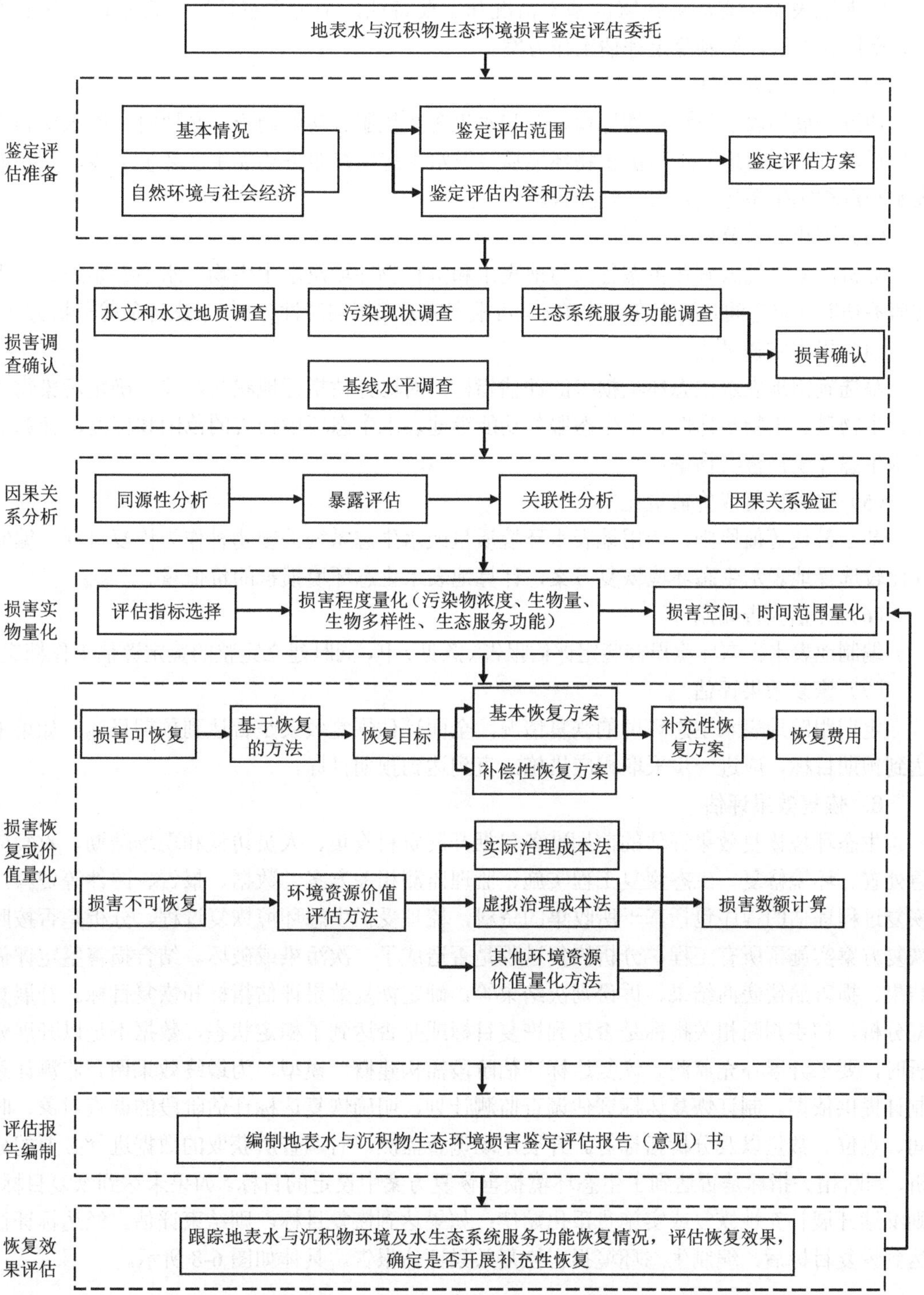

图 6-7　地表水与沉积物生态环境损害鉴定评估流程

（1）鉴定评估准备

掌握地表水生态环境损害的基本情况和主要特征，确定生态环境损害鉴定评估的内容、范围和方法，编制鉴定评估工作方案。

（2）损害调查确认

通过开展地表水与沉积物环境状况和水生态系统服务功能调查，必要时开展水文和水文地质调查，确定地表水与沉积物环境质量及水生态系统服务功能生态环境基线，判断地表水与沉积物生态环境是否受到损害。

（3）因果关系分析

分析污染环境或破坏生态行为与地表水和沉积物环境及水生生物、水生态系统、水生态服务功能损害之间是否存在因果关系，可根据需要采用同源性分析、暴露评估等分析方法。

（4）损害实物量化

筛选确定地表水生态环境损害的评估指标，对比评估指标现状与基线，确定污染物浓度、生物量、生物多样性、水生态服务功能等地表水生态环境损害的范围和程度，计算地表水生态环境损害实物量。

（5）损害恢复或价值量化

基于替代等值原则，选用地表水环境质量或水生态系统关键物种作为恢复目标，编制并比较选择地表水生态环境恢复方案，计算地表水生态环境损害的价值量。

（6）评估报告编制

编制地表水生态环境损害鉴定评估报告（意见）书，同时建立完整的鉴定评估工作档案。

（7）恢复效果评估

定期跟踪地表水生态环境的恢复情况，全面评估恢复效果是否达到预期目标；如果未达到预期目标，应进一步采取相应措施，直到达到预期目标。

6. 恢复效果评估

生态环境恢复效果评估的前期准备包括开展资料收集、人员访谈和现场踏勘，收集应急处置、环境修复、生态恢复工程实施、监理监测相关方案、数据、报告、图件等资料。恢复过程评估的程序包括基于所收集的资料，梳理受损生态环境恢复过程，分析是否按照恢复方案实施了所有工程，分析恢复过程是否造成了二次污染或破坏。结合损害鉴定评估结果、损害赔偿磋商结果、诉讼判决结果等，确定恢复效果评估指标和恢复目标。开展数据分析，初步判断相关指标是否达到恢复目标或是否达到了稳定状态，数据不足以开展分析时，要求开展补充监测。恢复达标评估阶段需构建概念模型，为最终效果调查监测计划制订提供依据。制订恢复达标评估调查监测计划，明确恢复达标评估阶段的调查对象、时间、点位、数量以及分析指标等。开展现场调查监测，对调查所获取的数据进行必要的分析，判断相关指标是否达到了生态环境损害恢复方案中设定的目标。如果未达到恢复目标，则继续开展补充性恢复或实施货币化赔偿；如果达到恢复目标，则结束评估。经达标评估达到恢复目标后，编制生态环境损害恢复效果评估报告。具体如图 6-8 所示。

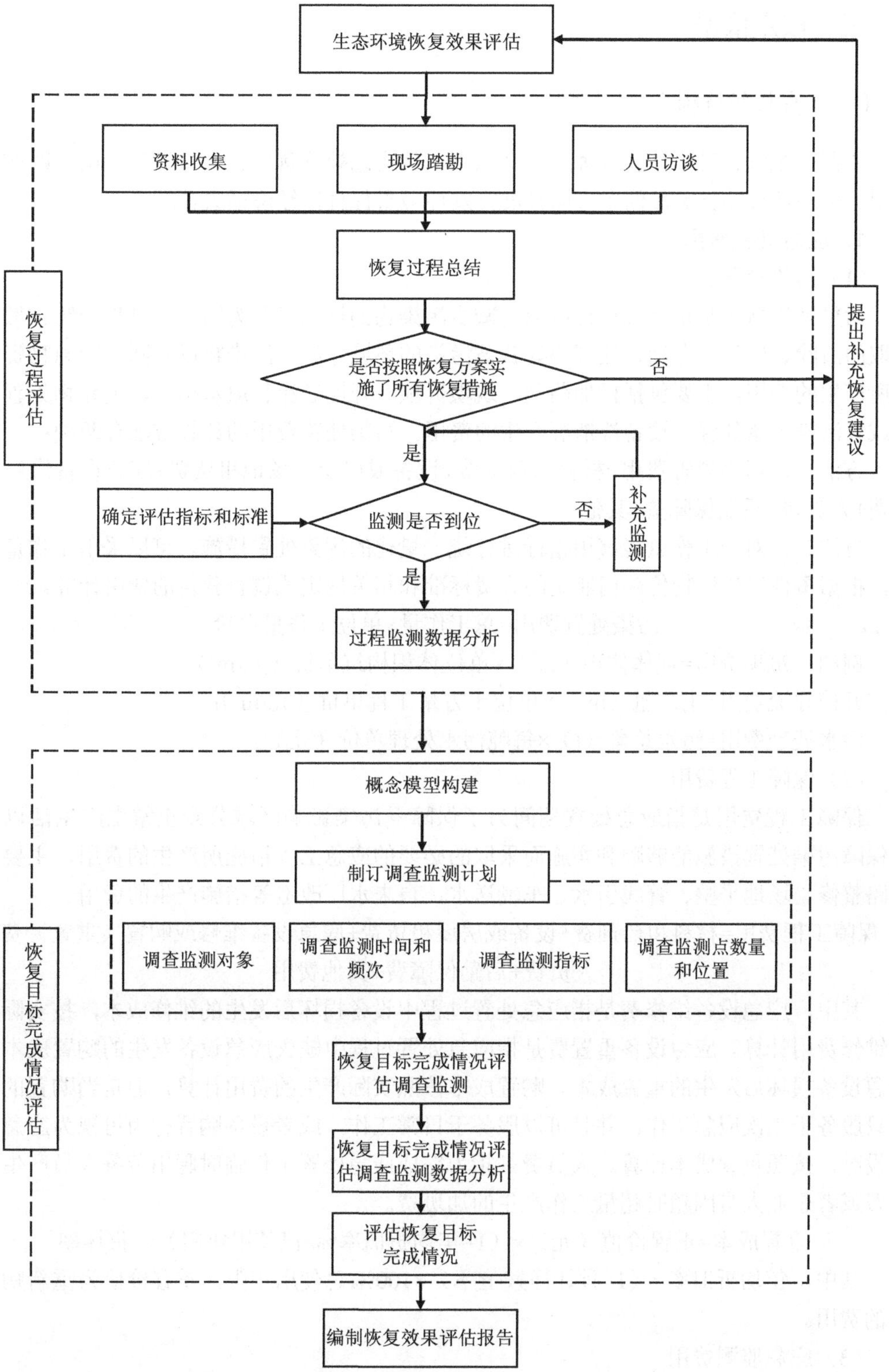

图 6-8　恢复效果评估流程

三、核定依据

（一）直接经济损失

依据规范性、时效性、合理性三个原则，从应急处置费用、人身损害费用、财产损害费用、生态环境损害数额四个方面开展突发环境事件直接经济损失核算。

1．应急处置费用

（1）污染处置费用

污染处置费用是指从源头控制或者减少污染物的排放以及为防止污染物继续扩散，而采取的清除、转移、存储、处理和处置被污染的环境介质、污染物以及回收应急物资等措施所产生的费用，主要包括投加药剂、筑坝拆坝、开挖导流、放水稀释、废弃物处置、污水或者污染土壤处置、设备洗消等产生的费用。污染处置费用的计算方法有两种：

方法一：污染处置费用=材料和药剂费+设备或房屋、场地租赁费+应急设备维修或重置费+人员费+后勤保障费+其他。

方法二：对于工作量能够用指标进行统一量化的污染处置措施，可以采用工作量核算法，根据事件发生地物价部门制定的收费标准和相关规定或调查获得的费用计算。

污染处置费用=总工作量×单位工作量单价

例如：筑坝费用=坝体体积（m^3）×单位体积构筑单价（元/m^3）；

开挖导流费用=土方量（m^3）×单位土方量工程单价（元/m^3）；

污水处理费用=污水总量（t）×每吨污水处理单价（元/t）。

（2）保障工程费用

保障工程费用是指应急处置期间为了保障受污染影响区域公众正常生产生活以及为了保障污染处置措施能够顺利实施而采取的必要的应急工程措施所产生的费用，主要包括道路整修、场地平整、管线引水、车辆送水、自来水厂改造等措施产生的费用。

保障工程费用=材料和药剂费+设备或房屋租赁费+应急设备维修或购置（重置）费+人员费+后勤保障费+其他费用

其中，应急设备维修费是指应急处置过程中设备损坏后发生的维修成本，按实际产生的维修费用计算。应急设备重置费是指应急处置过程中缺失应急设备发生的购置成本或者应急设备损坏后发生的重置成本。购置成本按照实际产生的费用计算，但是当购置的设备不只服务于当次应急工作，并且可以服务于日常工作，或者设备购置行为可视为应急能力建设时，按照重置成本计算。人员费是指为完成应急处置工作临时聘用劳务人员产生的劳务费或者企业人员因超时超量工作产生的加班费。

重置成本=重置价值（元）×（1–年均折旧率%×已使用年限）× 损坏率

其中，年均折旧率=（1–预计净残值率）×100%/总使用年限，重置价值为重新购买设备的费用。

（3）应急监测费用

应急监测费用是指应急处置期间，为发现和查明环境污染情况和污染范围而进行的采样、监测与检测分析活动所产生的费用。应急监测费用的计算方法有两种：

方法一：应急监测费用=材料和药剂费+设备或房屋租赁费+应急设备维修或购置（重

置）费+人员费+后勤保障费+其他费用；

方法二：样品数量（单样/项）×样品检测单价+样品数量（点/个/项）×样品采样单价+运输费+其他费用。

（4）人员转移安置费用

人员转移安置费用是指应急处置期间，疏散、转移和安置受影响和受威胁人员所产生的费用。

人员转移安置费用=材料费+设备或房屋租赁费+人员费+后勤保障费+其他费用

其中，后勤保障费是指应急处置措施实施过程中产生的餐费、运输费、通信费、水电费、燃油费、维修费等保障费用。

（5）组织指挥及后勤保障费用

组织指挥及后勤保障费用是指应急处置期间应急指挥和组织管理部门以及其他相关单位针对应急处置工作，开展的办公和公务接待活动等产生的相关费用。

组织、指挥及后勤保障费用=办公用品费+餐费+住宿费+会议费+专家技术咨询费+印刷费+交通费+水电费+取暖费+其他费用

2. 人身损害费用

人身损害费用是指在应急处置阶段可以确定的，因突发生态环境事件污染造成的人员就医治疗、误工、致残或者致死产生的相关费用。

人身损害需要有专业医疗或鉴定机构出具的鉴定意见，或者相关政府部门出具的正式文件。

就医治疗的人身损害费用=医疗费+误工费+护理费+交通费+住宿费+住院伙食补助费+营养费+其他费用

致残的人身损害费用=医疗费+误工费+护理费+交通费+住宿费+住院伙食补助费+营养费+残疾赔偿金+残疾辅助器具费+被扶养人生活费+后续康复费+后续护理费+后续治疗费+其他费用

致死的人身损害费用=医疗费+误工费+护理费+交通费+住宿费+住院伙食补助费+营养费+丧葬费+被扶（抚）养人生活费+死亡赔偿金+亲属办理丧葬事宜支出的交通费/住宿费/误工费+其他费用。

以上医疗费、误工费、护理费、交通费、住宿费、住院伙食补助费、营养费、残疾赔偿金、残疾辅助器具费、被扶养人生活费、丧葬费、死亡赔偿金等费用的计算参考《最高人民法院关于审理人身损害赔偿案件适用法律若干问题的解释》，计费标准应符合国家或地方相关规范标准要求。

3. 财产损害费用

财产损害费用是指环境污染或者采取污染处置措施导致的财产损毁、数量或价值减少的费用，包括固定资产、流动资产、农产品和林产品等损害的直接经济价值。

财产损害费用=固定资产损害费用+流动资产损害费用+农产品损害费用+林产品损害费用+其他费用

固定资产损害费用=固定资产维修费+固定资产重置费

流动资产损害费用=流动资产数量×购置时价格–残值

其中残值应由专业技术人员或专业资产评估机构进行定价评估。

农林产品损害费用=农林产品损害总量×（正常产品市场单价−工业原材料市场单价）

当农林产品质量受损但不影响其作为工业原材料等其他用途时，计算其用途变更后造成的直接经济损失。

4．生态环境损害数额

突发环境事件对生态环境造成损害、不能在应急处置阶段恢复至基线水平需要对生态环境进行修复或恢复，且修复或恢复方案及其实施费用在环境损害评估规定期限内可以明确的，生态环境损害数额计入直接经济损失，费用根据修复或恢复方案的实际实施费用计算。

（二）生态环境损害实物量化与价值量化

1．实物量化

（1）损害范围和程度量化

利用统计分析、空间分析、模型模拟、专家咨询等方法量化生态环境损害的范围和程度。

根据生态环境损害类型、指标和方法适用性、资料完备程度等情况，选择适当的实物量化指标和方法。对于环境要素的损害，一般以特征污染物浓度为量化指标；对于生物要素的损害，一般选择生物的种群特征、群落特征或生态系统特征等指标作为量化指标。对于生态服务功能的损害，应明确受损生态服务功能类型，并根据功能或服务类型选择适合的量化指标。在量化生态服务功能时，应识别相互依赖的生态服务功能，确定生态系统的主导生态服务功能并针对主导生态服务功能选择适用的方法进行评估，以避免重复计算。

生态环境损害实物量化的内容可能包括：①确定评估区环境空气、地表水、沉积物、土壤、地下水、海水等环境介质中特征污染物浓度劣于基线的时间、面积、体积或程度等；②确定评估区生物个体发生死亡、疾病、行为异常、肿瘤、遗传突变、生理功能失常或畸形的数量；③确定评估区生物种群特征、群落特征或生态系统特征劣于基线的时间、面积、生物量或程度等；④确定评估区生态服务功能劣于基线的时间、服务量或程度等。

（2）可恢复性评价

通过文献调研、专家咨询、案例研究、现场实验等方法，评价受损生态环境及其服务功能恢复至基线的经济、技术和操作的可行性。根据受损生态环境及其服务功能的可恢复性，制定基本恢复方案，需要实施补偿性恢复的，同时需要评价补偿性恢复的可实施性。

（3）恢复方案制定

确定恢复目标。原则上，应将受损生态环境及其服务功能恢复至基线。自生态环境损害发生到恢复至基线的持续时间大于一年的，应计算期间损害，制定基本恢复方案和补偿性恢复方案；小于等于一年的，仅需制定基本恢复方案。当不具备经济、技术和操作可行性时，环境空气、地表水、沉积物、土壤、地下水、海水等环境要素应修复至维持其基线功能的可接受风险水平；可接受风险水平与基线之间不可恢复的部分，可以采取适合的替代性恢复方案，或采用环境价值评估方法进行价值量化。应根据生态环境损害的类型、范围和程度，选择反映生态环境损害关键特征、易于定量测量评价的指标，明确生态环境恢复目标。当损害类型以供给服务为主时，一般采用资源数量、密度等指标；当损害类型以支持服务为主时，一般采用栖息地面积、重要保护物种的种群数量等指标；当损害类型以调节服务为主时，一般采用湿地面积、森林面积等指标；当损害类型以环境质量为主时，一般采用环境介质中特征污染物的浓度作为评价指标。

选择恢复策略。按照以下优先级顺序选择生态环境恢复的模式：①在受损区域原位恢复与受损生态环境基线同等类型和质量的生态服务功能；②在受损区域外异位恢复与受损生态环境基线同等类型和质量的生态服务功能；③在受损区域原位恢复与受损生态环境基线不同类型但同等价值的生态服务功能；④在受损区域外异位恢复与受损生态环境基线不同类型但同等价值的生态服务功能。对于污染环境行为造成的生态环境损害，当生态环境风险不可接受时，应采用人工恢复或人工恢复与自然恢复相结合的恢复方式；当生态环境风险可接受时，宜采用自然恢复方式。对于破坏生态行为造成的生态环境损害，原则上以自然恢复为主，人工恢复为辅。

筛选恢复技术。结合受损生态环境特征、恢复目标和恢复策略等，从技术成熟度、恢复效果、恢复时间、恢复成本和环境影响等方面比较分析现有的污染清除、环境修复、生态环境恢复技术的优、缺点，通过比较分析，提出备选恢复技术清单。

制定备选方案。基本恢复的规模根据生态环境损害的范围和程度确定。补偿性恢复的规模受基本恢复的实施时间、恢复效果等因素的影响，应根据基本恢复方案的实施时间、恢复效果等信息，采用等值分析方法，量化期间损害，确定补偿性恢复的规模。应同时制定多个备选的基本恢复方案及其相应的补偿性恢复方案，并确定各个备选恢复方案组合的恢复目标、恢复策略、恢复技术、恢复规模、工程量、实施时间、预期效果等信息，估计备选恢复方案的实施费用。

比选恢复方案。采用专家咨询、成本—效果分析、层次分析法等对备选恢复方案进行筛选。通过比较备选恢复方案的目标可达性、合法性、公众可接受性、可持续性以及经济、社会和生态效益等，筛选确定最佳恢复方案。

2．价值量化

（1）价值量化方法选择原则

生态环境损害的价值量化应遵循以下原则：①污染环境或破坏生态行为发生后，为减轻或消除污染或破坏对生态环境的危害而发生的污染清除费用，以实际发生费用为准，并对实际发生费用的必要性和合理性进行判断；②当受损生态环境及其服务功能可恢复或部分恢复时，应制定生态环境恢复方案，采用恢复费用法量化生态环境损害价值；③当受损生态环境及其服务功能不可恢复或只能部分恢复，或无法补偿期间损害时，选择适合的其他环境价值评估方法量化未恢复部分的生态环境损害价值；④当污染环境或破坏生态行为事实明确，但损害事实不明确或无法以合理的成本确定生态环境损害范围和程度时，采用虚拟治理成本法量化生态环境损害价值，不再计算期间损害。

（2）生态环境恢复费用计算

测算最佳恢复方案的实施费用，包括直接费用和间接费用。其中，直接费用包括生态环境恢复工程主体设备、材料、工程实施等费用，间接费用包括恢复工程监测、工程监理、质量控制、安全防护、二次污染或破坏防治等费用。按照下列优先级顺序选择恢复费用计算方法，相关成本和费用以恢复方案实施地的实际调查数据为准：费用明细法＞指南或手册参考法＞承包商报价法＞案例比对法。

（3）其他环境价值评估方法

应根据生态环境损害特征、数据可得性、评估时间、实施成本等选择适合的环境价值评估方法量化无法恢复或未恢复部分的生态环境损害价值。除恢复费用法外，其他常用的环境价值评估方法有直接市场法、揭示偏好法、陈述偏好法、效益转移法等。对于自然保护区、生态保护红线、重点生态功能区等具有栖息地生境功能的区域，建议采用陈述偏好法进行环境价值评估。

四、相关具体核算方法

（一）总经济财产损失核算

环境事件的总经济损失可按下式计算：

$$L = L_d + L_i \tag{6-1}$$

式中：L——经济损失，万元；

L_d——直接经济损失，万元；

L_i——间接经济损失，万元。

（二）财产损失的核算

1. 设备、设施、工具等固定资产损失

（1）当固定资产全部报废时，其损失为资产净值与残存价值之差值：

$$L_s = V \cdot (1-R)^{n'} - V_{n'} \tag{6-2}$$

$$R = 1 - \sqrt[n]{\frac{v_n}{V}} \tag{6-3}$$

式中：L_s——固定资产的损失；

n'——事件发生时固定资产已使用年限；

$V_{n'}$——事件发生后固定资产残存价值；

R——固定资产年折旧率；

n——预计使用年限；

v_n——估计残值；

V——固定资产原值。

（2）当固定资产可修复时，其损失是固定资产的修复费用同（资产净值与残存价值之差值）与损失生产效率乘积之和：

$$L_s = L_r + \left[V \cdot (1-R)^{n'} - V_{n'}\right] \cdot \left(1 - \frac{\eta'}{\eta}\right) \tag{6-4}$$

式中：L_r——固定资产的修复费用；

η'——固定资产修复后的生产效率；

η——事件发生前固定资产的生产效率。

（3）居民房屋损失。破损但经维修可恢复的，按实际发生的合理修复费用计算；毁坏不能继续居住的，按重置价值计算。住房是旧房即居住 6 年及以上的，按重建普通住房计算，参考当地的平均标准；若住房为新房，则 5 年内（含），按当地新房重置标准计算。

2．材料、产品等流动资产的物质损失的计算

（1）材料的损失计算为

$$L_m = M_q \cdot (M_c - M_n) \tag{6-5}$$

式中：L_m——材料的价值损失；

M_q——材料的损失数量；

M_c——材料的账面单位成本；

M_n——材料的残值。

（2）成品、半成品与产品的损失为

$$L_p = P_q \cdot (P_c - P_n) \tag{6-6}$$

式中：L_p——成品、半成品与产品的损失；

P_q——成品、半成品与产品的损失数量；

P_c——成品、半成品与产品的账面单位成本；

P_n——成品、半成品与产品的残值。

（3）居民日用品及其他财产损失。能修复的按修复费用计算，不能修复的按重置价值减去残值计算。

（三）环境资源损失的计算

1．土地资源损失的计算

$$V_L = \sum_{i=1}^{n}(a_i N_i P_i Q_i) \tag{6-7}$$

式中：V_L——各种土地资源因事件受损或者丧失使用价值的总损失价值，万元；

a_i——各种土地资源的受损系数，取值范围为 0～1；

N_i——土地资源恢复其原来的使用功能所需的年限，a；

P_i——各种土地资源当期的地租价格，万元/hm²；

Q_i——受损或丧失使用功能的土地面积，hm²。

2．水资源损失的计算

水资源根据其用途不同，可分为生活用水、工业用水、农业用水、生态用水等。可根据其用途和地区的不同确定水资源的价格，水资源损失一般计算公式为

$$V_w = Q_{生活用水} \cdot P_{生活用水} + Q_{工业用水} \cdot P_{工业用水} + Q_{农业用水} \cdot P_{农业用水} + Q_{生态用水} \cdot P_{生态用水} \tag{6-8}$$

式中：V_w——受污染水资源的损失总价值，元；

$Q_{生活用水}$——受污染的生活用水量，t；

$P_{生活用水}$——受污染地区生活用水价格，元/t；

$Q_{工业用水}$——受污染的工业用水量，t；

$P_{工业用水}$——受污染地区工业用水价格，元/t；

$Q_{农业用水}$——受污染的农业用水量，t；

$P_{农业用水}$——受污染地区农业用水价格，元/t；

$Q_{生态用水}$——受污染的生态用水量，t；

$P_{生态用水}$——受污染地区生态用水价格，元/t；

生态用水没有市场价格，可参照农业用水价格进行计算。

3．污染事件农业损失量的计算

污染事件中的农业损失量，是指污染事件的发生造成影响范围内的各种农作物的损失，包括谷物、豆类、薯类、棉、油料、糖料、麻类、烟叶、药材、瓜类和其他农作物死亡或损失的数量。在损失计算中还应包括茶园、果园、桑园等。对于茶园、果园、桑园的损失，按照果实和果木分别进行损失计算。

农作物的损失可按以下公式计算：

$$V_a = \sum_{i=1}^{n}(a_i P_i Q_i) \quad (6\text{-}9)$$

式中：V_a——环境污染引起农作物减产或死亡损失的价值，元；

a_i——环境污染引起第 i 种农作物损失率，取值范围为 0～1；

P_i——第 i 种农作物的当月平均市场价格，元/kg；

Q_i——第 i 种农作物的损失产量，kg。

4．污染事件畜禽养殖损失量的计算

在污染事件发生过程中造成的各种畜禽死亡或受伤的损失计算如下，但需由兽医等专业人士鉴定畜禽死亡或受伤的原因及其数量。

（1）对于畜禽死亡的情况，按以下公式计算：

$$V_b = \sum_{i=1}^{n}(P_i Q_i) \quad (6\text{-}10)$$

式中：V_b——环境污染引起畜禽死亡损失的价值，元；

P_i——第 i 种畜禽当月平均市场价格，元/（头或只）；

Q_i——第 i 种畜禽的死亡数量，头或只。

（2）对于畜禽受损的情况，根据畜禽治疗情况发生费用计算，以相关部门认可的兽医开出的票据为准，但最多不能超过畜禽当期的市场价格。

5．污染事件渔业损失量的计算

参考 1996 年 10 月 8 日农业部发布的《水域污染事件渔业损失计算方法规定》。

6．污染事件森林损失的计算

污染事件森林损失包括木材积量的减少损失和森林生态效益的损失两部分。其计算步骤如下：

①取受污染地区森林的分布和木材积量的基准值。

②从现场监测和后果评价预测中获取受污染地区大气污染物浓度的分布。

③将以上两个分布图叠加得到大气污染物污染所覆盖的森林面积。

④运用不同大气污染物污染程度的森林木材积量损失的基准值（剂量—反应关系）与③的危害面积相乘得到森林木材积量损失量。

⑤森林木材积量损失量乘以木材的单价得到森林木材损失的总经济价值。

$$C=\sum_{i=1}^{n}\left(S_i\cdot P_{ni}\cdot Q_i\cdot P_i\right) \tag{6-11}$$

式中：C——受污染森林木材经济损失；

S_i——第 i 种受污染木材的受害面积；

Q_i——第 i 种受污染木材生长的平均薪材基准值；

P_i——第 i 种受污染木材单价；

P_{ni}——第 i 种受污染木材的材积减少率，%，其计算公式如下：

$$P_n=C_{ij}\cdot C_a\cdot 100\%/D_{ij} \tag{6-12}$$

$$C_{ij}=D_{ij}-d_{ij} \tag{6-13}$$

式中：D_{ij}——参照地区同类森林的产量（不受大气污染物危害的）；

d_{ij}——评价地区受大气污染物危害的森林产量；

C_{ij}——受大气污染物危害森林产量的损失；

C_a——大气污染物对林木生长和产量贡献的得分数或相对百分数。

（四）人员伤亡损失的计算

1. 死亡损失计算

污染事件造成死亡的损失计算内容主要包括死亡赔偿金和抚恤费用。

（1）死亡赔偿金

死亡赔偿金总额按照上一年度该地区（以地级市为准）职工年平均工资的 20 倍计。对不满 16 周岁（不含）的，每减少 1 岁少赔付 1 倍，最低不少于 10 年；对于 60 周岁（不含）至 70 周岁之间的，每增加 1 岁减少 1 倍；对于 70 周岁及以上的，则按 10 倍工资计算，每增加 1 岁少计算 1 年，但补偿年限最低不少于 5 年。

（2）抚恤费用

抚恤费用主要是对于死难家属的精神赔偿。赔偿额度按上一年度该地区职工年平均工资的 10 倍进行赔付，对不满 16 周岁的，每减少 1 年少计算 1 年，最低不得少于 5 倍；对于 70 周岁以上的，每增加 1 岁减少 1 年，最低不得少于 5 倍。

2. 造成人员残疾的损失计算

造成人员残疾的经济损失主要包括以下九个方面：

（1）医疗费

医疗费是指医院对污染事件造成伤害的当事人进行治疗所收取的费用以及继续治疗和其他器官功能训练费用。医疗费根据治疗医院诊断证明、处方和医药费、住院费的单据确定。继续治疗费根据治疗需要确定赔偿标准，费用的计算参照公费医疗的标准。

当事人选择的医院应当是依法成立的，具有相应治疗能力的医院、卫生院、急救站等医疗机构。同时当事人应当根据受损害的情况和治疗需要就近选择治疗医院。

（2）误工费

有固定收入的，按实际减少的收入计算。没有固定收入或无收入的，按事件发生地上一年度职工平均年工资标准计算。误工时间可按照医疗机构的证明或者法医鉴定确定。依此无法确定的，可以根据受害人的实际损害程度和恢复状况等确定。

（3）住院伙食补助费

住院伙食补助费应当根据受害人住院或者在外地接受治疗期间的时间，参照事件发生地国家机关一般工作人员的出差伙食补助标准计算。

（4）护理费

受害人住院期间，护理人员有收入的，按照误工费的规定计算；无收入的，按照事件发生地平均生活费计算。也可参照护工市场价格计算。受害人出院后需要护理的，凭治疗医院证明，按照伤残等级确定护理费。

（5）残疾用具费

受害人因日常生活或辅助生产劳动需要，必须配置假肢、代步车等辅助器具的，凭医院证明按照国产普通型器具的费用计算。

（6）残疾人生活补助费

根据丧失劳动能力的程度或伤残等级，按照事件发生地平均生活费计算，自定残之月起，赔偿 20 年。50 周岁以上的，年龄每增加 1 岁减少 1 年，最低不少于 10 年；70 周岁以上的，按 5 年计算。

（7）被扶（抚）养人生活费

以残者丧失劳动能力前实际扶（抚）养的、没有其他生活来源的人为限，按照当地居民基本生活费用标准计算。被抚养人不满 18 周岁的，生活费计算至 18 周岁。被扶（抚）养人无劳动能力的，生活费计算 20 年，但 50 周岁以上的，每增加 1 岁，扶养费用少计算 1 年，但计算生活费的年限最低不少于 10 年；被扶养人为 70 周岁以上的，扶养费只计算 5 年。

（8）交通费

交通费是指救治污染事件受害人实际必需的合理交通费用，包括必须转院治疗所必需的交通费。

（9）住宿费

住宿费是指受害人因客观原因不能住院也不能住在家里，确需就地住宿的费用，其数额参照事件发生地国家机关一般工作人员的出差住宿标准计算。

当事人的亲友参加处理受害人接受医疗所需交通费、误工费、住宿费、伙食补助费，参照前款的有关规定计算，但计算费用的人数不超过 3 人。

3. 造成人员损害程度较轻情况的损失计算

所发生的医疗费用参照上述第（1）种情况所规定的标准进行赔偿。

（五）事件污染控制费用、抢救费用和清理现场等费用的计算

事件污染控制费用、抢救费用和清理现场等费用按实际发生费用进行计算。大多数情况下，现场的应急处置工作往往由专业的环保公司承担。作为补偿的处置费用模式如下：

（1）成本导向法

$$应急处置费用=清污资源使用价格\times使用数量+维持成本+合理利润$$

（2）污染比对法

应急处置费用=系数 1×泄漏量+系数 2×污染面积

上述两种方法各有利弊，目前国内普遍采用的是成本导向法。

（六）污染事件引起的其他间接经济损失的计算

污染事件引起的其他间接经济损失需结合当地的经济发展水平和具体情况进行核实计算。

污染事件危害损失调查计算的结果可作为事件责任追究和理赔的重要参考依据。

第三节　事件调查

一、任务与原则

环境事件的现场应急响应行动结束后，相关部门应立即启动事件的调查与评估，这是环境应急管理工作的重要环节之一，其目的在于调查清楚事件的原因与后果、预测事件的中长期环境影响、统计事件导致的经济损失、评估应急响应过程的有效性，并编制事件调查报告。

二、程序与权限

环境事件的调查与评估包括组成调查组、现场勘查、技术调查分析、编制报告、结案归档五个环节。

（一）组成调查组

调查组的组成应依据环境事件的性质而定：单一的环境事件，由政府生态环境主管部门组成调查组；安全生产次生的环境事件，组成由政府安全生产监督管理部门牵头，生态环境部门参加的事件调查组；交通事故次生的环境事件，组成由公安交警部门牵头，生态环境部门、交通部门参加的事件调查组。当事件导致了人员死亡时，调查组应有公安部门参加。对于次生性环境事件，生态环境部门也可以独立组成环境事件调查组，对事件实施专项调查与评估。

重大、特别重大突发环境事件，由生态环境部环境应急与事故调查中心牵头实施调查处理；较大突发环境事件，由省级生态环境主管部门牵头实施调查处理；一般突发环境事件，由县级以上生态环境主管部门实施调查处理。

（二）现场勘查

实地踏勘并记录环境污染与生态破坏事件现场状况，包括事件对土地、水体、大气的危害，对动、植物及人身的伤害，对设备、物体的损害等。通过文字材料、摄像、数码照片等手段提取有关物证，详细记录污染范围、污染途径、危害程度、人员伤亡、生态破坏、事发区域环境现状等。

（三）技术调查分析

环境事件技术调查分析的内容主要包括：

（1）环境监测数据分析

利用环境应急处置前后的监测数据，判断事件涉及区域有毒有害物质的种类、浓度、数量，污染物在环境各要素（如土壤、水体、大气）区域、地带和部位的浓度分布。调查组通过对环境监测数据的调查分析，可以判断事件的污染消除状况和对环境的中长期影响。

（2）技术鉴定

对情况比较复杂的环境事件，调查组可聘请其他有关法定部门（如卫生部门、消防部门）的专业技术人员对事件造成的危害程度和损失做出有关技术鉴定。

（3）经济损失核算

根据污染事件的危害程度、危害范围，按照国家、地方或当地市场价格核算危害承受物的经济损失金额。

（4）原因分析

导致环境事件的原因包括直接原因与间接原因，查明事件的原因有利于举一反三，防止事件重复发生。

（5）应急过程评估

主要判断信息报送是否及时、指挥决策是否科学、应急队伍行动是否迅速、环境监测是否合理、污染控制措施是否得力、应急资源是否充分。

（四）编制报告

环境事件的调查报告主要包括以下内容：

①基本概况，包括事件发生的时间、地点、肇事单位、污染类型、污染因子、污染区域、污染程度、生态破坏等；

②事件发生的过程描述；

③事件具体的直接原因和间接原因；

④应急响应过程的综述与评估；

⑤事件造成的经济损失；

⑥人员伤害状况；

⑦污染事件导致的中长期环境影响；

⑧责任追究建议，包括法律责任、经济赔偿等。

（五）结案归档

将全部材料及时整理，装订成卷，按一事一卷要求，完成《突发环境事件查报告书》存档备查。

三、步骤与方法

开展突发环境事件调查，应当对突发环境事件现场进行勘查，并可以采取以下措施：

①通过取样监测、拍照、录像、制作现场勘查笔录等方法记录现场情况，提取相关证

据材料。

②进入突发环境事件发生单位、突发环境事件涉及的相关单位或者工作场所，调取和复制相关文件、资料、数据、记录等。

③根据调查需要，对突发环境事件发生单位有关人员、参与应急处置工作的知情人员进行询问，并制作询问笔录。进行现场勘查、检查或者询问，不得少于两人。

突发环境事件发生单位的负责人和有关人员在调查期间应当依法配合调查工作，接受调查组的询问，并如实提供相关文件、资料、数据、记录等。因客观原因确实无法提供的，可以提供相关复印件、复制品或者证明该原件、原物的照片、录像等其他证据，并由有关人员签字确认。

现场勘查笔录、检查笔录、询问笔录等，应当由调查人员、勘查现场有关人员、被询问人员签名。

开展突发环境事件调查，应当制作调查案卷，并由组织突发环境事件调查的生态环境保护主管部门归档保存。

四、分析与处理

环境事件发生的具体原因可谓千差万别，归纳起来，主要有以下几种情形：

（1）人为因素

人为因素导致的环境事件，分为人为失误类和恶意肇事类。

人为失误类是指作业人员的误操作引起的环境事件，如工艺操作失误引起的废水超标排放事件、危险化学品泄漏、交通事故次生的环境污染事件、安全生产事故次生的环境污染事件。

恶意肇事类是指企业的不法人员故意偷排生产废水、废气或随意倾倒危险废物所造成的突发环境污染和生态破坏事件，如含重金属的生产废水或危险废物（如医疗垃圾、废矿物油等）未经处理即直接排入环境，造成严重污染事件。

（2）设备设施的不安全状态

少数企业只顾眼前利益，不重视生产设备和工艺技术的更新改造，特别是污染治理设备陈旧，甚至处于带病运转状态，容易诱发污染事件；有的企业不按规定进行设备的维护检修，或设备老化，导致危险化学品泄漏事件发生。

某些危险化学品或危险废物运输车辆（船）由于保养不当，车（船）况差，带“病”上路，致使运输中车（船）解体，大量危险化学品泄漏。

（3）制度缺陷

某些企业对于危险化学品安全管理、危险废物管理、废水处理、废气净化、环境应急管理等没有建立一套行之有效的规章制度；有的企业虽然建立了规章制度但由于没有切合实际，缺乏可操作性；有的企业建立的规章制度，由于监督措施跟不上而流于形式，没有得到认真的执行。这些都可能导致环境事件发生。

（4）应急能力不足

应急能力不足主要体现在三个方面：①没有制定结合实际、具有可操作性的环境应急处置预案；②缺乏必备的环境应急物资，如电镀企业没有废水应急池、没有个体防护装备等；③关键岗位的人员没有经历必要的培训，不具备紧急事件的应急处置能力，从而错过最佳处置时机，导致事件扩大。

（5）判断失误

由于缺乏经验，对于火灾、爆炸、交通事故及自然灾害事故可能次生的环境事件缺乏预测判断能力，对现场的周围环境状况及环境保护目标分析不够，错失处置良机。如2005年11月13日，吉林石化公司双苯厂发生爆炸事故引起的松花江污染，就是典型的对次生污染事件判断失误。

此外，水利设施调节引发的环境事件也属于此类。主要是由于上游河道长期受到点源、面源的综合污染，有的河道成了污水存储沟和排污沟，水质处于劣质状态，每当汛期时就得开闸放水，上游的劣质水体下泄，造成下游河道水质严重恶化。

五、事件调查报告

环境事件调查报告的编制是一项时效性、政策性、法律性和技术性很强的工作，是分析事件原因、危害、影响以及责任追究的重要依据。环境事件调查报告不仅为事件处理及善后工作提供有价值的第一手材料，而且为领导层掌握情况、研究问题、进行科学决策提供依据。

（一）环境事件调查报告的编写要求

环境事件调查报告的编制是一项严肃的工作，涉及事件的性质认定和责任追究。报告编制人员应以事实为依据，以现场调查分析为前提，力求客观、公正、准确、合法，经得起时间的检验。

（1）法定性

环境事件调查报告必须严格按照法定程序，并符合相应的法定形式（如事件调查组成员签字等），方能产生法律效力。事件调查组提交的调查报告是根据法律的规定而做出的，是法律赋予的职权，无须经过涉事方的同意。

（2）真实性

环境事件调查报告是在经过详细周密的调查核实之后，以客观事实为依据，真实、全面、准确、公正地反映事件责任单位概况、事件发生经过、应急响应行动、人员伤亡、直接经济损失、原因分析及防范措施、建议等。

（3）时效性

环境事件调查工作必须坚持“快”和“准”，否则会失去调查取证的最佳时机和有利条件。一般而言，环境污染事件发生会造成很大影响，公众会予以较高关注，因而时效性较强，从现场调查取证、分析研究到组织编写的各个环节都要抓紧时间，力求快速、高效。

（二）环境事件调查报告的基本内容

一般而言，环境事件调查报告包括以下八个方面的内容。

1. 事件概况

（1）企业概况

包括肇事单位的地址、经济性质、员工人数、隶属关系，周边环境敏感点和保护目标

（如周围的学校、医院、政府机关、居民区、风景名胜区、基本农田保护区、鱼虾养殖区、饮用水水源保护区、城市饮用水取水口）等情况。如果是生产企业，还应包括其主（副）产品名称及产量，主要生产原材料及生产过程中间产品的名称、规模及数量等内容，企业污染治理设施的处理规模与种类也应具体描述。

（2）事件过程描述

应描述环境事件从发现（或萌芽）到污染形成再到污染消除的全过程，具体包括环境事件发生的时间、地点、人员伤亡、污染程度、污染范围、经济损失等。

（3）事件调查

环境事件现场处置结束后，事件调查组的成立（成员情况）、调查程序、调查对象、取证内容等做简要介绍。

2．应急响应情况

信息报送、应急监测、污染控制、污染消除为应急响应的全过程，在调查报告中应作具体描述。

（1）环境事件报告和启动应急预案

包括事件报警、启动应急预案、应急队伍到达现场的程序、人员、时间等相关情况。

（2）现场处置情况

现场处置情况包括现场指挥决策、人员救护、污染控制、应急监测、信息通报及上级指示等情况。

（3）污染消除行动与环境恢复计划

3．事件原因及性质

阐明环境事件的直接原因和间接原因。

在事件性质的判断上必须慎重考虑，以确定是人为责任事件还是不可避免的意外事件。

4．事件等级与损失

事件等级应依据《国家突发环境事件应急预案》的规定进行判定。

事件损失包括直接经济损失、间接经济损失、人员伤亡、自然保护区受害面积和濒危物种生存环境遭到破坏的程度等情况。

5．责任认定及处理建议

责任认定及处理建议包括环境事件责任者的基本情况（姓名、年龄、职务、具体工作等），违法、违规和错误事实（责任认定），对事件发生所负的责任（直接责任、主要责任、领导责任），处理建议。

6．对责任单位实施行政处罚的建议

对责任单位实施行政处罚的建议包括责任单位名称、处罚理由、处罚依据、处罚建议及罚款金额、执法主体等。

7．防范措施

环境事件的防范措施主要应从“硬件”和“软件”两个方面对肇事单位、监管部门提出整改建议。“硬件”方面应能消除设备设施的环境安全隐患，提高设备设施的安全化程度；“软件”方面重在制度建设、人员培养。

8．附件

①事件现场平面图及有关照片；

②有关部门出具的鉴定结论、环境监测数据或技术报告；
③直接经济损失计算及统计表；
④调查组名单及签字；
⑤其他需要载明的事项。

六、责任分析与追究

突发环境事件责任认定属于环境应急响应流程的一个步骤，是由生态环境保护行政主管部门主导的、对突发环境事件及其引发的污染纠纷进行初步的责任认定，为其后责任归属、纠纷解决等问题提供依据。目前，我国关于突发环境事件责任认定的原则及程序并没有专门的法律加以规定，而是分散于相关法律条文中，实际操作中可以参考事故责任认定和环境污染侵权责任认定的相关法律条文执行。

（一）事故责任认定

对于突发环境事件事故方的责任认定，依据《中华人民共和国环境保护法》第 69 条的规定：违反本法规定，构成犯罪的，依法追究刑事责任。依据修订后的《中华人民共和国突发事件应对法》第 96 条的规定：有关单位有下列情形之一，由所在地履行统一领导职责的人民政府有关部门责令停产停业，暂扣或者吊销许可证件，并处五万元以上二十万元以下的罚款；情节特别严重的，并处二十万元以上一百万元以下的罚款：

未按照规定采取预防措施，导致发生较大以上突发事件的；

未及时消除已发现的可能引发突发事件的隐患，导致发生较大以上突发事件的；

未做好应急物资储备和应急设备、设施日常维护、检测工作，导致发生较大以上突发事件或者突发事件危害扩大的；

突发事件发生后，不及时组织开展应急救援工作，造成严重后果的。

其他法律对前款行为规定了处罚的，依照较重的规定处罚。

《中华人民共和国刑法》中有关重大环境污染事故罪的规定为该法第 338 条，“违反国家规定，排放、倾倒或者处置有放射性的废物、含传染病病原体的废物、有毒物质或者其他有害物质，严重污染环境的，处三年以下有期徒刑或者拘役，并处或者单处罚金；情节严重的，处三年以上七年以下有期徒刑，并处罚金；有下列情形之一的，处七年以上有期徒刑，并处罚金”。

对于政府和监管单位的责任认定，依据修订后的《中华人民共和国突发事件应对法》第 95 条的规定，地方各级人民政府和县级以上人民政府有关部门违反本法规定，不履行或者不正确履行法定职责的，由其上级行政机关责令改正；有下列情形之一，由有关机关综合考虑突发事件发生的原因、后果、应对处置情况、行为人过错等因素，对负有责任的领导人员和直接责任人员依法给予处分：

未按照规定采取预防措施，导致发生突发事件，或者未采取必要的防范措施，导致发生次生、衍生事件的；

迟报、谎报、瞒报、漏报或者授意他人迟报、谎报、瞒报以及阻碍他人报告有关突发事件的信息，或者通报、报送、公布虚假信息，造成后果的；

未按照规定及时发布突发事件警报、采取预警期的措施，导致损害发生的；

未按照规定及时采取措施处置突发事件或者处置不当，造成后果的；

违反法律规定采取应对措施，侵犯公民生命健康权益的；

不服从上级人民政府对突发事件应急处置工作的统一领导、指挥和协调的；

未及时组织开展生产自救、恢复重建等善后工作的；

截留、挪用、私分或者变相私分应急救援资金、物资的；

不及时归还征用的单位和个人的财产，或者对被征用财产的单位和个人不按照规定给予补偿的。

《中华人民共和国刑法》中对有关环境监管失职罪的规定为该法第 408 条：负有环境保护监督管理职责的国家机关工作人员严重不负责任，导致发生重大环境污染事故，致使公私财产遭受重大损失或者造成人身伤亡的严重后果的，处三年以下有期徒刑或者拘役。

（二）环境污染侵权责任认定

环境污染侵权责任是指排污者因污染行为，侵害他人的生命权、健康权等人身权或者所有权、用益物权等财产权，从而导致的民事法律责任。我国环境污染侵权责任实施的是无过错责任原则和举证责任倒置原则。

无过错责任原则：《中华人民共和国民法通则》第 124 条明文规定："违反国家保护环境防治污染的规定，污染环境造成他人损害的，应当承担民事责任。"其含义是指一切污染和破坏环境的单位和个人，只要对其他单位或个人在客观上造成损害，即使在主观上没有过错（包括故意或过失），都应依法承担相应的民事责任。这是我国环境污染侵权无过错责任的民法依据。

举证责任倒置原则：《中华人民共和国民事诉讼法》第 67 条规定，当事人对自己提出的主张，有责任提供证据。举证责任是"民事诉讼的脊梁"，在民事证据规则体系中居于基础性地位。《最高人民法院关于生态环境侵权民事诉讼证据的若干规定》第 2 条至第 5 条规定了原告的举证责任。原告的举证责任包括三个部分：一是根据生态环境侵权责任构成要件，环境污染责任纠纷案件、生态破坏责任纠纷案件的原告应当就被告实施了污染环境或者破坏生态的行为，以及原告人身、财产受到损害或者有遭受损害的危险承担举证责任；生态环境保护民事公益诉讼案件的原告应当就被告实施了污染环境或者破坏生态的行为且该行为违反国家规定，以及生态环境受到损害或者有遭受损害的重大风险承担举证责任。其中，"违反国家规定"是否为侵权责任构成要件，以及是否由原告举证证明，是生态环境私益侵权诉讼与生态环境保护民事公益诉讼的重要区别。二是根据"谁主张，谁举证"的举证责任分配原则，原告应当就其主张的人身、财产损害赔偿费用，或者《中华人民共和国民法典》第 1235 条规定的损失、费用，承担举证责任。三是为防止滥诉，提高因果关系认定的准确性，原告起诉请求被告承担环境污染、生态破坏责任的，应当提供被告行为与损害之间具有关联性的证据。《中华人民共和国民法典》第 1230 条规定了被告的举证责任：因污染环境、破坏生态发生纠纷，行为人应当就两种情形承担举证责任：一是其行为与损害不存在因果关系；二是存在法律规定的不承担责任或者减轻责任的情形。基于此，《最高人民法院关于生态环境侵权民事诉讼证据的若干规定》第 6 条明确，生态环境侵权民事诉讼的被告应当就其行为与损害之间不存在因果关系承担举证责任；被告主张不承担责任或者减轻责任的，应当就法律规定的不承担责任或者减轻责任的情形承担举证责任。因果关系是确定生态环境侵权是否成立的最关键要件，《最高人民法院关于生态环境侵权民事诉讼证据的若干规定》将因果关系不存在的举证责任分配给被告，旨在平衡原、被告的举证能力，有利于被侵权人及时有效地获得司法救济。

（三）其他责任认定

修订后的《中华人民共和国突发事件应对法》第 97 条规定，编造并传播有关突发事件的虚假信息，或者明知是有关突发事件的虚假信息而进行传播的，责令改正，给予警告；造成严重后果的，依法暂停其业务活动或者吊销其许可证件；负有直接责任的人员是公职人员的，还应当依法给予处分。

该法第 98 条规定，单位或者个人违反本法规定，不服从所在地人民政府及其有关部门依法发布的决定、命令或者不配合其依法采取的措施的，责令改正；造成严重后果的，依法给予行政处罚；负有直接责任的人员是公职人员的，还应当依法给予处分。

该法第 99 条规定，单位或者个人违反本法第 84 条、第 85 条关于个人信息保护规定的，由主管部门依照有关法律规定给予处罚。

该法第 100 条规定，单位或者个人违反本法规定，导致突发事件发生或者危害扩大，造成人身、财产或者其他损害的，应当依法承担民事责任。

复习思考题

一、简述我国突发环境事件应急管理过程中事后恢复的主要内容。

二、简述我国突发环境事件应急管理过程中损害评估的主要流程与核算内容。

三、简述我国突发环境事件应急管理过程中事件调查全流程及其主要内容。

技能实训——突发环境事件事后恢复与损害评估模拟

一、实训目标

1．掌握各类突发环境事件事后恢复与损害评估的主要流程及其相关内容。

2．掌握突发环境事件事后恢复过程中事件调查全流程及其主要内容。

二、任务描述

针对既定突发环境事件，编制事后恢复与损害评估报告；同时针对该事件，编制事件调查报告，给出正确的调查结论。

三、任务准备

1．将学生提前分组，布置编制任务，提前进行讨论准备。

2．准备多媒体教室，各组提前准备好编制资料，将现场汇报与编制报告进一步完善。

四、知识要点

1．事后恢复主要内容。

2．损害评估流程。

3．损害评估核定方法。

4．事件调查主要内容。

五、实训过程

1．在多媒体教室集中，由任课教师给定突发环境事件情景。

2．按照学生分组进行既定突发环境事件情景下事后恢复与损害评估模拟，给出事后恢复意见报告，编制损害评估报告与事件调查报告。

3．学生讨论与教师现场解答指导、答疑，完善报告相关内容。

4．实训指导总结。

六、注意事项

讨论过程按照教师要求进行，有疑问必须及时提出，当场解答。

七、总结与思考

1．我国企业突发环境事件中事后恢复的主要内容有哪些？人员安置与污染物后续处置过程中重点应关注哪些内容？

2．我国企业突发环境事件损害评估过程中核算的重点是什么？核算过程中存在哪些现实的困难，如何解决？不同类型的突发环境污染事件损害评估核算过程中存在哪些异同点？

3．企业突发环境事件事后恢复过程中事件调查报告编制重点与难点是什么？如何确保事件调查结果的公平与公正？

第七章 突发环境事件应急演练与培训

第一节 应急演练概述

一、应急演练的概念

（一）应急演练

应急演练是指来自多个机构、组织或群体的人员针对模拟的紧急情况，执行实际紧急情况发生时各自所承担任务的排练活动。应急演练是为了应对突发事件而按照应急预案进行的练习，是预防和处置突发事件的重要措施。通过演练，让人们熟悉应急处置的环节和流程，使人们能在突发事件发生前做到“心中有数”，做好充分的准备，避免在毫无准备或准备不充分的情况下受到极大的伤害，造成巨大的损失。负有应急处置职责的单位模拟可能发生的突发事件，对现有应急预案部分或全部内容进行演练和训练，从而发现问题并不断改进。国务院应急管理办公室发布的《突发事件应急演练指南》中，对应急演练提出明确定义：“组织机构为应对突发事件而进行的模拟演练活动。”这里的组织机构，即各级人民政府及其部门、企业事业单位、社会团体等（以下统称演练组织单位）组织相关单位及人员。

应急演练是检验、评价和保持应急能力的一个重要手段，是应急准备的一个重要环节，通过演练可以检验预案的可行性和应急反应的准备情况，发现应急预案存在的问题，完善应急运行工作机制，提高应急反应能力。其主要作用表现为：①有效检验预案。演练可对现有应急预案的科学性、完整性及可行性进行检验，在事件真正发生前暴露预案和程序的缺陷，促进预案不断完善。②明确资源不足。通过演练，能及时发现应急资源的不足（包括人力、物资、装备等），完善应急准备工作。③有效提升能力。演练明确并落实了各应急人员的相关职责，提高了参与人员应急处置熟练程度，达到锻炼队伍、提升整体能力的效果。④促进沟通协调。通过演练，能够不断磨合机制，促进各应急部门、机构和人员间的沟通与协调。⑤强化应急意识。演练不仅强化应急人员的突发事件应对意识，还可以达到科普宣教的目的，增强公众应对突发事件的信心和意识。“台上一分钟，台下十年功”，通过常态下的应急演练，能够有效提升非常态下的应急处置能力，及时、高效、妥善应对突发事件。

（二）环境应急演练

环境应急演练是指各级政府、生态环境部门、工业园区及涉及环境风险的企业事业单位等作为演练组织单位，组织相关环境应急人员与群众，按照环境应急预案所规定的职责和程序，在特定的时间和地点针对特定的突发环境事件假想情景，执行环境应急响应任务的训练与演习活动。环境应急演练拥有公共应急演练的一切特性与类型。与环境应急预案拥有的三个特性相呼应，环境应急演练也拥有环保特性、重点保护性与关联性三个特性，即在环境应急演练时特别关注事件环境影响的控制，特别关注对饮用水水源地、居民集中区等敏感目标的保护，特别关注相关部门间的协同配合与联动处置。

二、应急演练的任务、目标及原则

（一）应急演练的任务

开展应急演练过程可划分为演练准备、演练实施和演练总结三个阶段。按照应急演练的三个阶段，可将演练前后应予完成的内容和活动进行分解，并整理成20项单独的基本任务。

1．确定演练日期

应急演练策划小组与企业有关部门、应急组织和关键人员提前协商，并确定应急演练日期。

2．确定演练目标和演示范围

演练策划小组应提前选择演练目标，确定演示范围或演示水平，并落实相关事宜。

3．编写演练方案

演练策划小组应根据演练目标和演示范围事先编制演练方案，对演练性质、规模、参演单位和人员、假想事故、情景事件及其顺序、气象条件、响应行动、评价标准与方法、时间尺度等事项进行总体设计。

4．确定演练现场规则

演练策划小组应事先制定演练场所的规则，确保演练过程受控和演练参与人员的安全。

5．指定评价人员

演练策划小组负责人应预先确定演练评价人员，分配评价任务。评价人员由企业的内部人员或外聘专家组成。

6．安排后勤工作

演练策划小组应事先完成演练通信、卫生、物资器材、场地交通、场所指示和生活保障等后勤保障工作。

7．准备和分发评价人员工作文件

策划小组应事先准备说明评价人员工作任务、演练、日程及后勤问题的工作文件，以及与其任务相关的背景资料，并在演练前发给评价人员。

8．培训评价人员

演练策划小组应在演练前完成评价人员培训工作，使评价人员了解应急预案和执行程序，熟悉应急演练评价方法。

9．讲解演练方案与演练活动

演练策划小组负责人应在演练前分别对演练人员、评价人员、控制人员简要讲解演练日程、演练现场规则、演练方案、情景事件等事项。

10．记录应急组织演练表现

演练过程中，评价人员应记录并收集演练目标的演示情况。

11．评价人员访谈演练参与人员

演练结束后，评价人员应立即访谈演练人员，咨询演练人员对演练过程的评价、疑问和建议。

12．汇报与协商

演练结束后，策划小组负责人应尽快听取评价人员对演练过程的观察与分析，确定演练结论并启动协商机制，确定采取何种纠正措施。

13．编写书面评价报告

演练结束后，评价人员应尽快对应急组织表现给出书面评价报告，以及演练目标演示情况的书面说明。

14．演练人员自我评价

演练结束后，演练策划小组负责人应召集演练人员代表对演练过程进行自我评估，并对演练结果进行总结和解释。

15．举行公开会议

演练结束后，演练策划小组负责人应通报本次演练中存在的不足项及应采取的纠正措施。有关方面接到通报后，应在规定的期限内完成整改工作。

16．通报不足项

演练结束后，演练策划小组负责人应通报本次演练中存在的不足项及应采取的纠正措施。

17．编写演练总结报告

演练结束后，演练策划小组负责人应向有关企业领导班子提交演练报告。报告内容应包括本次演练的背景信息、演练时间、演练方案、参与演练的应急组织、演练目标、演练不足项、整改项及建议整改措施等。

18．评价和补救

演练结束后，有关方面应针对报告中的不足项及时采取补救性训练等措施。策划小组负责人应针对补救措施完成情况准备单独的评价报告。

19．追踪整改的纠正

演练结束后，演练策划小组负责人应追踪整改项纠正情况，确保整改项能在下次演练中得到纠正。

20．追踪演练目标演示情况

演练策划小组应确保应急组织按照有关法规、标准和应急预案的要求演示所有演练目标。

应急演练是为了评估应急预案的各部分或整体是否能有效地付诸实施，验证应急预案可能出现的各种紧急情况的适应性，找出应急准备工作中可能需要改善的地方，确保建立和保持可靠的通信渠道及应急人员的协同性，确保所有应急组织都熟悉并能够履行他们的职责，找出需要改善的潜在问题。主要目标包括以下几点：

①对应急状况的实际检查与评价；

②对应急计划的全部或部分内容的可行性、有效性和对可能出现的紧急情况的适应性进行评价；

③对上次应急演习后修改了的应急计划的内容进行评价；

④为应急计划的进一步修改或完善提供依据；

⑤为场内外应急响应组织之间、各应急组织内部及各应急人员之间在应急响应过程中的协调提供实际的练习机会；

⑥对各种应急响应技术和技巧进行实际练习；

⑦检验各项应急设施、设备和文件准备的完整性。

应急演练的优势包括：在事故发生前暴露预案和程序的缺点；辨识出缺乏的资源（包括人力和设备）；改善各种反应人员、部门和机构之间的协调水平；在企业应急管理的能力方面获得大众认可和信心；增强应急反应人员的熟练性和信心；明确每个人的岗位和职责；努力增加企业应急预案与政府、社区应急预案之间的合作与协调；提高整体应急反应能力。

（二）环境应急演练的目的

环境应急演练是检验各单位应急预案的重要环节，也是在日常工作中集中锻炼各有关部门科室、各岗位人员应急实操能力的重要机会，没有开展相应应急演练的应急预案只能是“纸上谈兵”。突发环境事件应急演练不仅能够提升突发事件应对处理能力，也是校验应急管理队伍是否科学响应应急工作的手段，同时是验证应急预案是否全面的一项标尺。开展环境应急演练的主要目的是贯彻执行《中华人民共和国突发事件应对法》《国家突发环境事件应急预案》有关内容，检查演练组织单位各类环境应急预案的执行情况和应急处置程序的熟悉程度，检查演练组织单位环境应急系统的响应速度，完善“职责明确、规范有序、协同作战、高效运行”的环境应急指挥体系和工作联动机制，建立科学的环境应急体系，发挥应急管理、环境监测、科研部门、应急专家、专业救援五支保障队伍的作用，彰显演练组织单位同多部门应对突发环境事件的联动机制，探索演练组织单位调度专业环保救援队伍处置环境污染的渠道，从而提高演练组织单位应对突发环境事件的综合防范能力。环境应急演练的目的具体总结为以下几点：

①熟悉和操作《国家突发环境事件应急预案》，证实应急预案的可行性；

②不同应急救援组织在环境应急过程中的协调性；

③借助污染源信息系统对污染事故做出定性和定量的分析；

④通过现场排查及根据监测结果划定污染范围、隔离区域、疏散范围，提出相应的处置建议；

⑤检验调集环境监察队伍采取现场紧急处置、参与现场救援工作，对受污染部分和现场进行监控的能力；

⑥试验环境应急演习终止程序及事故后的环境影响评估；

⑦检验和测试应急设备及环境监测仪器的可靠性；

⑧发现预案中存在的问题，为修订预案提供实际资料。

（三）环境应急演练的原则

环境应急演练应该遵循统一领导、分工协作，结合实际、目标明确，着眼实战、讲求实效，精心组织、确保安全，统筹规划、厉行节约的原则。环境应急演练的准备应在相关环境应急预案确定的应急领导机构或指挥机构领导下组织开展，组织结构一般可以分为演练领导小组、策划部、保障部、现场指挥部、评估组和参演队伍及人员。环境应急演练的主要原则包括以下几点：

①环境监察队伍按照环境应急工作领导小组的安排迅速做出反应；

②各级环境监察和监测队伍上下联动，采取紧急措施，积极配合，完成环境污染应急演练的任务；

③演练要求过程逼真，组织有序，通信畅通，决策果断，手段先进，可考虑采用网络信息技术、卫星自动定位系统、无线和有线传输，实行远程控制指挥和决策的效果，要体现环境监察队伍上下联动、快速反应的协调能力；

④演练情况设置应根据现场的基本情况，尽量与实际相符，并考虑突发情况；

⑤要求尽可能多企业人员有机会参加演练，熟悉疏散的路线和各种指挥信号，减少事故发生时的恐惧心理；

⑥整个演练过程应有完整的记录，作为训练评价和未来训练计划制订的参考资料，演练结束后应适时做出评价。

三、应急演练类型

（一）应急演练的分类

开展应急演练，有必要了解应急演练的分类，进而确定采取何种应急演练类型。根据分类标准不同，应急演练有多种分类方式：根据组织形式划分，可分为桌面演练和实战演练；根据内容划分，可划分为单项演练和综合演练；根据目的与作用划分，可分为检验性演练、示范性演练和研究性演练；根据涉及范围划分，可分为区域性演练和全局性演练；根据主体划分，可分为单独（内部）演练和联合演练等；根据是否事先准备，可分为事先准备型演练与突然袭击型演练等。同时，将不同形式、不同内容、不同目的与作用的演练相互组合，可以形成单项桌面演练、综合桌面演练，单项实战演练、综合实战演练，示范性单项演练、示范性综合演练等不同形式。

1. 桌面演练和实战演练

按照组织形式划分，可分为桌面演练和实战演练。

（1）桌面演练

桌面演练是指由应急组织的代表或关键岗位人员参加的，按照应急预案及其标准运作程序讨论紧急情况时采取行动的演练活动。桌面演练的主要特点是对演练情景进行口头演练，一般是在会议室内举行非正式的活动，主要作用是在没有时间压力的情况下，演练人员在检查和解决应急预案中问题的同时，获得一些建设性的讨论结果。主要目的是在友好、较小压力的情况下，锻炼演练人员解决问题的能力，以及解决应急组织相互协作和职责划分的问题。桌面演练只需要展示有限的应急响应和内部协调活动，应急响应人员主要来自本地应急组织，事后一般采用口头评论形式收集演练人员的建议，并提交一份简短的书面报告，总结演练活动和提出有关改进应急响应工作的建议。

（2）实战演练

实战演练是指参演人员利用应急处置涉及的设备和物资，针对事先设置的突发事件情况及其后续的发展情况，通过实际决策、行动和操作，完成真实应急响应的过程，从而检验和提高相关人员的临场组织指挥、队伍调动、应急处置技能和后勤保障等应急能力。实战演练通常是在特定场所完成。

2. 单项演练和综合演练

按照演练内容划分，可分为单项演练和综合演练。

（1）单项演练

单项演练是指涉及应急预案中特定应急响应功能或现场处置方案中一系列应急响应功能的演练活动。注重针对一个或少数几个参与单位（岗位）的特定环节和功能进行检验。单项演练可以像桌面演练一样在指挥中心内举行，也可以开展小规模的现场演练，调用有限的应急资源，主要目的是针对特定的应急响应功能，检验应急响应人员某项保障能力或某种特定任务所需技能，以及应急管理体系的策划和响应能力。

单项演练的特点是目的性强，演练活动主要围绕特定应急功能展开，无须启动整个应急救援系统，演练的规模得到控制，既降低了演练成本，又达到了“实战”锻炼的效果。

（2）综合演练

综合演练是指涉及应急预案中多项或全部响应功能的演练活动。注重对多个环节和功能进行检验，特别是对不同部门、单位之间应急联动机制和联合应对地震灾害能力的检验。

综合演练由于涉及更多的应急组织和人员，准备时间更长，要有专人负责应急运行、协调和政策拟订，以及上级应急组织人员对演练方案设计、协调和评估工作方面提供技术支持。综合演练的特点是真实性和综合性，演练过程涉及整个应急救援系统的每一个响应要素，是最高水平的演练活动，能够客观地反映目前应急系统应对重大突发事件所具备的应急能力，但演练成本也最高。

3. 检验性演练、示范性演练和研究性演练

按照演练目的与作用划分，可分为检验性演练、示范性演练和研究性演练。

（1）检验性演练

检验性演练是指为检验应急预案的可行性、应急准备的充分性、应急机制的协调性、应急指挥人员的指挥协调能力及应急救援队伍的处置能力而组织的演练。

（2）示范性演练

示范性演练是指为向观摩人员展示应急能力或提供示范教学，严格按照应急预案规定开展的表演性演练。

（3）研究性演练

研究性演练是指为研究和解决突发环境事件应急处置能力的重点、难点问题，试验新方案、新技术、新装备而组织的演练。

4. 局部演练和全局演练

根据涉及范围划分，可分为局部演练和全局演练。

（1）区域性演练

区域性演练是指在虚拟的事件条件下，区域应急救援系统中的各个机构、组织或群体人员，执行与真实事件发生时相一致的责任和任务的演练活动。区域性演练针对某一行政区域，演练设定的突发事件可能较为复杂，如某一灾害或事故形成的灾难链，影响范围广，参与应急行动的职能部门多，应急联合行动的指挥和调度工作复杂。

（2）全局性演练

全局性演练是指针对应急预案中全部或大部分应急响应功能，检验、评价应急组织应急运行能力的演练活动。全局性演练采取交互方式进行，演练过程要求尽量真实，调用更多的应急响应人员和资源，需要负责应急运行、协调和政策拟订人员的参与，以及上级应急组织人员对演练方案设计、协调和评估工作提供的技术支持，并开展人员、设备及其他资源的实战性演练，以展示相互协调的应急响应能力。

5. 单独（内部）演练和联合演练

根据主体划分，可分为单独（内部）演练和联合演练。

（1）单独（内部）演练

单独（内部）演练是指各单位或机构结合自身实际情况自行组织的内部演练。通过实操演练检验应急预案的科学性和实用性，锻炼和提高应急救援队伍的实战能力，提升应急管理水平。

（2）联合演练

联合演练是指针对场内、外应急组织全面启动的应急演练。演练情景设计中的事故一般应达到“场外应急状态”。根据事故情景的需要陆续启动场内、外各级应急组织。联合演练主要是针对严重事故而进行的规模最大的应急演练。

综合演练和联合演练是对应急响应能力的全面检查，需要较多人力、物力，情景设计也较为复杂。因此，只有在各应急组织响应能力已经在部分练习和部分演练中得到证实的基础上，才有条件进行综合演练和联合演练。

（二）环境应急演练类型与手段

从环境应急演练的组织主体区分，当前存在地方政府统一组织的涉及突发环境事件综合性应急演练、生态环境部门牵头组织的综合性突发环境事件应急演练、生态环境部门的内部演练以及企业事业单位自身组织的突发环境事件应急演练等形式。

从类型上区分，环境应急演练也有着桌面演练和实战演练，单项演练和综合演练，检验性演练和示范性演练，局部演练和全局演练等区分。这些类型又可以相互组合形成新的演练形式，如单向性桌面推演、综合性实战演练、单项检验性演练、综合示范性演练等多种形式。针对单项演练和综合演练，检验性演练和示范性演练，局部演练和全局演练，类型一旦确定下来便较为固定，而针对桌面演练和实战演练的区分，在具体实践中并不绝对，可以并存，即演练以综合形式开展，部分内容桌面演练，部分内容实战演练。

环境应急演练涉及范围和内容不同，演练形式也不一，可归类为专项演练（如气体、液体等泄漏）、联合演练（生态环境、消防、安全联合）、指挥演练、跨区域联合演练等。环境应急演练指挥者要按照应急预案内容和演练类型，组织实战应急演习，这既可提升应急人员的信心和对应急设备设施的操作熟练程度，也可提高应急指挥者的决策能力。

环境应急演练的传统方式一般为现场指挥，通常演练的范围被圈定得较小，难以实现远距离、跨区域、多级别联动演练。随着科技化、信息化的飞速发展，环境应急演练的手段也获得了发展，逐步增添了多样化现代高科技手段。而高科技手段在演练中，一方面有效提升了应急处置的效率，优化应急处置的效果；另一方面有利于演练安排的合理性、紧凑性及宣教性。

环境应急演练的手段包含以下方面：

（1）传统演练手段，以现场指挥的单一方式为主。

（2）现代化演练运用的多种手段，主要包含：

①先进通信手段：充分利用卫星通信、视频会议和 3G 通信等系统，通过音、视频双向传输模式，结合应急指挥固定平台与机动平台，使得演练能够采用现场指挥和远程指挥相结合、桌面演练和实战演练相结合的方式开展。

②数字模拟手段：使用“数字环保系统”，在演练中使用环境应急管理平台，利用地理信息系统，及时调阅事件区域地理信息、事发企业资料及周边敏感目标情况等一系列辅助信息，结合事件现场，模拟事件发展态势，并参考专家组意见，能够科学、迅速地做出决策。

③现代监测手段：采用应急监测车和应急监测船、车载气相色谱质谱联用仪、便携式傅里叶红外气体分析仪等现代化环境应急监测快速现场检测设备和技术。

④高新材料手段：如利用“吸油宝”等高科技材料快速开展突发环境事件现场应急处置工作，充分发挥该种高科技材料吸附力强、时间久的优点，能够有效提升处置效果。

第二节　应急演练准备

一、演练人员准备

参与环境应急演练的人员通常分为五类，即参演人员、控制人员、模拟人员、评价人员和观摩人员。五类人员在演习中的职责、任务各不相同，属于不同的角色，相互之间不能替代。为了区分五类人员，在演习过程中需要佩戴能表明其身份的识别符，如袖章、标牌等。

（一）参演人员

参演人员是指在演习过程中针对演习情景或模拟事件采取相应行动的人员，相当于通常所说的演员（一般承担着具体的环境响应任务）。环境应急演习参演人员在演习中承担的主要任务包括污染控制、划分警戒区域、环境应急监测、清除污染物、救助伤员或被困人员、保护财产或公众安全健康、获取和使用各类应急资源，与其他应急人员协同处理重大事件或紧急事件。

（二）控制人员

控制人员是根据演习方案及计划要求，按照演习情景或模拟情况发展控制演习进度的人员。控制人员的职责在于引导参演人员按照响应程序行动，并不断给出情况或信息，供参演人员中的指挥人员判断、决策。其在演习中承担的主要任务包括：确保规定的项目得到充分的演练；确保演习活动的任务量和挑战性；确保演习按照演习方案及计划要求的进度实施；解答参演人员的疑问；解决演习过程中出现的问题，保障演习过程人员财产的安全。

（三）模拟人员

模拟人员的主要任务包括：扮演、替代未参加演习但与现场应急指挥部相互作用的机构或服务部门；模拟环境事件的发生过程，如释放烟雾、模拟气象条件、模拟泄漏、模拟受害或受影响的人员等。

（四）评价人员

评价人员是指负责观察演习进展情况并对演习过程予以记录的人员。其主要任务包括：观察参演人员的应急行动；记录观察结果；在不干扰参演人员工作的情况下，协助控制人员确保演习按照计划进行。

（五）观摩人员

观摩人员是指来自有关部门、外部机构以及旁观演习过程的观众。

二、演练方案编写

（一）演练工作方案

演练工作方案内容主要包括：

①应急演练背景、目的及要求；

②应急演练事故情景设计；

③应急演练规模及时间；

④参演单位、筹备组织机构和人员主要任务及职责；

⑤应急演练筹备工作内容；

⑥应急演练主要步骤；

⑦应急演练技术支撑及保障条件；

⑧应急演练评估与总结。

（二）演练脚本

根据需要，可编制演练脚本。演练脚本是应急演练工作方案具体操作实施的文件，帮助参演人员全面掌握演练进程和内容。演练脚本一般采用表格形式，主要内容包括：

①演练模拟事故情景；

②处置行动与执行人员；

③指令与对白、步骤及时间安排；

④视频背景与字幕；

⑤演练解说词等。

（三）演练评估方案

演练评估方案内容通常包括：

①演练信息：应急演练目的和目标、情景描述，应急行动与应对措施简介等；
②评估内容：应急演练准备、应急演练组织与实施、应急演练效果等；
③评估标准：应急演练各环节应达到的目标评判标准；
④评估程序：演练评估工作主要步骤及任务分工；
⑤附件：演练评估所需要用到的相关表格等。

（四）演练保障方案

针对应急演练活动可能发生的意外情况制定演练保障方案或应急预案，并进行演练，做到相关人员应知应会，熟练掌握。演练保障方案应包括应急演练可能发生的意外情况、应急处置措施及责任部门，应急演练意外情况中止条件与程序等内容。

（五）演练观摩手册

根据演练规模和观摩需要，可编制演练观摩手册。演练观摩手册通常包括应急演练时间、地点、情景描述、主要环节及演练内容、安全注意事项等内容。

第三节　应急演练实施

突发环境事件应急演练实施，是指各级人民政府及其部门、企业事业单位、社会团体等组织相关单位及人员，依据有关突发环境事件应急预案，模拟应对突发环境事件活动的整个过程。如果是以检验为主要目的演练，可以准备几个方案，通过抽查的方式更好地了解应急队伍技能素质。不论何种演练类型，组织者均应进行视频记录并留存资料，便于推广、整理、点评和研究。

一、实施基本要求

情景真实：根据演练类别的不同，提供不同的演练场地，采用多种方式营造真实可信的演练情景。

过程控制：演练控制人员应控制演练过程，引导演练进程，管理演练事件，并且在可能的情况下鼓励参演人员自己解决难题。特别注意情景发展态势、参演人员安全，使之始终处于控制之下。

收集资料：使用签到单、参演人员活动单、记录表、评论表、绘图标注、录音、摄像、摄影等多种手段记录演练过程。

二、实施主体

演练的规模和复杂程度决定了演练规划制定人员及参演人员的数量。实战演练需要有总指挥或指挥团队、控制人员及安全官、模拟人员、参演人员、评估人员、观摩人员等。

（一）总指挥或指挥机构

为了使演练真实、有序，演练要有指定的总指挥或指挥团队。其主要责任是：确定演练的目的及预期结果；确定演练的范围；进行演练规划；准备演练文件；任命导演人员；

监督演练的过程；促进或监督演练总结；编写演练报告；落实演练结果。

（二）控制人员、安全官与模拟人员

一名或多名控制人员管理实战演练。在有多个场地的实战演练中，可设置多名控制演练的控制人员。控制人员要佩戴特殊的标志。他们在演练中的作用是：在演练总指挥的管理下相互合作开展导调工作，指挥、控制演练的实施；衡量、评价演练行动并保障演练的进行；提出特殊的建议；监控演练的安全；管理演练中各种角色的扮演者；扮演伤者、受害者或旁观者；协调、管理后勤保障需求；管理演练场所；确保演练场地安全；评估或管理意外损害，如对环境或基础设施的破坏；与媒体进行联络；接待观看演练人员。

在实战演练中有很多潜在的安全问题，因此需要委托一名安全官。

模拟人员是假扮突发事件中的受害者、群体性事件的参与者等角色的人员。很多演练的模拟人员由志愿者担任。

（三）参演人员

一场实战演练涉及很多层面的参演人员，主要包括：

①决策者：主要决策者和部门政策制定者。

②管理者：应急管理部门人员。

③行动人员：执行指令的人员，如真实的或参演的消防员、警察、医生、搜救队员、搜救志愿者等。

（四）其他人员

评估人员：各个场地的评估人员需要观察演练行动并记录下所有重要的事件。

观摩人员：仅仅负责观摩演练的人员，包括上级领导、相邻地区的来宾、新闻记者等。

三、主要实施内容

首先，所有演练参与人员应按照各自的职责各就其位；对于桌面演练，通过演练主持人叙述演练情景，并辅以演示材料（如地图、图片、视频、软件模拟、沙盘等），把演练人员带入虚构的事件场景。

其次，由演练参与人员按照各自的职责各就其位后，通过事先设计好的方式将演练情景呈现给演练参与人员，由演练总指挥宣布演练正式开始。

最后，通过消息导入触发演练活动。

虽然突发环境事件应急演练的类型、规模、持续时间、演练情景及目标等有所不同，但演练过程中的基本内容大致相同，一般包含现场检查、演练启动、演练执行、演练过程控制、演练解说、演练记录和演练宣传报道、演练结束与终止等环节。

（一）现场检查

对应急演练安全设备、设施进行检查确认，确保安全保障方案可行；确认演练所需的工具、设备、技术资料以及参演人员到位，电力、通信系统正常。

（二）演练启动

应急演练正式开始前，举行简短仪式，一般由演练总指挥对参演人员进行情况说明，使其了解应急演练规则、场景及主要内容、岗位职责和注意事项，正式宣布演练开始并启动演练活动。

（三）演练执行

演练执行是指按照演练方案要求，应急指挥机构指挥各参演队伍和人员，在演练总指挥全过程的指挥控制下，开展对模拟演练突发环境事件的应急响应行动，完成各项演练活动。演练执行分为桌面演练执行与实战演练执行。

1. 桌面演练执行环节

演练执行人员按照应急预案或应急演练方案发出信息指令后，参演人员依据接收到的信息，回答问题或模拟推演的形式，完成应急响应活动。通常按照四个环节循环往复进行：

①注入信息：演练执行人员通过多媒体文件、沙盘、消息单等多种形式向参演人员展示应急演练场景，展现突发环境事件发生发展情况；

②提出问题：在每个演练场景中，由演练执行人员在场景展现完毕后根据应急演练方案提出一个或多个问题，或者在场景展现过程中自动呈现应急处置任务，供应急演练参与人员根据各自职责分工展开讨论；

③分析决策：根据执行人员提出的问题或所展现的应急决策处置任务及场景信息，参演人员分组展开思考讨论，形成处置决策意见；

④表达结果：在组内讨论结束后，各组代表按要求提交或口头阐述本组的分析决策结果，或者通过模拟操作与动作展示应急处置活动。

各组决策结果表达结束后，控制人员可对演练情况进行简要讲解，接着注入新的信息。

2. 实战演练执行环节

按照演练方案要求，应急指挥团队指挥各参演队伍和人员，在演练总指挥全过程的指挥控制下，开展对模拟演练突发环境事件的应急处置行动，有序推动各个场景，开展现场点评，完成各项应急演练活动，妥善处理各类突发情况，宣布结束与意外终止应急演练。实战演练执行主要按照以下步骤进行：

①演练策划与控制组对应急演练实施全过程的指挥控制。

②演练策划与控制组按照应急演练工作方案（脚本）向参演单位和人员发出消息指令，可由人工传递，也可以用对讲机、电话、手机、传真机、网络方式传送，或者通过特定声音、标志与视频呈现。

③演练策划与控制组按照应急演练工作方案规定程序，熟练发布控制信息，调度参演单位和人员完成各项应急演练任务；应急演练过程中，执行人员应随时掌握应急演练进展情况，并向领导小组组长报告应急演练中出现的各种问题。

④各参演单位和人员，根据导入信息和指令，依据应急演练工作方案规定流程，按照发生真实事件时的应急处置程序，采取相应的应急处置行动。

⑤参演人员按照应急演练方案要求，做出信息反馈。

⑥演练评估组跟踪参演单位和人员的响应情况，进行成绩评定并做好记录。

（四）演练过程控制

演练实施的重点在于对演练活动的控制。演练过程中，总指挥或指挥团队的作用主要是宣布演练开始和结束，以及解决演练过程中出现的问题。控制人员的作用主要是向演练人员传递控制消息，提醒演练人员终止对情景演练具有负面影响或超出演练范围的行动，提醒演练人员采取必要行动以正确展示所有演练目标，终止演练人员不安全的行为，延迟或终止情景事件的演练。

演练过程控制分为桌面演练过程控制与实战演练过程控制，在角色扮演或推演式桌面演练中，由总指挥按照演练方案发出控制消息，参演人员接收到事件信息后，通过角色扮演或模拟操作，完成应急处置活动；在实战演练中，通过传递控制信息来控制演练进程。总指挥按照演练方案发出控制消息，控制人员向参演人员和模拟人员传递控制演练进程。参演人员和模拟人员接到信息后，按照发生真实事件的应急处置程序，可根据应急行动方案，采取相应的应急处置行动。

1. 桌面演练过程控制

在讨论式桌面演练中，演练活动主要是围绕所提出的问题进行讨论。由总策划以口头或书面形式，部署引入一个或若干个问题。参演人员根据应急预案及有关规定，讨论应采取的行动。在角色扮演或推演式桌面演练中，由总指挥按照演练方案发出控制消息，参演人员接收到事件信息后，通过角色扮演或模拟操作，完成应急处置活动。

2. 实战演练过程控制

在实战演练中，要通过传递控制信息来控制演练进程。总策划按照演练方案发出控制消息，控制人员向参演人员和模拟人员传递控制消息。参演人员和模拟人员接收到信息后，按照发生真实事件时的应急处置程序，或根据应急行动方案，采取相应的应急处置行动。控制消息可由人工传递，也可以用对讲机、电话、手机、传真机、网络等方式传送，或者通过特定的声音、标志、视频等呈现。在演练过程中，控制人员应随时掌握演练进展情况，并向总策划报告演练中出现的各种问题。

（五）演练解说

在演练实施过程中，演练组织单位可以安排专人对演练过程进行解说。解说内容一般包括演练背景描述、进程讲解、案例介绍、环境渲染等。对于有演练脚本的大型综合性示范演练，可按照脚本中的解说词进行讲解。

（六）演练记录

演练记录即安排专门人员，采用文字、照片和音像等手段记录演练的过程。文字记录一般可由评估人员完成，主要包括演练实际开始与结束时间、演练过程控制情况、各项演练活动中参演人员的表现、意外情况及其处置等内容，尤其要详细记录可能出现的人员“伤亡”（如进入“危险”场所而无安全防护，在规定的时间内不能完成疏散等）及财产“损失”等情况。照片和音像记录可安排专业人员和宣传人员在不同现场、不同角度进行拍摄，尽可能全方位反映演练实施过程。

（七）演练宣传报道

演练宣传报道是由演练宣传组按照演练宣传方案做好演练宣传报道工作，包含信息采集、媒体组织、广播电视节目现场采集和播报等工作，以扩大演练的宣传教育效果。对涉密应急演练则应做好相关保密工作。

（八）演练结束与终止

演练完毕后，由总策划发出结束信号，演练总指挥宣布演练结束。演练结束后所有人员停止演练活动，按照预定方案集合进行现场总结讲评或者组织疏散。后勤保障人员对演练场地进行清理和恢复。演练实施过程中出现下列突发事件或其他特殊、意外情况，经演练领导小组决定，由演练总指挥按照事先规定的程序和指令终止演练：

①出现真实突发事件，需要参演人员参与应急处置时，要终止演练，使参演人员迅速回归其工作岗位，履行应急处置职责。

②出现特殊或意外情况，短时间内不能妥善处理或解决时，可提前终止演练。

四、实施要点

在应急演练需求确定之后，有关部门要对演练需求进行分析，并据此确定演练的目标及预期的结果。演练的目的与动机确定后，应急管理部门应考虑的因素包括：场景，即演练的故事情景；时间；规模；地点；参演人员与机构；费用；装备；参演部门的备勤情况；天气情况；后勤保障；法律规范等实施要点，如表 7-1 所示。

表 7-1　应急演练实施要点

要点	事项
理念	确定需求、创建演练指挥团队、明确目标、争取社会支持、制订演练计划等
时间	演练起始时间、持续的时段、白天或夜间等
地点	演练在哪里举行、占据多大空间等
规模	多少人及机构参加演练及管理等
人员	谁参加演练、谁控制演练进程等
机构	哪些机构参与、是否需要支持机构、组织限制是什么等
费用	准备预算
装备	特殊效果装备
备勤状态	确保所有参演组织处于备勤状态、有能力处置演练期间发生的突发事件等
天气状况	制定方案，防止天气状况不佳
管理	提供管理支持，提供公共信息，考虑保险问题等
后勤	食宿、交通、卫生间、消费品等
法律	法律要求
设计	确定演练类型、场景等
伤亡模拟	确定伤亡人数、伤亡类型、道具、材料等
文件	总指挥须知、手机使用政策、媒体发布信息、会议记录等
演练实施	沟通监察、跟踪演练进程等
演练结束	损失控制监察、进行简短总结等

五、总结评估

演练结束后，应及时对演练进行总结评估，查找问题，及时予以改进。演练的总结评估包含以下五个方面。

1. 演练评估

在全面分析演练记录及相关资料的基础上，对比参演人员表现与演练目标要求，对演练活动及其组织过程做出客观评价，并编写演练评估报告。主要内容一般包括演练执行情况、预案的合理性与可操作性、应急指挥人员的指挥协调能力、参演人员的处置能力、演练所用设备装备的适用性、演练目的的实现情况、演练的成本效益分析、对完善预案的建议等。

2. 演练总结

演练总结分为现场总结和事后总结。现场总结是在演练的一个或所有阶段结束后，由演练总指挥、专家评估组组长等在演练现场有针对性地进行阶段性讲评和总结；事后总结则是在演练结束后，由文案组根据演练记录、演练评估报告、应急预案、现场总结等材料，对演练进行系统和全面的总结，并形成演练总结报告，内容包括演练目的、时间和地点、参演单位和人员、演练方案概要、发现的问题与原因、经验和教训，以及改进有关工作的建议等。

3. 成果运用

对演练中发现的问题，演练单位应当及时采取措施予以改进，包括修改完善应急预案、有针对性地加强应急人员的教育和培训、对应急物资装备有计划地更新等，并建立改进任务表，按规定时间对改进情况进行监督检查。

4. 文件归档与备案

演练组织单位在演练结束后应将演练计划、方案、评估报告、总结报告等资料归档保存。对于由上级有关部门布置或参与组织的演练，或者法律、法规、规章要求备案的演练，演练组织单位应当将相关资料报有关部门备案。

5. 考核与奖惩

演练组织单位应注重对演练参与单位及人员进行考核。对演练中表现突出的单位和个人，可给予表彰和奖励；对不按要求参加演练或影响演练正常开展的，可给予相应批评。

六、案例——模拟某化工厂乙烯泄漏突发环境事件应急演练

以我国某流域突发事件应急综合演练策划为例，讲解说明环境应急事故演练实施与方案编制流程。

（一）演练背景

本次综合演练地点位于我国某跨境河流（以下简称 E 河），流域内移动型风险源主要为汽、柴油等危险化学品道路运输环节。E 河所在省份（以下简称 X 省）的另一跨境河流近年曾发生油罐车侧翻事故导致水体污染事件，虽因处置及时，最终未造成跨境污染，但暴露出 X 省跨境河流诸多风险隐患。E 河流域沿河公路、跨河大桥众多，且部分距离国境线较近，存在较高环境风险，加之干流水量大、流速快，污染处置难度大。

此前，E 河流域及所在地市（以下简称 A 市）已完成较系统的环境风险评估工作，对风险路段进行了识别与分级，摸清了环境风险底数，并根据评估结果完成了一系列风险防

控工程及装备、物资储备，初步具备了应对各类流域突发环境事件的能力。同时，编制了流域突发环境事件应急预案，完善了各级应急响应联动机制，理顺了各部门职责分工；建设了风险防控与应急管理平台，基本实现了环境应急管理的信息化。以上多项工作成果为本次综合演练的开展奠定了坚实的基础，对提高演练效果具有重要意义。

因此，为检验 E 河流域及 A 市环境应急预案及应急响应机制、锻炼环境应急队伍，提高各应急力量的快速响应、应急监测、应急处置和协调配合能力，开展本次 E 河流域突发环境事件应急综合演练。

（二）综合演练的筹备与策划

1．筹备组织机构

综合演练一般由所在地人民政府或生态环境部门主办。例如，跨行政区划分或涉及重要敏感目标，可多地政府或与上级生态环境部门联合举办。如涉及较多企业职责，则应与相关企业联合举办。本次 E 河流域突发环境事件应急综合演练由 A 市人民政府与 X 省生态环境厅联合举办。相关部门组成筹备领导小组，下设策划组、摄制组、现场调度组、后勤保障组等工作小组，分别负责演练设计统筹及方案脚本编制、视频素材制作及现场拍摄、预演及演练现场组织调度、人员物资协调保障等工作。

2．参演部门及职责分工

根据所在地突发环境事件应急预案，确定应急指挥部总指挥及下属工作组，各工作组在指挥部的统一调度下开展工作。本次演练设定的突发环境事件影响范围控制在事发点所在县（以下简称 B 县）及下游县（以下简称 H 县）内，因跨国界河流区位较为敏感，可适当提高响应级别，应急总指挥由该市分管生态环境工作的副市长担任。根据该市突发环境事件应急预案，设置污染处置组、应急监测组、医学救援组、新闻宣传组、社会稳定组、调查评估组、专家组 7 个工作组，指挥部组织架构如图 7-1 所示。其中，污染处置组由当地政府应急、消防、武警、公安等部门组成，应急监测组、调查评估组、专家组由生态环境部门牵头，医学救援组、新闻宣传组、社会稳定组分别由当地卫生、宣传、公安部门牵头。

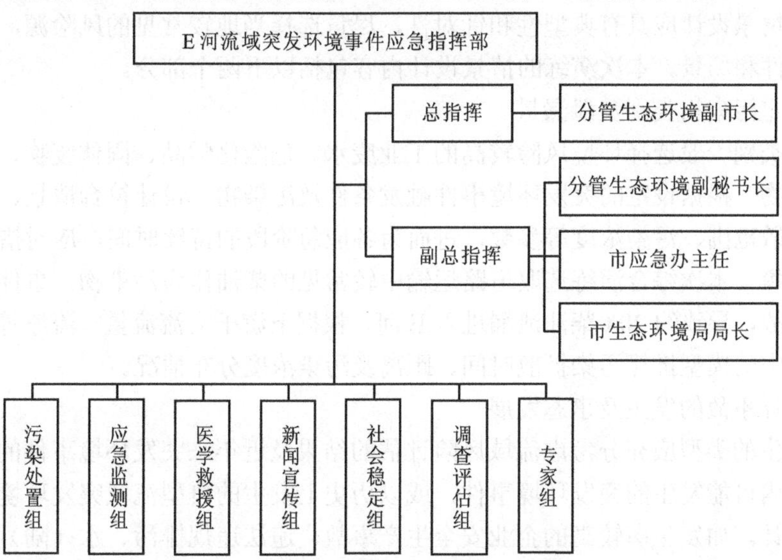

图 7-1 应急演练指挥部组织架构

3. 各阶段任务分工

综合演练涉及的场景、参演单位、人员、物资众多，应制定详细的演练任务清单，以确保各阶段有序推进。本次综合演练中，制定了信息上报、事态研判、污染处置、应急终止等阶段的任务清单。污染处置阶段任务清单见表 7-2，明确了各参演单位在各阶段的主要任务、参演人员需求及物资配备，以便于各参演单位准备与配合。

表 7-2 污染处置阶段任务清单

参演单位	工作环节	具体任务	人员需求	物资配备
B 县政府	污染源处置	事发大桥柴油引流；污染土壤清理及筑坝截流	3 名高空作业人员 2 名挖掘机司机 2 名运土车司机	50 m 导流管 10 张防渗膜 2 台挖掘机 2 台运土车
	污染物削减	1 号处置点污染拦截处置工作	2 名冲锋舟操作员 2 名物资运输司机 60 名处置人员	2 艘冲锋舟、2 辆物资运输车、600 m 污染拦截屏障、500 张吸油毡、80 套救生衣
B 县公安消防大队	污染源处置	封堵破裂油罐，将事故车辆拖离现场	10 名消防人员	1 辆消防车、1 套油罐封堵装备
肇事企业	污染源处置	对剩余柴油进行倒罐作业	1 名消防人员	1 辆倒罐车辆
A 市生态环境局	支援 B 县	调配全市应急物资、人员支援 B 县应急处置工作	2 名物资运输司机 20 名物资搬运人员	2 辆物资运输车、300 m 污染拦截屏障、300 张吸油毡
下游 H 县政府	污染物削减	负责本县 4 个污染处置点应急处置工作	80 名处置人员 2 名物资运输司机	2 艘冲锋舟、2 辆物资运输车、900 m 污染拦截屏障、500 张吸油毡、100 套救生衣

（三）综合演练方案的设计

1. 演练情景设计

演练的情景设计应具有典型性和针对性，尽量选择当地较常见的风险源，设置合理的事件触发条件和场景。本次演练的情景设计内容包括以下两个部分。

（1）确定污染物类别及泄漏量

污染物类别一般选择环境风险较高的工业废水、危险化学品、固体废物、重金属、石油类等污染物。根据设定的突发环境事件触发条件及污染物，设计符合情景、贴合实际的泄漏量、扩散范围、污染浓度等参数，进而为各应急阶段的持续时间、应对措施等的把控提供数据支撑。本次综合演练选取道路运输中较常见的柴油作为污染物，事件触发条件为道路追尾事故，导致约 20 t 柴油泄漏进入 E 河，根据下游干支流流量、流速等参数，利用信息化平台中的模型推算污染扩散时间、距离及污染浓度分布情况。

（2）设计事故的发生及事态发展

事故发生的类型应充分考虑流域风险评估的结果及近年来突发环境事件的统计数据，模拟本流域内可能发生的突发环境事件，或以历史上发生的典型流域突发环境事件为蓝本进行情景设计。如发生率较高的企业安全生产事故、违法违规排污、水（陆）交通运输事故、尾矿库泄漏、自然灾害等引发的流域突发环境事件。本次演练以 X 省某河流近年一起柴油车侧翻事故导致的污染事件为蓝本，模拟在 E 河干流某跨河大桥上一辆油罐车引发追尾事故而导致的突发环境事件。事态的发展设定应符合实际，并与后续的处置工作紧密结合。本次演练事发点设在距离出境断面约 155 km 处，若不及时处理可能产生跨国界污染。事故发生后，事发点所在县 B 县公安、卫生、消防、生态环境部门按照各自应急预案开展交通管制、伤员救治、污染源封堵、前期监测等前期工作。B 县政府初步研判大量柴油流入 E 河干流，可能造成跨国界污染，超出本县处置能力，在所属地级市 A 市政府及省生态环境厅支援下，有序开展应急监测、事态研判、信息报送、污染处置等应急工作，最终事件得到及时妥善处置，未造成跨国界污染。

2．综合演练流程

综合演练应体现示范效应和样板效果，为可能发生的突发环境事件应急工作提供参考。因此，演练应尽可能保持应急流程的完整性及规范性。

本次综合演练为环境应急全流程演练，其流程如图 7-2 所示，包含事件发生、应急响应、污染处置至应急终止及后续各项工作。演练各环节虽有所侧重，但尽量保持完整性，如应急监测环节包含制定监测方案、开展应急监测至应急响应终止后的跟踪监测等。演练各环节应参照相关国家标准、规范。如信息上报环节参照《突发环境事件信息报告办法》开展；应急监测工作参照《突发环境事件应急监测技术规范》开展；其他环节如事故处置、消防抢险、医学救援等也应遵循该专业领域相关规范要求进行。

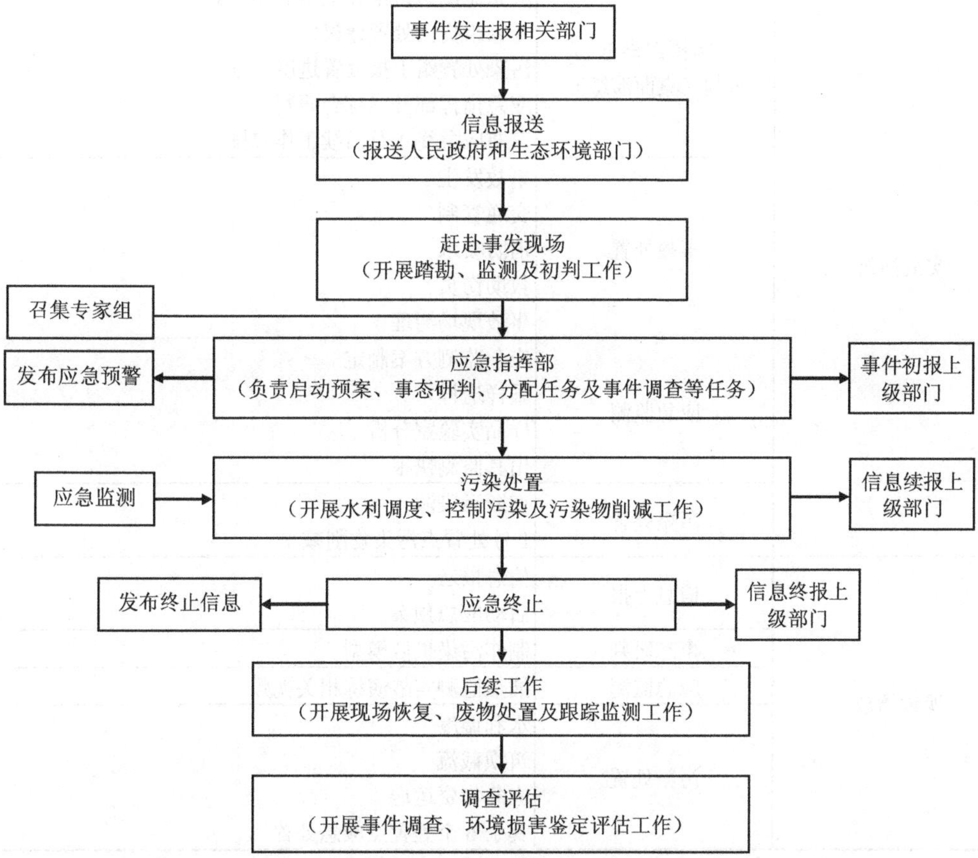

图 7-2　综合演练流程

3. 演练的展示及观摩的形式

综合演练展示及观摩的形式大致可分为观看预制视频、远程观看实况直播、现场观摩实战演练或相互穿插结合等形式。观看预制视频的形式场景可多次重拍及进行精细化的后期加工，呈现较华丽的成片。远程观看实况直播的形式可保证观摩人员在不转场的情况下通过镜头切换，较完整且更生动地展示应急工作的各环节。现场观摩实战演练的形式可让观摩人员身临其境地体验现场应急工作。三种形式对场地、设备、参演人员等的要求依次递增，实施难度也依次递增。在实际演练中，根据情景设计及演练目的等，各演练环节可灵活采用各种形式展示，呈现最佳效果。

本次演练主要通过现场观看视频及实战演练相结合的形式进行，各环节演练形式安排如表 7-3 所示。如事态研判环节主要通过现场桌面演练方式展示。应急监测环节采取提前实战演练的形式，并全程记录成片，在综合演练过程中穿插播放，既锻炼了应急监测队伍，又兼顾了观摩效果。对于事故发生、污染泄漏、筑坝截流、夜间作业等对环境影响较大或风险把控难度较大的环节，采用预制视频辅以模拟替代、后期特效、剪辑等手段，兼顾演练的完整性及观摩效果。

表 7-3 本次演练形势安排

演练形势	工作阶段	演练环节
实战演练	指挥部事态研判（桌面演练）	应急监测组讨论并上报监测方案 专家组提出处置建议 污染处置组上报处置进度 应急指挥部开展综合研判 宣布应急终止及后续工作安排
	事故处置	事故发生 交通管制 消防喷水 救助伤员 事故现场清理
	应急监测	应急监测方案制定 采样送样 样品实验室分析 出具监测快报
	污染处置	切断污染源 1 号处置点污染物削减
视频播放	信息上报	信息报送 启动应急预案
	事态研判	制作污染扩散模型
	应急监测	插播监测实战演练相关视频
	污染处置	水利调度 筑坝截流 应急物资运送 其余 6 个处置点应急处置

本次演练观摩采用实地观摩形式，主要观摩事发点、1 号处置点这两个较有代表性的点位现场情况，观摩现场平面布置如图 7-3 所示。事发点观摩位置设置于场景最集中的跨河大桥下游河堤高地，视野开阔，能一览事故及污染源处置现场，辅以电子大屏，极大地保证了观摩效果。演练期间观摩团转场至最近的 1 号处置点，身临其境地体验污染处置的过程。

图 7-3　事发点及 1 号处置点观摩现场平面布置

（四）演练脚本的编写及彩排

综合演练涉及内容繁多且关系复杂，故脚本是演练有序进行的关键。脚本应包含时间安排、台词对话、场景展示及切换等内容。根据演练的目的和重心，脚本中各场景、各参演单位宜安排不同程度的戏份并预估时间，以便于演练的整体把控。台词的设计应符合场景氛围及人物身份的语言风格，可征求参演人员意见进行适当调整，以提高演练效果。场景内容、对动作的描述应完整详细、指向清晰，并与台词相匹配，场景间的切换宜自然流畅。本次演练脚本按照事态发展顺序，共分为演练背景、事故处置及信息报送、事态研判、1 号处置点演练、应急处置、应急终止 6 个板块，对演练各阶段进行详细描述。

为确保演练效果，正式演练前需经过多次桌面演练及实地预演彩排。桌面演练通过对演练脚本的虚拟演练，帮助参演人员逐渐熟悉流程、场景及台词，同时进一步优化脚本。实地预演是在桌面演练的基础上加入现场人员、车辆、设备进出场及走位、场景切换等动态内容，是正式演练全过程的完整彩排，建议在演练前 1～3 天开展。为达到更好的展示效果，本次演练共进行 2 次桌面演练、2 次实地预演，为正式演练做好充分准备。

（五）演练实施

1. 信息报送及应急响应的启动

信息报送及应急响应流程的启动应按照本地应急预案开展，应急响应级别根据演练情景设计需求结合实际情况设定。本次演练设定为较大级别，追尾事故造成油罐破裂及后车司机受伤，油罐车司机立即拨打“110”报告事故信息，公安局接报后，报告县政府并通报消防、卫计部门，B 县政府按照本县环境应急预案通知县生态环境局并上报 A 市政府，然后逐级上报至省生态环境厅、省人民政府及生态环境部。本次演练信息报送流程如图 7-4 所示。A 市政府成立指挥部，并根据初步研判启动Ⅲ级应急响应。

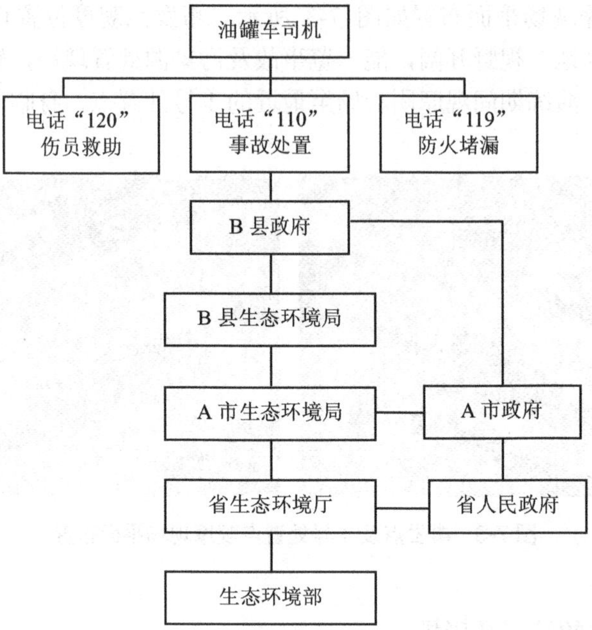

图7-4　应急演练信息报送流程

2. 事态研判

事态研判环节主要发挥专家组的作用。专家组综合考虑水文、气象等基础数据，利用污染扩散模型，推算污染物到达各监测断面的时间及浓度，为应急指挥部提供处置建议，以便更合理地分配人力、物力进行应急处置措施的实施。在处置过程中，对应急监测方案及监测快报进行研判，充分利用监测数据，为污染处置措施及应急响应的及时调整提供建议。本次演练中，主要利用该省应急管理平台的一维非恒定流水质模型领域专家牵头完成，并由相关部门配合完成相应工作。

3. 应急监测

应急监测的目的是为应急指挥部决策提供关键数据支撑，主要由地方环境监测部门实施。本次演练中，由于A市监测能力较薄弱，应急监测环节由省环境监测站牵头，调集A市及周边3个地级市监测力量联合监测。根据污染物特性及水文条件，制定了应急监测方案（断面布设见图7-5），确定应急监测因子为石油类，参照《地表水环境质量标准》（GB 3838—2002）相应水质类别标准限值执行。同时布设背景断面、$1^{\#}$～$5^{\#}$断面、出境断面7个监测断面，并设置2个临时实验室，调配监测人员、车辆、仪器、试剂等开展现场采样、实验分析、出具快报等一系列工作。

4. 污染处置方案

污染处置方案由专家组配合当地政府生态环境部门制定，由地方政府组织消防等相关部门具体执行。本次演练主要采取以下措施。

（1）水利调控

对事发点上下游所有支流、干流中的水库电站实行关闸或控流，减缓河道水流速度，延缓污染物扩散速度及出境时间。

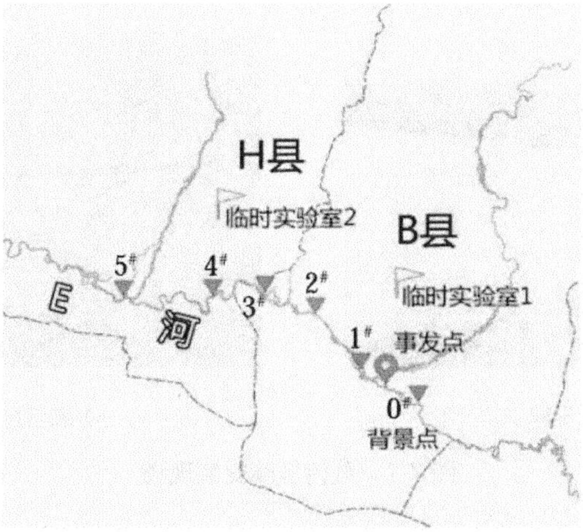

图 7-5　应急监测断面布设

（2）切断污染源

对油罐洒水降温；封堵破损油罐；堵塞桥上排水口，将柴油引入临时收集池暂存，并对受柴油污染的土壤进行清挖；利用河道天然分岔，在事发点上下游筑坝截流改道，对污染水体进行吸油处理。油罐洒水降温及封堵现场状况如图 7-6 所示。

图 7-6　油罐洒水降温及封堵现场

（3）污染物削减

吸油毡作为流域石油类处置最常用的物资，也是地方储备量最充足的物资之一，是本次演练中污染物削减的主要材料。根据当地吸油毡尺寸 1 000 mm×500 mm×10 mm、比重约 90 kg/m^3、饱和吸油量约 33.5 mg/g 等参数，结合平均河宽约 200 m、流速约 0.8 m/s 等实际条件，以及泄漏量 20 t、距离出境断面 155 km 等设定条件，经专家研判及模型污染模拟结果，按每道截污屏障宽度 600 m，每个处置点 3 道屏障设计，共需设置 7 个污染处置点，对已流向下游河道的柴油污染物进行吸附削减，确保出境断面水质安全。截污屏障安装现场情况如图 7-7 所示。本环节需大量人力、物力，为保障应急处置工作顺利开展，应急指挥部调集了周边县市人员、物资等作为补充支援。

（a）事发点截污屏障安装过程　　（b）截污屏障安装完成

图 7-7　截污屏障安装现场

5．应急响应终止及后续工作

应急响应的终止指令由应急指挥部根据污染处置结果及专家研判意见下达。经过持续处置，水体石油类污染物浓度全线达标后，再继续跟踪监测 48 h。水质持续达标后，根据专家组的研判及建议，应急指挥部宣布应急响应终止，并安排现场恢复、废物处置、跟踪监测及环境损害鉴定评估等后续工作。

（六）应急预案演练记录

应急预案演练记录如表 7-4 所示。

表 7-4　应急预案演练记录

<table>
<tr><td colspan="2">预案名称</td><td colspan="3">××××××××××××应急预案</td><td>演练地点</td><td></td></tr>
<tr><td colspan="2">组织部门</td><td></td><td>总指挥</td><td></td><td>演练时间</td><td></td></tr>
<tr><td colspan="2">参加人员</td><td colspan="5"></td></tr>
<tr><td colspan="2">演练类别</td><td colspan="5">□实际演练　□桌面演练　□提问讨论式演练
□全部预案　□部分预案</td></tr>
<tr><td colspan="2">物资准备和人员培训情况</td><td colspan="5">进入现场前由总指挥负责指挥</td></tr>
<tr><td colspan="2">演练过程描述</td><td colspan="5"></td></tr>
<tr><td colspan="2">预案适宜性、充分性评审</td><td colspan="5">适宜性：□全部能够执行　□执行过程不够顺利　□明显不适宜
充分性：□完全满足应急要求　□基本满足需要完善　□不充分，必须修改</td></tr>
<tr><td rowspan="5">演练效果评审</td><td>人员到位情况</td><td colspan="5">□迅速准确　□基本按时到位　□个别人员不到位　□重点部位人员不到位
□职责明确，操作熟练　□职责明确，操作不够熟练　□职责不明，操作不熟练</td></tr>
<tr><td>物资到位情况</td><td colspan="5">现场物资：□现场物资充分，全部有效　□现场准备不充分　□现场物资严重缺乏
个人防护：□全部人员防护到位　□个别人员防护不到位　□大部分人员防护不到位</td></tr>
<tr><td>协调组织情况</td><td colspan="5">整体组织：□准确、高效　□协调基本顺利，能满足要求　□效率低，有待改进
抢险组分工：□合理、高效　□基本合理，能完成任务　□效率低，没有完成任务</td></tr>
<tr><td>实战效果评价</td><td colspan="5">□达到预期目标　□基本达到目标，部分环节有待改进　□没有达到目标，须重新演练</td></tr>
<tr><td>汇报及时性</td><td colspan="5">报告上级部门　□报告及时　□联系不上</td></tr>
<tr><td colspan="2">存在问题和改进措施</td><td colspan="5">本次演练过程顺利，未出现明显故障</td></tr>
</table>

记录人：　　　　　　时间：

第四节　应急培训与教育

一、概述

应急培训是指对应急常态管理与非常态响应相关知识和技能的培训，应急教育是指对预防和应对突发环境事件的各种知识和技能进行宣教和普及。二者均是环境应急管理指挥体系运行的基础，是环境应急管理工作的重要组成部分，是提升突发环境应急能力的重要途径。应急培训和教育必须成为企业文化的一部分。企业应创造机会建立应急意识，培训和教育人员，测试应急程序，动员各级管理人员、各部门和社区参与应急策划，将突发环境事件应急管理工作变成日常工作的一部分。

2015 年 6 月 5 日起实施的《突发环境事件应急管理办法》（环境保护部令第 34 号）对应急培训和教育工作做出了原则性规定："第 7 条　环境保护主管部门和企业事业单位应当加强突发环境事件应急管理的宣传和教育，鼓励公众参与，增强防范和应对突发环境事件的知识和意识。""第 19 条　企业事业单位应当将突发环境事件应急培训纳入单位工作计划，对从业人员定期进行突发环境事件应急知识和技能培训，并建立培训档案，如实记录培训的时间、内容、参加人员等信息。"从整体实践情况来看，我国应急教育和培训水平与实施有效的应急管理的要求仍相距甚远。在环境应急管理方面，为应对日益严峻的环境安全形势，有必要强化环境应急教育与培训工作，切实提升公众与相关人员的环境应急意识和能力。

二、指导思想与工作原则

环境应急培训和教育应坚持"规范管理、整合资源、有序推进"的原则，以环境应急管理理论为基础，以相关法律法规、政策措施和应急预案为指导思想，以提高环境应急防范与处置能力为重点，在理论联系实际、整合现有资源的原则下，建立健全环境应急培训和教育制度；充分发挥各级环境应急管理机构的指导协调作用，调动各地区、各单位开展环境应急培训和教育的积极性；坚持统筹规划、合理安排、制定切实可行的环境应急培训规划；同时，建立健全定期培训制度和培训评估、考核制度、不断提升环境应急培训工作的效能。

三、培训对象和内容

环境应急培训面向三个层面的对象开展，一是各级政府及相关部门的党政领导干部、环境应急管理人员、相关应急处置队伍；二是相关园区与企业事业单位负责人、专兼职应急处置队伍及特定操作人员等；三是普通公众。

（一）针对各级政府及相关部门的党政领导干部

培训重点是增强环境应急管理意识，提高统筹环境应急管理与非常态应急响应管理、突发环境事件应急指挥处置的水平。在综合性应急管理课程中列入环境应急管理的相关内容，强化"政府负责、部门主导、社会参与"的环境应急理念，强调生态环境部门各响应机构共同应对的大环境应急概念，引起各级地方政府、生态环境部门及相关部门党政领导对于环境应急工作的重视。

（二）针对环境应急管理人员

培训重点是熟悉、掌握环境应急相关政策法规、应急预案和具体工作制度、流程、要求，污染源管理的基本内容、工作制度和程序，各类污染源管理的要点及可能发生环境污染事故的类型等；提高为领导决策服务和开展具体环境应急管理工作的能力。加强环境应急管理人员的业务培训，有针对性地提高风险调查、评估、预案管理、应急值守、信息报告、组织协调等方面的业务能力，切实提高环境应急管理综合能力与业务水平。

（三）针对相关园区与企业事业单位负责人

培训重点是增强环境风险防范意识，提高环境安全隐患排查与突发环境事件应急处置能力。将环境应急管理培训作为园区、企业管理培训的重要内容，采取政府及部门统一集中培训与园区、企业自主培训相结合的方式，做好对涉及环境风险源的工业园区与企业事业单位负责人及管理人员的环境应急管理培训工作。

（四）针对环境应急处置队伍及特定操作人员

针对企业环境应急处置队伍及特定操作人员的培训主要包括环境管理应急培训和环境监测应急培训。

1．环境管理应急培训

环境管理应急培训主要内容包括：

①环境保护相关法律、法规的培训；

②该区域污染源自动监控的状况，环境污染的事故隐患及其消除；

③该区域环境危险源的分布情况；

④切断污染源，防止污染物扩散，处理、处置各类污染事故的基本方法；

⑤现场控制、划定紧急隔离区的基本方法；

⑥与其他部门应急人员的协调方式；

⑦环境污染事故应急专用设备及防护设备的使用方法；

⑧环境污染事故等级的确定、报告的内容、方式、程序等；

⑨环境污染事故应急演练的基本要求；

⑩环境污染事故基本情况、应急过程等有关文件和资料的整理归档。

2．环境监测应急培训

环境监测应急培训主要内容包括：

①环境监测技术规范；

②不同环境污染事故应急监测的基本方法；

③便携式现场应急监测仪器的使用方法；

④特征污染物和常见污染物的快速监测方法；

⑤应急监测实施方案的基本要求；

⑥监测布点和频次的基本原则；

⑦现场应急监测人员自身防护的要求；

⑧现场采样的基本方法及要求；

⑨数据汇总分析和监测报告内容的基本要求；
⑩污染物变化趋势及预测，隔离警戒区域范围的基本要求；
⑪应急监测仪器设备、耗材、试剂的日常维护、保养；
⑫环境污染事故跟踪监测。

（五）针对企业员工

要求企业员工了解和掌握如何辨识危险、如何采取必要的应急措施、如何启动紧急情况报警系统、如何安全疏散人群等基本操作。企业员工培训的内容一般包括：
①突发环境事件应急预案的作用与内容；
②工厂环境污染事故危险源的位置、发生事故的可能性，异常情况下的危险辨识；
③本企业污染物的种类、数量，各类污染物的危害性；
④防止污染物扩散，处理、处置各类污染物事故的基本方法；
⑤周围环境敏感点的位置、数量和类型，本企业污染事故对其的影响；
⑥工艺流程中可能出现问题的解决方案；
⑦基本控险、排险、堵漏、输转的基本方法；
⑧主要消防器材、防护设备等的位置及使用方法；
⑨紧急停车、停产的基本程序；
⑩如何正确报警，内外部电话清单；
⑪避难及撤离路线；
⑫配合应急人员的基本要求及责任；
⑬自救与互救、消毒的基本知识；
⑭污染治理设施的运行要求，可能产生的环境污染事故；
⑮运输司机、监测人员的特别培训。

（六）针对公众

对于普通民众的环境污染事故应急知识的普及教育，通常采用发放宣传材料、开设新闻媒体专栏（或专版）的方式，另外可采用有奖活动、“环境污染事故应急进社区”、在学校环境教育课程中列入应急内容等方式进行宣传和教育。公众环境污染事故应急知识普及教育的主要内容包括：
①该区域主要污染源及其危害；
②该区域以前发生及可能发生的环境污染事故的性质和特点；
③环境污染事故现象的辨别及识别；
④环境污染事故的报告程序和方法；
⑤环境污染事故预防的应急措施（疏散路线、停止用水等）；
⑥自救与互救、消毒的基本知识；
⑦在污染区域行动及自行保护的基本方法；
⑧明示公告、警报、指挥信号灯的含义；
⑨医疗单位的地点、专业特点等。

四、培训方式和手段

（一）培训方式

1）自主培训。由政府、生态环境部门自行培训，课程设置自行确定；相关企业事业单位在政府及生态环境部门的指导下自行组织或邀请相关专家进行培训。

2）大学进修。与大学合作，选派或支持相关人员到大学进修相关课程。

3）培训基地。政府、生态环境部门在高等学校、行政学院建立培训基地，或自行设立环境应急培训基地，开办各种讲习班。

4）国际交流。定期组织一定层次、数量的环境应急管理干部出国（境）考察和培训，开展国家间短期交流培训等。

（二）培训手段

以提高环境应急管理与处置能力为主线设计培训课程，除传统讲解式培训方法外，大力推行案例式、模拟式、演练式等交流性、参与性强的教学方式是提高培训质量和效果的重要举措，包括定期组织员工讨论会或评审会、技术培训、应急响应设备的使用、疏散演练、全面演练等。应积极采取专题讲座、案例分析、情景模拟、对策研究等手段开展培训，增强培训效果。对此，需要投入一定的人力、财力，配备完善相关设施设备等。

（三）其他

企业围绕环境安全主题，应采用多种有效形式进行宣传教育，扩大环境应急知识覆盖面十分重要。

一是开展形式多样的环境应急宣教工作。如编制《环境应急手册》，内容囊括环境应急法律法规、各级环境应急预案、常见突发环境事件应急防范要点等内容，免费向公众发放；定期举办“环境安全宣传日”活动，设立咨询台，向公众和员工发放相关资料，邀请有关专家现场为群众答疑解难；开设环境应急管理相关网页，宣传环境应急管理工作，普及环境应急防范与应对的常识，公布环境应急举报与求助热线；推行突发环境事件中违法组织及法人代表定期公示制度，进行警示教育；借鉴日本等发达国家，建设环境应急科普基地，配备完善相应的硬件设施，定期举办突发环境事件防范预警图片展、环境应急防范与应对知识的公共讲座等。

二是增加环境应急宣教工作的吸引力和趣味性。除知识介绍宣传外，还应增加人们身临其境的体验和操作，才能引起公众和员工的共鸣和重视。对此，可通过案例分析的方式向人们生动传达突发环境事件发生的后果以及应急措施等内容，更能加深公众印象；利用广播、电视、报刊、板报、标语、横幅等群众喜闻乐见、随处可见的方式扩大宣传影响面；可在环境应急宣传网站上通过动漫的形式来传递应急管理宣教知识，寓教于乐；等等。

与此同时，应不断健全环境应急宣教工作制度。针对突发环境事件随机性的特点，建立环境应急知识定期宣传制度；完善各级生态环境部门自身环境应急宣传教育工作考核及相关基层单位考核机制，督促、规范环境应急宣教工作开展。

复习思考题

一、简述突发环境事件应急演练的定义、类型及其任务与目标。

二、简述突发环境事件应急演练方案编写的主要内容。

三、简述突发环境事件应急演练实施的主要内容与实施要点。

四、简述突发环境事件应急培训的对象与主要内容。

技能实训——突发环境事件应急培训操作与应急演练实训

一、实训目标

1. 掌握企业突发环境事件应急培训的主要内容，熟悉应急培训操作。

2. 熟悉企业突发环境事件应急演练全流程，并具有指导企业开展突发环境事件应急演练的水平与能力。

二、任务描述

针对给定企业突发环境事件，编制企业突发环境事件应急培训手册。根据手册，开展企业突发环境事件应急演练实训。

三、任务准备

1. 根据既定突发环境事件，布置应急培训手册编制任务，进行任务讨论与准备。

2. 准备多媒体教室，各组提前编制好培训手册，进行现场汇报与手册完善。

3. 结合企业实训场地，开展应急演练与培训实训。

四、知识要点

1. 什么是突发环境事件应急演练？

2. 应急演练准备的主要内容。

3. 应急演练实施全流程。

4. 突发环境事件应急培训的主要内容。

5. 主要培训方式与手段。

五、实训过程

1. 由任课教师在教室讲解实训要求和任务布置。

2. 学生分组编制应急演练与培训手册。

3. 在企业突发环境污染事件模拟实训场地集合，开展与企业员工相结合的突发环境事件应急演练与培训实训。

4. 按照学生分组、结合企业培训员工分组，进行实际操作实践演练。

5. 教师与企业培训小组组长现场解答指导、答疑，完善演练与培训过程。

6. 实训指导总结。

六、注意事项

演练与培训过程需按照指导教师和企业培训小组组长要求进行，服从指挥、爱护演练器材、保护自身安全、维护他人安全，有疑问必须及时提出。

七、总结与思考

1. 演练是否符合企业突发环境事件环境应急的实际需要？

2. 演练的内容是否得当？过程是否符合规范？

3．演练实施的要点是否在演练过程中得到正确诠释？

4．突发环境事件的培训手册是否有针对性和实用性？存在哪些不足？

5．企业员工通过培训是否能够具备开展企业突发环境事件演练的能力？若不具备，则如何实施培训手册的修订与完善？

参考资料

一、参考文献

[1] 白志鹏，王珺，游燕. 环境风险评价[M]. 北京：高等教育出版社，2009.

[2] 毕晓平. 我国突发环境事件应急制度法律问题研究[D]. 烟台：烟台大学，2016.

[3] 边归国，白亮，张晓芳，等. 企业突发环境事件应急预案常见问题及整改意见[J]. 能源与环境，2020（1）：74-76.

[4] 边宅安，陈妍，李慧嘉. 突发事件应急管理体系及指挥框架系统[J]. 人力资源管理， 2016（12）：341-342.

[5] 陈皓. 环境突发事件应急管理法律机制研究——以政府环境权责分配为视角[D]. 上海：华东政法大学，2012.

[6] 陈静，华娟，常卫民. 环境应急管理理论与实践[M]. 南京：东南大学出版社，2011.

[7] 陈无风. 应急行政的合法性难题及其缓解[J]. 浙江学刊，2014，3：131.

[8] 程玉，马越. 美国超级基金法的产生与发展及借鉴意义——《美国超级基金法研究》书评[J]. 环境与可持续发展，2015，40（6）：179-183.

[9] 董泽宇，宋劲松. 我国应急预案体系建设与完善的思考[J]. 中国应急管理，2014（11）：17-21.

[10] 樊治平，刘洋，沈荣鉴. 基于前景理论的突发事件应急响应的风险决策方法[J]. 系统工程理论与实践，2012，32（5）：977-984.

[11] 冯辉. 突发环境污染事件应急处置[M]. 北京：化学工业出版社，2018.

[12] 高小平. “一案三制”对政府应急管理决策和组织理论的重大创新[J]. 湖南社会科学，2010（5）：64-68.

[13] 郭太生. 美国公共安全危机事件应急管理研究[J]. 中国人民公安大学学报，2003（5）：68-69.

[14] 郭欣. 浅议外国突发性环境事件应急管理机制[J]. 法制与社会，2009（2）：244-245.

[15] 郭雪松，朱正威. 中国应急管理中的组织协调与联动机制研究[M]. 北京：中国社会科学出版社，2016.

[16] 郭雪松，刘莹莹. 应急管理理论与应用[M]. 北京：科学出版社，2021.

[17] 郭振仁，郑伟，李文禧，等. 环境污染事故危险源评级方法研究[J]. 中国环境监测，2005，21（5）：72-76.

[18] 国家环境保护总局环境监察办公室. 环境应急手册[M]. 北京：中国环境科学出版社，2003.

[19] 国家环境保护总局环境监察局. 环境应急响应实用手册[M]. 北京：中国环境科学出版社，2007.

[20] 韩娇，李慧，柯钊跃. 风险应急管理[M]. 北京：化学工业出版社，2017.

[21] 韩文成. 风险分级管控与隐患排查治理[M]. 北京：石油工业出版社，2021.

[22] 贺明磊，周国旭. 突发环境事件应急监测应对措施分析[J]. 环境与发展，2020，32（2）：139-141.

[23] 胡二邦. 环境风险评价实用技术和方法[M]. 北京：中国环境科学出版社，2000.

[24] 环境保护部. 突发性污染事故中危险品档案库[R/OL]. www.ep.net.cn/msds/index.htm.

[25] 环境保护部环境应急指挥领导小组办公室. 环境应急响应实用手册[M]. 北京：中国环境出版社，2013.
[26] 环境保护部环境应急指挥领导小组办公室. 突发环境事件应急管理制度学习读本[M]. 北京：中国环境出版社，2015.
[27] 黄慧. 论我国突发环境事件应急预案制度[D]. 济南：山东大学，2012.
[28] 黄小武. 环境应急管理[M]. 武汉：中国地质大学出版社，2011.
[29] 贾倩，曹国志，於方，等.日本环境管理和灾害应急体系剖析与启示[J]. 环境保护前沿，2015，5（6）：175-180.
[30] 柯钊跃，韩娇. 企业环境应急管理法定职责研究[J]. 广东化工，2017，44（349）：220-221.
[31] 寇文. 环境污染事故典型案例剖析与环境应急管理对策[M]. 北京：中国环境出版社，2013.
[32] 李昌林，胡炳清. 我国突发环境事件应急体系及完善建议[M]. 环境保护，2020，48（24），34-39.
[33] 李国刚，付强，吕怡兵. 突发性环境污染事故应急监测案例[M]. 北京：中国环境科学出版社，2010.
[34] 李娜. 我国突发环境事件应急预案制度研究[J]. 黑龙江科技论坛，2016（15）：1.
[35] 李雪峰. 应急管理演练式培训[M]. 北京：国家行政学院出版社，2013.
[36] 刘萃. 行政应急性原则的基础理念[J]. 法学杂志，2012，9：9.
[37] 刘功智，刘铁民. 重大事故应急预案编制指南[J]. 劳动保护，2004（4）：11-18.
[38] 刘建昌，黄云生，肖文. 突发环境事件常见污染物甄别及处置[M]. 广州：华南理工大学出版社，2019.
[39] 刘锐，姚新. 环境应急信息化——理论与实践[M]. 北京：科学出版社，2012.
[40] 罗楠，陈刚，李玲玲，等. 日本环境应急管理经验及启示[J]. 环境保护，2020，48（22）：1-4.
[41] 罗楠，何珺，张丽萍，等. 俄罗斯环境应急管理体系介绍[J]. 世界环境，2017（6）：80-82.
[42] 牛静，李鹏，黄海，等. 美国超级基金 5 年回顾政策对我国污染场地风险管理的启示[J]. 中国环境管理，2015，7（2）：68-73.
[43] 闪淳昌. 扩大内涵明确范围完善体系——关于新修订的《国家突发环境事件应急预案》的解读[N]. 中国环境报，2015-03-09（5）.
[44] 尚建程，桑换新，张舒，等. 突发环境污染事故典型案例分析[M]. 北京：化学工业出版社，2019.
[45] 生态环境部华南环境科学研究所（生态环境部生态环境应急研究所）. 突发环境事件应急知识问答[M]. 北京：中国环境出版社，2022.
[46] 生态环境部环境规划院. 经济生态生产总值（GEEP）核算技术指南（试用）[R]. 2020.
[47] 生态环境部环境规划院. 陆地生态系统生产总值（GEP）核算技术指南[R]. 2020.
[48] 苏国锋，许欢，魏娜. 中国应急管理发展研究 2020[M]. 北京：应急管理出版社，2021.
[49] 佟瑞鹏，张磊. 应急管理与预案编制[M]. 北京：中国劳动社会保障出版社，2015.
[50] The 2024 Emergency Response Guidebook（ERG）[EB/OL]. Transport Canada（TC），the U.S. Department of Transportation（DOT），the Secretariat of Transport and Communications of Mexico（SCT）and with the collaboration of CIQUIME（Centro de Informacin Qumica para Emergencias）of Argentina. https：//www.phmsa.dot.gov/training/hazmat/erg/emergency-response-guidebook-erg.
[51] 王刚，蔡思彤. 企业突发环境事件应急预案编制及常见问题分析[J]. 环境保护与循环经济，2015（1）：73-75.
[52] 王宏伟. 美国的应急协调：联邦体制、碎片化与整合[J]. 国家行政学院学报，2010（3）：124-128.
[53] 王宏伟.应急管理理论与实践[M]. 北京：社会科学文献出版社，2010.

[54] 王利娟. 我国突发环境事件应急制度的完善[D]. 黑龙江：东北林业大学，2017.
[55] 王起全. 事故应急与救援导论[M]. 北京：上海交通大学出版社，2015.
[56] 王亚变，刘佳，周婷，等. 环境应急管理理论与实践[M]. 北京：中国石化出版社，2019.
[57] 王自齐. 化学事故和应急救援[M]. 北京：化学工业出版社，1997.
[58] 夏保成，张小兵，王慧彦. 突发事件应急演习与演习设计[M]. 北京：当代中国出版社，2011.
[59] 薛澜. 推进国家应急管理体系和能力现代化[J]. 中国应急管理科学，2020（2）：7-9.
[60] 薛澜. 五大转变：新时期应急管理体系建设的理念更新[J]. 行政管理改革，2021（7）：51-58.
[61] 叶脉，解光武，张佳琳，等. 突发环境事件应急响应实用技术[M]. 北京：中国环境出版集团，2021.
[62] 易仲源，虢清伟，陈思莉，等. 流域突发环境事件应急综合演练的策划与组织实施——以我国某跨境河流突发环境事件应急综合演练为例[J]. 环境工程学报，2021，15（9）：2904-2912.
[63] 尹洧，周小凡，李文洁. 编制突发环境事件应急预案及风险评估中应注意的几个问题[J]. 安全，2016，37（6）：4-6.
[64] 尹洧，周小凡，李文洁. 突发环境事件风险评估的编写[J]. 安全，2016，37（3）：5-7.
[65] 尹洧，周小凡，李文洁. 突发环境事件应急预案的编写[J]. 安全，2016，37（2）：9-11.
[66] 张红. 英美两国应急预案制度及其借鉴意义[J]. 中国应急管理，2008，3：52-55.
[67] 张润昊，袁岳霞. 突发环境事件应急机制的几个理论问题[J]. 辽东学院学报（社会科学版），2007，2：53.
[68] 张腾. 关于企业突发环境事件应急预案编写及注意事项的探讨[J]. 环境与发展，2018,30(1):212-213.
[69] 张志宏，等. 突发环境事件典型污染物应急处置手册[M]. 北京：科学出版社，2021.
[70] 郑克芳，田天，于梦漩，等. 中美溢油应急管理对比研究[J]. 海洋开发与管理，2015（1）：19.
[71] 郑幸成. 企业突发环境应急预案工作主要问题及管控建议[J]. 山东化工，2020，49（9）：266-267.
[72] 国家环保总局，国家统计局. 基于环境的绿色国民经济核算体系框架[C]. 中国资源环境经济核算体系框架论证会，2004.
[73] 中华人民共和国公安部消防局，国家化学品登记注册中心.危险化学品应急处置速查手册[M]. 北京：中国人事出版社，2002.
[74] 环保总局国家统计局. 绿色国民经济核算研究成果[R]. 2006.
[75] 钟开斌. "一案三制"：中国应急管理体系建设的基本框架[J]. 南京社会科学，2009（11）：77-83.
[76] 周圆，陈超，张晓健. 美国环境应急管理制度简析[J]. 中国环境管理，2017，9（5）：95-100.
[77] 朱文英，曹国志，王鲲鹏，等. 我国环境应急管理制度体系发展建议[J]. 环境保护科学，2019，45（1）：5-8.
[78] 朱世云，林春绵，何志桥，等. 环境影响评价[M]. 2 版. 北京：化学工业出版社，2013.

二、参考标准

[1] 《大气污染物综合排放标准》（GB 16297—1996）
[2] 《污水综合排放标准》（GB 8978—1996）
[3] 《固定污染源排气中颗粒物测定与气态污染物采用方法》（GB/T 16157—1996）
[4] 《工作场所有害因素职业接触限值》（GB Z2.1—2007）
[5] 《事故状态下水体污染的预防与控制技术要求》（Q/SY 1190—2013）
[6] 《尾矿库环境风险评估技术导则（试行）》（HJ 740—2015）
[7] 《工业企业设计卫生标准》（GB Z1—2015）

[8] 《危险化学品重大危险源辨识》(GB 18218—2018)
[9] 《石油化工企业设计防火标准》(GB 50160—2008)
[10]《企业突发环境事件风险分级方法》(HJ 941—2018)
[11]《建设项目环境风险评价技术导则》(HJ 169—2018)
[12]《环境空气质量标准》(GB 3095—2018)
[13]《化工建设项目环境保护工程设计标准》(GB 50483—2019)
[14]《生态环境损害鉴定评估技术指南 总纲和关键环节 第1部分:总纲》(GB/T 39791.1—2020)
[15]《生态环境损害鉴定评估技术指南 总纲和关键环节 第2部分:损害调查》(GB/T 39791.2—2020)
[16]《生态环境损害鉴定评估技术指南 环境要素 第1部分:土壤和地下水》(GB/T 39792.1—2020)
[17]《生态环境损害鉴定评估技术指南 环境要素 第2部分:地表水和沉积物》(GB/T 39792.2—2020)
[18]《生态环境损害鉴定评估技术指南 基础方法 第2部分:水污染虚拟治理成本法》(GB/T 39793.2—2020)
[19]《生态环境损害鉴定评估技术指南 基础方法 第1部分:大气污染虚拟治理成本法》(GB/T 39793.1—2020)
[20]《突发环境事件应急监测技术规范》(HJ 589—2021)
[21]《石油化工生产企业环境应急能力建设规范》(DB32/T 4261—2022)
[22]《地表水环境质量标准》(GB 3838—2002)
[23]《危险化学品仓库储存通则》(GB 15603—2022)

三、参考法规、规范

[1] 突发事件应急演练指南(应急办函〔2009〕62号)
[2] 《关于对重大环境污染事故隐患进行风险评价的通知》(1990)
[3] 《国务院有关部门和单位制定和修订突发公共事件应急预案框架指南》(国办函〔2004〕33号)
[4] 《省(区、市)人民政府突发公共事件总体应急预案框架指南》(国办函〔2004〕39号)
[5] 《关于落实科学发展观加强环境保护的决定》(国发〔2005〕39号)
[6] 《国务院关于全面加强应急管理工作的意见》(国发〔2006〕24号)
[7] 《关于设置国务院应急管理办公室(国务院总值班室)的通知》(2006年4月,国务院办公厅)
[8] 《国家突发公共事件总体应急预案》(2006)
[9] 《中共中央关于构建社会主义和谐社会若干重大问题的决定》(2006)
[10]《水体污染防控紧急措施设计导则》(中石化建标〔2006〕43号)
[11]《中华人民共和国突发事件应对法》(2024)
[12]《危险废物经营单位编制应急预案指南》(国家环境保护总局公告2007年第48号)
[13]《中华人民共和国水污染防治法》(2017)
[14]《关于加强环境应急管理工作的意见》(环发〔2009〕130号)
[15]《防治船舶污染海洋环境管理条例》(国务院令2009年第561号)
[16]《全国环保部门环境应急能力建设标准》(环发〔2010〕146号)
[17]《氯碱企业环境风险等级划分方法》(环发〔2010〕8号)
[18]《石油化工企业环境应急预案编制指南》(环办〔2010〕10号)
[19]《生态环境部环境应急专家管理办法》(环办〔2010〕105号)

[20]《硫酸企业环境风险等级划分》(环发〔2011〕106号)
[21]《突发环境事件信息报告办法》(环境保护部令2011年第17号)
[22]《关于进一步加强环境影响评价管理防范环境风险的通知》(环发〔2012〕77号)
[23]《粗铅冶炼企业环境风险等级划分方法》(环发〔2013〕39号)
[24]《危险化学品安全管理条例》(国务院令2013年第591号)
[25]《突发事件应急预案管理办法》(国办发〔2024〕5号)
[26]《企业突发环境事件风险评估指南(试行)》(环办〔2014〕34号)
[27]《国务院办公厅关于印发国家突发环境事件应急预案的通知》(国办函〔2014〕119号)
[28]《中华人民共和国环境保护法》(2014)
[29]《突发环境事件调查处理办法》(环境保护部令2014年第32号)
[30]《尾矿库环境应急预案编制指南》(环办〔2015〕48号)
[31]《危险化学品经营许可证管理办法》(国家安全生产监督管理总局令第55号)
[32]《突发环境事件应急管理办法》(环境保护部令2015年第34号)
[33]《生态环境损害赔偿制度改革方案》(2017年12月发布)
[34]《企业事业单位突发环境事件应急预案备案管理办法(试行)》(环发〔2015〕4号)
[35]《企业突发环境事件隐患排查和治理工作指南(试行)》(环境保护部公告2016年第74号)
[36]《关于做好汛期尾矿库环境应急管理工作的通知》(环办应急函〔2016〕1222号)
[37]《典型行业企业突发环境事件应急预案编制指南(征求意见稿)》(环办应急函〔2017〕1271号)
[38]《油气管道突发环境事件应急预案编制指南(征求意见稿)》(环办应急函〔2017〕1271号)
[39]《油气管道突发环境事件风险评估(征求意见稿)》(环办应急函〔2017〕1271号)
[40]《危险化学品安全使用许可证实施办法》(国家安全生产监督管理总局令第89号)(2017年版)
[41]《油气管道环境应急装备与应急物资(征求意见稿)》(环办应急函〔2017〕1271号)
[42]《中华人民共和国宪法》(2018)
[43]《中华人民共和国土壤污染防治法》(2018)
[44]《中华人民共和国大气污染防治法》(2018)
[45]《应急管理信息化发展战略规划框架(2018—2022)》(应急函〔2018〕272号)
[46]《行政区域突发环境事件风险评估推荐方法》(环办应急〔2018〕9号)
[47]《突发环境事件环境影响和损失评估管理办法(征求意见稿)》(环办应急函〔2018〕318号)
[48]《企业事业单位突发环境事件应急预案评审工作指南(试行)》(环办应急〔2018〕8号)
[49]《生产安全事故应急条例》(国务院708号)
[50]《环境应急资源调查指南(试行)》(环办应急〔2019〕17号)
[51]《中华人民共和国固体废物污染环境防治法》(2020)
[52]《突发生态环境事件应急处置阶段直接经济损失评估工作程序规定》(2020)
[53]《突发生态环境事件应急处置阶段直接经济损失核定细则》(2020)
[54]《江苏省突发环境事件应急预案》(苏政办函〔2020〕37号)
[55]《江苏省水污染防治条例》(2020)
[56]《江苏省“十四五”生态环境保护规划》(苏政办发〔2021〕84号)
[57]《中华人民共和国消防法》(2021)
[58]《中华人民共和国安全生产法》(2021)

[59]《中共中央　国务院关于深入打好污染防治攻坚战的意见》(2021)
[60]《上海市环境保护条例》(2022)
[61]《江苏省土壤污染防治条例》(2022)
[62]《广东省突发环境事件应急预案》(粤府函〔2022〕54 号)
[63]《广东省环境保护条例》(2022)
[64]《危险化学品目录》(2022 年版)
[65]《生态环境损害鉴定评估技术指南　总纲和关键环节　第 3 部分:恢复效果评估(征求意见稿)》(环办标征函〔2022〕31 号)
[66]《江苏省突发事件应急预案管理办法》(苏环发〔2023〕7 号)
[67]《国家危险废物名录》(2023 年版)
[68]《江苏省突发环境事件应急预案管理办法》(2024 年版)
[69]《江苏省突发环境事件应急预案编制导则——企业事业单位版(试行)》(2023 年版)
[70]《江苏省突发环境事件应急预案编制导则——工业园区版(试行)》(2023 年版)